PURPLE YELLOW RED
BLACK RED GREEN
RED YELLOW ORANGE
BLUE PURPLE BLACK
RED GREEN ORANGE

この文字列の文字の色を言ってみていただきたい。案外うまくいかないのではないだろうか。そのわけは……（本文ｐ 151 参照）

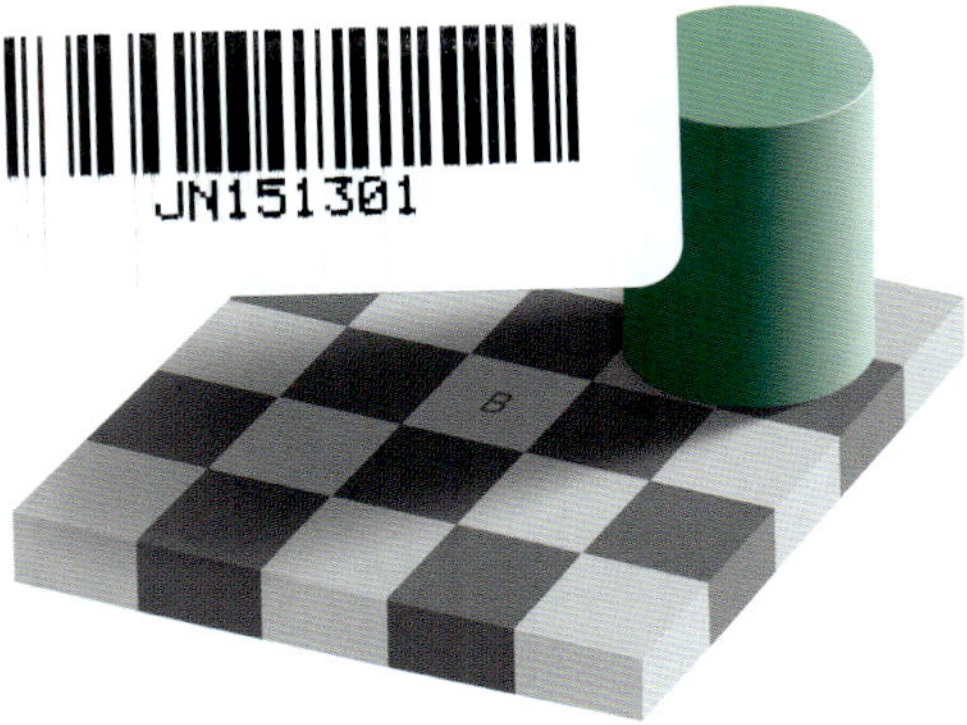

四角 A と四角 B の色を比較しよう。「チェッカーシャドー」錯視。（エドワード・アデルソン作成、本文ｐ 58 参照）

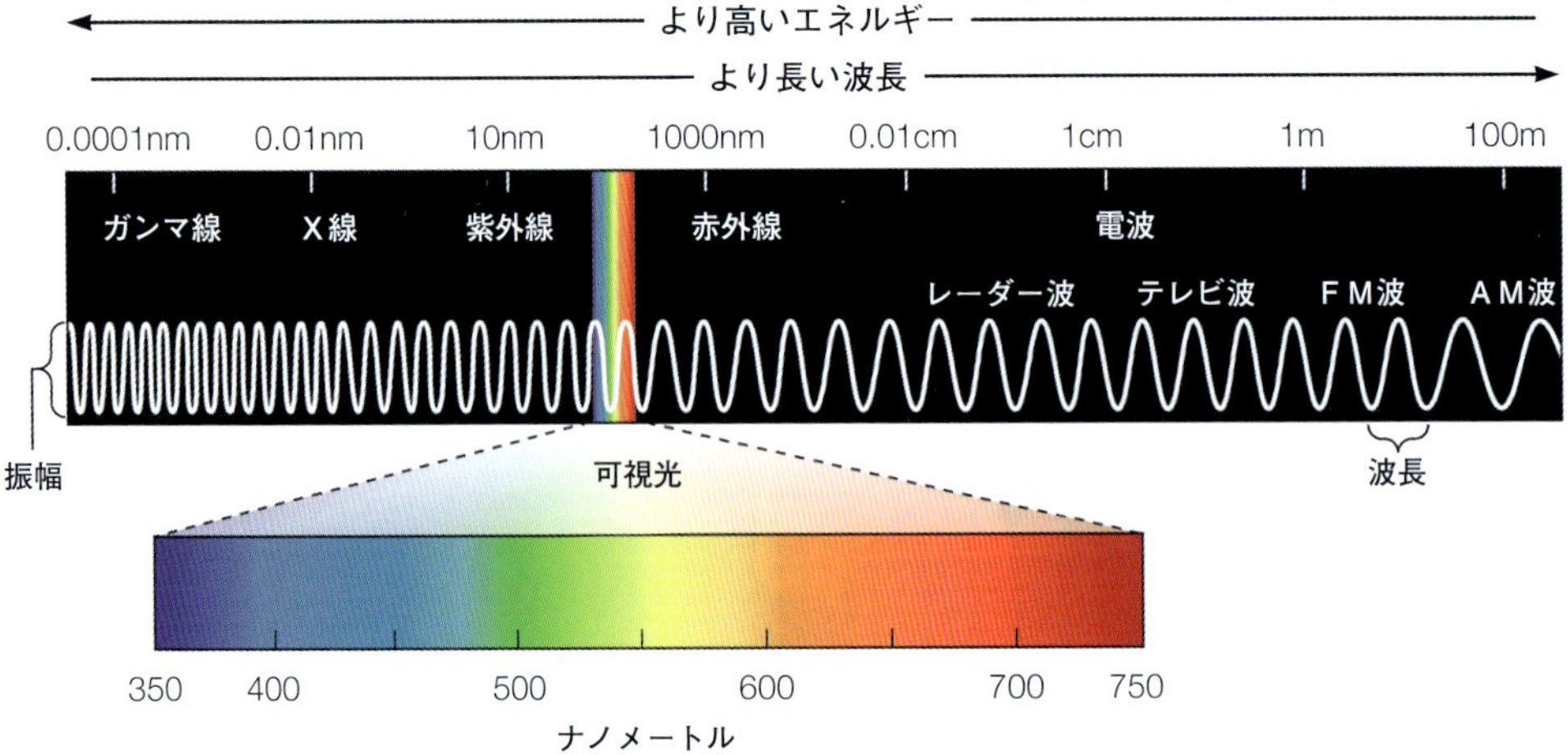

電磁スペクトルが伝える情報のごく一部しか、ヒトには感知できない。図で「可視光」と示された部分は、スペクトルの他の部分とまったく同じ物質から成るのに、私たちが生まれながらにもつ器官で扱えるのはこの範囲だけなのだ。（本文p85参照）

ハヤカワ文庫NF
〈NF545〉

あなたの脳のはなし

神経科学者が解き明かす意識の謎

デイヴィッド・イーグルマン
大田直子訳

早川書房

8411

THE BRAIN

The Story of You

by

David Eagleman

Translated by
Naoko Ohta
Published 2019 in Japan by
HAYAKAWA PUBLISHING, INC.
This book is published in Japan by
arrangement with
CANONGATE BOOKS LIMITED
through THE ENGLISH AGENCY (JAPAN) LTD.

目次

あなたの脳のはなし

神経科学者が解き明かす意識の謎

序章

脳科学は日進月歩の分野なので、一歩下がって状況を見渡したり、研究が人々の生活にとって何を意味するか分析したり、生物学的な創造物であることの意味をわかりやすく簡潔に論じたりすることはめったにない。本書はそれをしようとしている。

脳科学は重要だ。人の頭蓋骨のなかにある奇妙な計算する物質は、人が世界を移動するときに使う知覚装置であり、決断を生むものであり、想像をつくり出す素材である。夢も起きているときの生活も、何百億という敏捷な脳細胞から出現する。脳への理解が深まれば、人間関係の現実とされるものや、社会政策に必要とされるものに光が投じられる。私たちはどうして戦うのか、なぜ愛するのか、何を真実として受け入れるのか、どうやって教育すべきか、どうすればより良い社会政策を構築できるか、これからの数世紀で自分たちの体をどのようにデザインするべきか、そういうことが明らかになる。脳の微細な回路のなかに、人間という種《しゅ》の歴史と未来が刻まれている。

脳が私たちの生活の中心であるなら、なぜ社会は脳についてほとんど語らず、有名人のゴシップやリアリティショーで放送電波をふさぎたがるのか、私には不思議だった。しかしいまでは、この脳への無関心は不備ではなく証拠ととらえられると思っている。つまり、私たちは自分の現実のなかにがっちり閉じ込められているため、何かに閉じ込められていると気づくのがことさら難しいのだ。一見、とりたてて何の問題もないように思えるかもしれない。外の世界に色があるのは当然だ。記憶力がビデオカメラのようなものであることは言うまでもない。人はもちろん自分の信念の真意を知っている。

本書はそのような思い込みをすべて暴《あば》き出す。これを書くにあたって、私は教科書的なモデルを避けて、より深いレベルを探究することにしたいと考えた。人はどうやって決断を下すのか、どうやって現実を認識するのか、私たちは何ものなのか、人生の舵はどうやって切られるのか、なぜ他人を必要とするのか、みずからを御しはじめた種として私たちはどこに向かっているのか。このプロジェクトでは、学術的な文献と脳の持ち主である私たちが送る生活とのギャップを埋めようと試みる。ここで私が取るアプローチは、私が書く学術誌の記事とは異なり、私のほかの神経科学本ともちがっている。このプロジェクトは異なる種類の読者に向けられている。専門知識はいっさい前提とせず、求めるのは好奇心と自己分析欲のみである。

では、内面宇宙への駆け足の旅に向けて、心の準備をしてほしい。何百億もの脳細胞と何兆というその接続の途方もなく深いもつれのなかをのぞいたら、そこには思ってもみなかったものが見えてくると思う。あなただ。

第１章
私は何ものか？

一対一の会話から文化全般まで、生まれてから経験することすべてが、あなたの脳のごく細かい部分を決定する。神経の観点から言うと、あなたが何ものであるかは、あなたがどう生きてきたかで決まる。脳はたえず形を変え、自分の回路をつねに書き換えている。そしてあなたの経験はあなた固有のものなので、あなたの神経ネットワークの果てしない入り組んだパターンもあなた固有のものである。そのパターンがあなたの人生を変え続けるので、あなたのアイデンティティは常に移り変わる目標であり、けっしてそこには到達できない。

　神経科学は私の日常業務だが、それでも人間の脳を手にするたびに、私は畏怖の念を感じる。そのかなりの重さ（成人の脳の重さは一三〇〇グラム）、その妙な硬さ（固まったゼリーのよう）、そのしわだらけの外観（ふっくらした形に深い溝が刻まれている）を考えると、驚きなのは脳の純粋な物性である。このなんでもないような物質の塊《かたまり》は、それが生み出す精神作用とあまりに不釣り合いである。

　私たちの思考や夢、記憶や経験はすべて、この奇妙な神経物質から生まれる。私たちが何ものであるかは、そこで起こる電気化学パルスの複雑な発火パターンでわかる。その活動が止まると、あなたも止まる。けがや薬物のせいでその活動の性格が変わると、あなたも同じ方向に性格を変える。体のほかの部位とはちがって、ほんの少しでも脳が

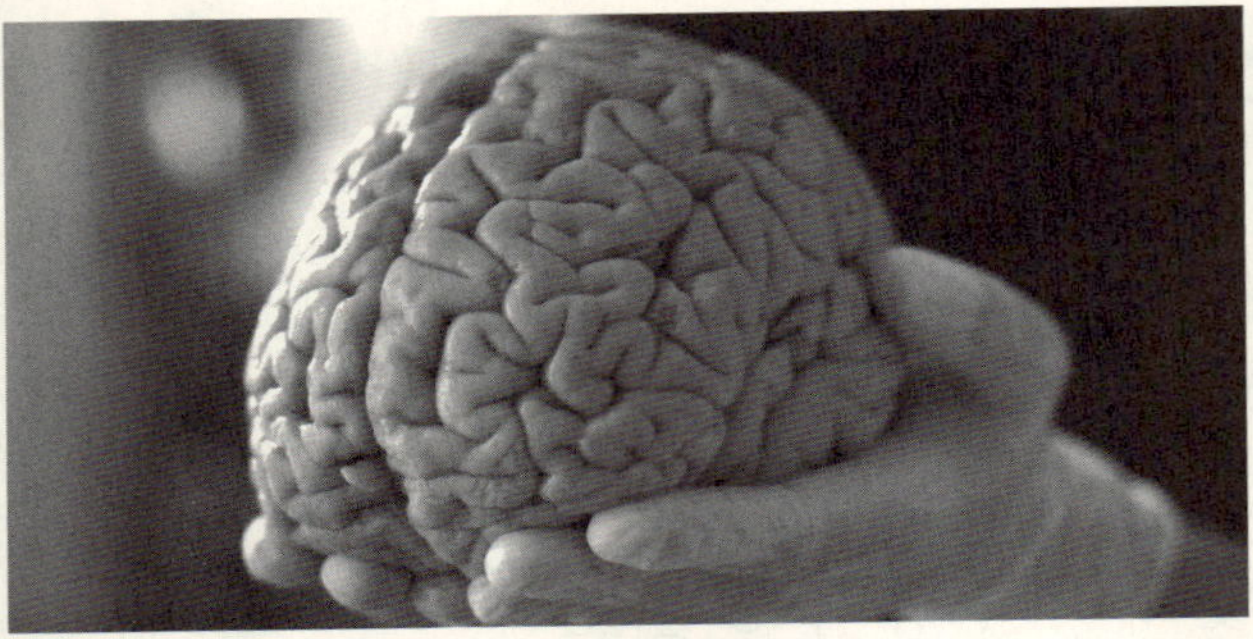

喜びと苦悩とに豊かに彩られたひとつの人生すべてが、この重さ 1300 グラムばかりの物質のなかで起こった。

傷つけば、あなたの人となりが根本的に変わる可能性がある。どうしてそんなことがありうるかを理解するために、最初から順を追って検討しよう。

未完成で生まれる

私たち人間は生まれたときは無力である。歩けないまま約一年過ごし、考えを明確に表現できるまでにさらに二年、そして自力で生きていけるようになるにはさらに何年もかかる。私たちは周囲の人々に完全に依存して生きているのだ。それにくらべて、ほかの哺乳動物はどうだろう。たとえばイルカは生まれつき泳げるし、キリンは数時間以内に立てるようになり、シマウマの赤ちゃんは生後四五分で走ることができる。動物界の私たちの仲間は、生まれてすぐに驚くほど自立している。

一見したところ、これはほかの種《しゅ》にとって大きな強みに思える。だが、じつは弱点の表れである。動物の赤ちゃんが急速に発育するのは、その脳がほとんどあらかじめプログラムされたルーティンにしたがって配線されているからだ。しかし、あらかじめ決まっている代わりに柔軟性がない。気がついたら北極圏のツンドラや、ヒマラヤ山脈の山の頂《いただき》、あるいは東京の真ん中にいた、不運なサイはどうなるだろう。サイに適応する能力はない（だからそのような地域にサイはいないのだ）。あらかじめ準備された脳をもって生まれるというこの戦略は、生態系の特定の適所内では有効だが、動物がその適所の外に出ると健康に育つ確率は低い。

それに引きかえ、人間は凍《い》てつくツンドラから高山や騒がしい都会まで、さまざまな環境で生きることができる。それが可能なのは、人間の脳が生まれたときはまったく未完成だからである。人間の脳は、生まれつきすべてが配線された「ハードワイヤード」の状態ではなく、人生経験の一つひとつによって形成されていく。そのせいで長期にわたって無力であり、若い脳はゆっくりと環境に合わせてつくり上げられる。「ライブワイヤード」なのだ。

幼少期の刈り込み

若い脳の柔軟性にはどんな秘密があるのだろう？　新しい細胞が成長するわけではな

く、実際、脳細胞の数は子どもと大人で同じである。秘密は細胞の接続にある。生まれたとき、赤ん坊のニューロンはそれぞれ異質でつながっていないが、生後二年間で感覚情報を取り込むうちに、驚くほどのスピードでつながっていく。赤ん坊の脳内では、毎秒二〇〇万もの新しい接合、つまりシナプスが形成される。二歳までに子どものシナプスの数は一〇〇兆以上になるが、これは大人のそれの二倍である。

接合がピークに達するとき、その数は必要よりはるかに多い。この時点で、盛んな新しい接合の形成が神経の「刈り込み」という戦略に取って代わられる。大人になっていく過程で、シナプスの半分が除去されるのだ。

どのシナプスが残り、どれがなくなるのだろう？　神経回路にうまく関与するシナプスは強められる一方、役に立たないシナプスは弱くなり、最終的に除去される。森の小道と同じで、使われない接合はなくなる。

ある意味で、あなたがあなたになっていく過程の特徴は、すでにあった可能性をそぎ落とすことである。あなたがあなたであるゆえんは、脳内で何ができ上がるかではなく、何がそこから取り除かれるかにあるのだ。

幼少期を通して、周囲の環境が人の脳に磨きをかける。人が触れているものに応じて、さまざまな可能性のジャングルを剪定《せんてい》していくのだ。そうして人間の脳は、数は少ない

ライブワイヤード

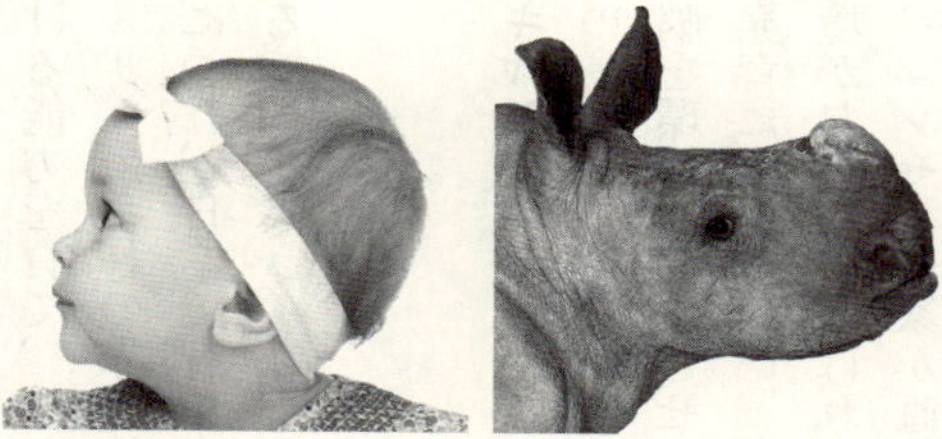

　多くの動物は生まれながらに、特定の本能と行動を遺伝的にあらかじめプログラムされている、つまり「ハードワイヤード」されている。遺伝子が導く体と脳の構築によって、どういう動物になってどういう行動をするかが決まる。ハエは通り過ぎる影の存在を反射的に避け、ツグミは冬に南に飛ぶ本能をあらかじめプログラムされ、クマは冬眠したがり、イヌは主人を守ろうとする。これらはすべて、ハードワイヤードの本能や行動の例である。これらの生物はハードワイヤードのおかげで、生まれたときから親がやるように動くことができ、場合によっては自分で食べものを確保し、自力で生き延びることができる。

　人間の場合、状況は少しちがう。生まれたばかりの人間の脳も、多少は遺伝による配線を備えている（たとえば息をする、泣く、乳を飲む、顔に関心をもつ、母語の細部を覚える、といった能力はある）。しかし動物界のほかの種とくらべて、出生時の人間の脳は著《いちじる》しく未完成である。人間の脳の細かい配線図はあらかじめプログラムされていない。その代わり、遺伝子が神経ネットワークの青写真のごく一般的な方向性を示し、配線の残りは生まれてからの経験によって微調整されるので、その場の細かい事情に適応できる。

　人間の脳が生まれ落ちた世界に合わせて形を変えられるおかげで、人間という種は、地球上のあらゆる生態系を支配し、太陽系への進出を開始することができたのである。

がより強い接合をつくる。

たとえば、幼少期に触れる言語（かりに英語か日本語か）が、その言語の特定の音を聞き分ける能力を育て、ほかの言語の音を聞き分ける能力を弱める。日本生まれの赤ん坊もアメリカ生まれの赤ん坊も、両方の言語の音すべてを聞いて反応できる。しかし時がたつにつれ、日本で育つ赤ん坊は、たとえば日本語では区別されないRとLの音を聞き分ける能力を失う。私たちはたまたま放り込まれる世界によって形づくられるのである。

自然のギャンブル

人間の長い幼少期に脳はたえず接合をそぎ落とし、環境の特色に合わせて形を変える。これは脳を環境に適合させるには賢い戦略だが、リスクもともなう。脳の発育にふさわしい「期待される」環境、つまり子どもが養われて面倒をみてもらえる環境が与えられなければ、脳はなかなか正常に発育できない。これはウィスコンシン州のジェンセン一家が直接体験したことである。キャロルとビルのジェンセン夫妻は、トムとジョンとヴィクトリアを彼らが四歳のときに養子に迎えた。三人は孤児で、養子縁組されるまで、ルーマニアの国営孤児院のおぞましい環境に耐えていた。そしてその

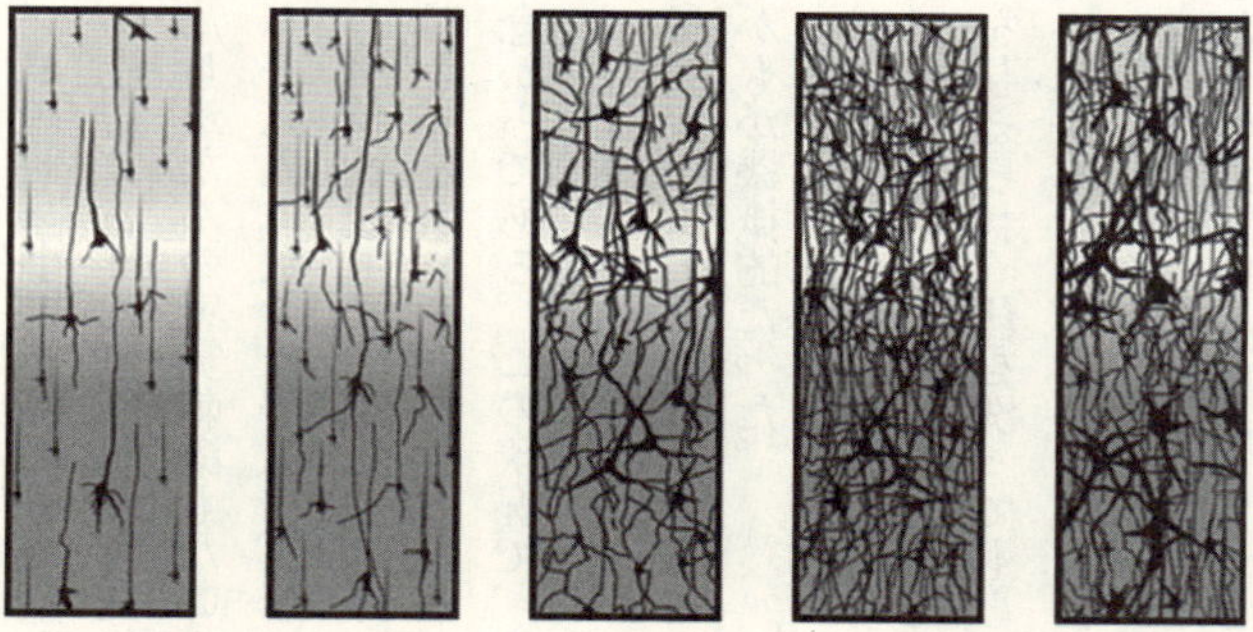

新生児のニューロンは互いにあまりつながっていない。生後２～３年で枝が出てきて、細胞の接合がどんどん増えていく。その後、接合は刈り込まれ、成人期には数は減るが強さが増す。

影響は脳の発達にまでおよんでいた。

ジェンセン夫妻が子どもたちを連れてタクシーでルーマニアを出ようとしたとき、キャロルはタクシーの運転手に、子どもたちが言っていることを通訳してほしいと頼んだ。すると運転手は、三人の話していることはちんぷんかんぷんだと説明した。それは知られている言語ではなく、人との正常な交流が欠乏していた子どもたちが、おかしな独特の言語をつくり上げていたのだ。すでにある程度成長していた子どもたちは、幼いときの愛情欠如の傷跡である学習障害に取り組まなくてはならなかった。

トムとジョンとヴィクトリアは、ルーマニアにいたときのことをほとんど覚えていない。その施設のことを鮮明に覚えていたのはむしろ、ボストン小児病院に研究室を持つ小児科教授、チャールズ・ネルソン医師だった。彼が最初に訪れたのは一九九九年のこと。そこで身の毛のよだつものを見た。幼い子どもたちがなんの感覚刺激もないまま、ベビーベッドに閉じ込められている。保育士は子ども一五人にたった一人で、しかもたとえ子どもたちが泣いていても、絶対に抱き上げたり愛情を見せたりしないように指導されている。そのように愛情を示すと、子どもたちがもっと欲しがることになり、限られた人員ではそれに応えることは不可能だという懸念からである。この状況で、物事はできるかぎり組織化されていた。子どもたちはみんな並ばせられて、プラスチック製のおまるで用を足す。男女に関係なく、みんなが同じ髪型だ。同じような服を着せられ、スケジュールどおりに食べものを与えられる。何もかもが機械的だった。

泣いてもかまってもらえない子どもたちは、すぐに泣かなくなる。子どもたちは抱かれることも、遊んでもらうこともない。赤ん坊は基本的なニーズを満たされる（食べものを与えられ、体を洗ってもらい、服を着せられる）が、心のケアも支援も、どんな種類の刺激もない。その結果、彼らは「無差別の人なつこさ」を身につけていた。ネルソンの説明によると、彼が部屋に入っていくと、会ったことのない小さい子どもたちに囲まれるのだという。そして子どもたちは彼の腕のなかに飛び込んだり、ひざの上にすわったり、彼の手を握ったり、一緒に散歩に出かけたがったりする。この種の無差別な行動は一見かわいく思えるが、それはネグレクトされた子どもたちなりの対処方法であり、長期的な愛着の問題と密接に関連している。施設育ちの子どもに特徴的な行動なのだ。

目《ま》の当たりにした状況に衝撃を受けて、ネルソンと彼のチームは「ブカレスト早期介入プログラム」を始めた。そして生まれたときから施設で生活している生後六ヵ月から三歳までの一三六人の子どもたちを評価した。まず子どもたちのIQは、標準が一〇〇なのに対して六〇台から七〇台だった。子どもたちは脳の発育不全の徴候を示し、言葉が非常に遅れていた。ネルソンが脳波記録法（EEG）を使って子どもたちの脳の電気的活動を測定したところ、神経活動が著しく弱いことがわかった。

心のケアと認知刺激がある環境でないと、人間の脳は正常に発育できない。明るい話として、ネルソンの研究は重要なもうひとつの面も明らかにしている。すなわち、ひとたび子どもたちが安全で愛情あふれる環境に移されると、脳は程度の差はあれ回復する場合が多いのだ。移されるときの年齢が低ければ低いほど、回復は目覚ましい。二歳未満で里親に引き取られた子どもたちは、だいたい順調に回復した。二歳以降でも改善しているが、年齢によってさまざまなレベルの発達障害が残った。

ネルソンの研究結果は、愛情あふれるきちんとした養育環境が子どもの脳の発育に果

ルーマニアの孤児院

1966年、人口と労働力を増やすために、ルーマニアのニコラエ・チャウシェスク大統領は避妊と中絶を禁止した。女性たちが確実に十分な子どもを産むよう、「生理警察」と呼ばれる国の婦人科医が出産適齢期の女性を検査する。子どもが4人以下の家族には「禁欲税」が課される。こうして出生率は急上昇した。

しかし多くの貧困家庭は、自分たちの子どもを育てる余裕がないので、国営の施設に託す。そして国は急増する子どもの数に対応するために施設を増やした。チャウシェスクが失脚した1989年までに、17万人の捨てられた子どもたちが施設で暮らしていた。

まもなく、施設育ちが脳の発育におよぼす影響が明らかになった。そしてその研究が政府の政策に影響をおよぼした。何年もかけて、ルーマニアの孤児の大半は親元にもどされるか、あるいは政府の里親制度に引き取られた。ルーマニアでは2005年までに、重度の障害がないかぎり2歳未満の子どもを施設に入れることが法律で禁じられた。

世界では大勢の孤児がいまだに政府の養護施設で暮らしている。赤ん坊の脳の発育にはきちんとした養育環境が必要であることをふまえると、子どもたちの脳の正しい発育を促す環境を整える方法を探ることは、政府の避けられない責務である。

たす、きわめて重要な役割を浮き彫りにしている。そしてこのことは、私たちがどういう人間になるかにとって、周囲の環境がとても重要であることを実証している。私たちは周囲の環境にとても敏感である。人間の脳の臨機応変な配線戦略のおかげで、私たちの人となりは、私たちがどういう場所にいたかに大きく左右される。

一〇代の時期

ほんの二〇年前には、脳の発育は児童期が終わるまでにほぼ完了すると考えられていた。しかし現在、人間の脳の構築プロセスには二五年かかることがわかっている。一〇代は、本人がどういう人間になりそうかに劇的な影響をおよぼすほど重要な、神経の再編成と変化の時期である。体中をめぐるホルモンが明らかな身体的変化を引き起こすうちに、人は見かけが大人になっていく。しかし、見えないところで脳も同じように大きく変化している。この変化は、私たちがどうふるまうか、周囲の世界にどう反応するかに深く影響する。

その変化のひとつは自我の出現と関係があり、さらには自意識とつながりがある。

一〇代の脳の働きを理解するために、私たちは単純な実験を行なった。教え子の大学院生リッキー・サヴジャーニの協力を得て、被験者に店のウィンドウディスプレイのな

衆人環視のなか、店のウィンドウのなかに腰掛ける被験者。こういう状況でティーンエイジャーは成人にくらべて大きな不安を示すが、それは思春期の発展途上にある脳の特殊事情を反映したものだ。

かのスツールにすわってもらう。そしてカーテンを開けて、外を向いている被験者を人目にさらし、通行人にじろじろ見られるようにする。

この社会的に気まずい状況に送り込む前に、私たちは各被験者の情緒反応を測定できるように準備をしていた。不安の尺度として有効な電気皮膚反応（GSR）を測定する装置を取りつけたのだ。汗腺が開けば開くほど、皮膚の伝導性が高くなる（ちなみに、これはうそ発見器、つまりポリグラフ検査で使われているのと同じ技術である）。

実験には成人と一〇代の両方が参加した。知らない人に見られることへのストレス反応は、成人ではまさに予想どおりだった。しかし一〇代では、同じ経験によって社会的感情が過熱状態になった。見られているあいだ、一〇代のほ

青年期の脳のそぎ落とし

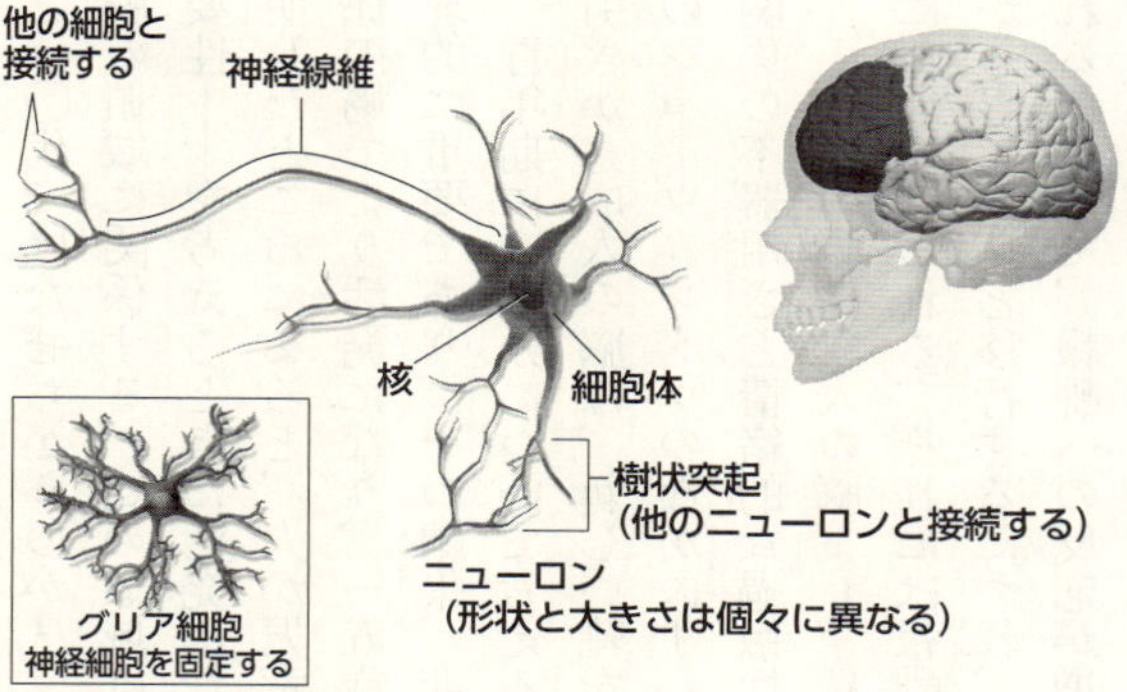

神経細胞

児童期のあと思春期が始まる直前に、第2の過剰生産期がある。前頭前《ぜんとうぜん》皮《ひ》質《しつ》が新しい細胞と新しい接合（シナプス）を発芽させるので、人格形成のための新たな経路ができる。この過剰生産のあとに、ほぼ10年の刈り込みがある。10代のあいだずっと、弱い接合は刈り込まれ、強い接合はさらに強化される。この間引きで、前頭前皮質のボリュームは10代のあいだ年に約1パーセント減る。10代の時期の回路形成によって、私たちは大人になる道について学べるようになる。

これらの大きな変化は、高度な論理的思考と衝動抑制に必要な脳の領域で起こるので、青年期は認知作用が急変する時期である。衝動的行為の抑制にとって重要な背外側《はいがいそく》前頭前皮質は、成熟が最も遅い領域であり、20代前半にようやく成人の状態になる。神経科学者が詳細を解明するずっと前に、自動車保険会社は脳の成熟が不完全なことの影響に気づいていて、それに応じて10代のドライバーの掛け金を高くしている。同様に、刑事司法制度もかなり前からこのことを見抜いていたからこそ、年少者と成人とでは処分が異なる。

うがはるかに強く不安を募《つの》らせ、ぶるぶる震える人もいたのだ。

成人と一〇代ではなぜちがうのか？　その答えは、内側前頭前皮質《ないそくぜんとうぜんひしつ》（ｍＰＦＣ）と呼ばれる脳の領域に関係する。この領域は自分のこと――とくに自己にとっての状況の心理的重要性――を考えるときに活発になる。ハーバード大学のリア・サマーヴィル博士らの解明したところによると、人が児童期から青年期へと成長するにつれ、ｍＰＦＣは対人関係の場でより活発になり、一五歳前後でピークに達する。このころ、対人関係の場は心理的に重要であり、その結果、非常に強い自意識のストレス反応が生じるのだ。つまり、青年期には自分について考えること、いわゆる「自己評価」の優先度が高い。それに引きかえ成人の脳は、新しい靴を履き慣れるように自意識に慣れていくので、成人は店のショーウィンドウのなかにすわることをそれほど気にしない。

対人関係の不器用さと情緒的な過敏性のほかに、一〇代の脳は危険を冒《おか》すようにできている。一〇代の脳は成人の脳より、猛スピードでの運転や裸の写真の送信など、危ない行為に引きつけられる。それには報酬と誘因に対する反応がおおいに関係している。児童期から青年期へと移行するにつれ、快楽追求と関係する脳の領域（たとえば側坐核《そくざかく》と呼ばれる領域）で、報酬への反応が増える。その領域の活動は、一〇代と成人でほぼ同じである。しかしここに重要な事実がある。実行の決断、配慮、そして将来の結果のシミュレーションにかかわる眼窩《がんか》前頭皮質の活動は、一〇代でも子どものときとほとんど同じなのだ。成熟した快楽追求のシステムが未熟な眼窩前頭皮質と組み合わさる一〇代は、情緒的に過敏なだけではなく、成人より感情をコントロールできないということでもある。

さらにサマーヴィルのチームは、一〇代では仲間からのプレッシャーが行動を無理強《じ》いする理由についても考えている。対人関係の考慮に関与する領域（たとえばｍＰＦＣ）が、動機を行動に変換する脳の領域（線条体《せんじょうたい》とその接続ネットワーク）と強く結びついている。サマーヴィルらによると、そのせいで一〇代は友人が周囲にいるときに危険を冒す可能性が高いのだという。

一〇代の若者が世界をどうとらえるかは、予定どおりに進む脳の変化の結果である。その変化のせいで若者は自分を意識し、危険を冒し、仲間のための行動に走りがちになる。世界中のいらついている親に伝えたい重要な話がある。一〇代の若者の人となりは、単なる選択や態度の結果ではなく、神経が必然的に大きく変化する時期の産物なのである。

成人期の可塑《かそ》性

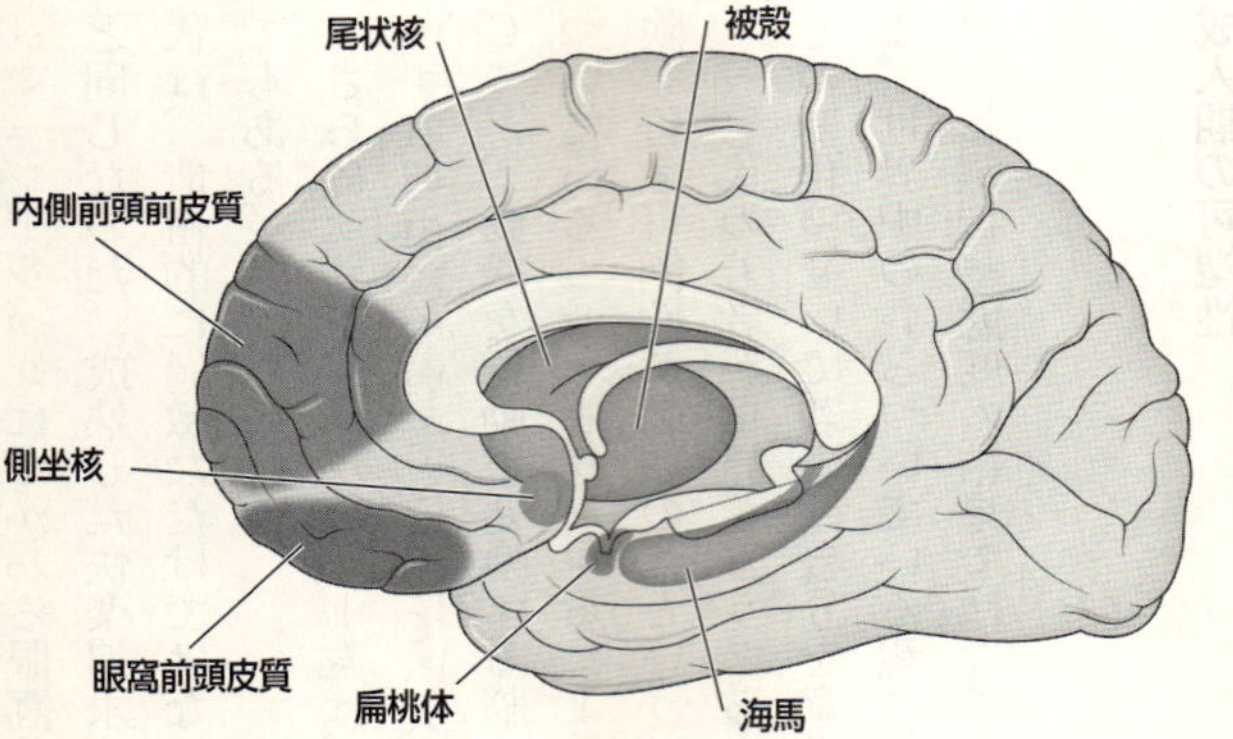

行動の報酬や計画立案、動機づけに関係する多数の脳領域が変化するために、私たちの自我は10代に大きな変化を被る。

二五歳になるまでに、児童期と青年期の脳の変化はようやく終わる。アイデンティティとパーソナリティの地殻変動は終わり、脳は完全に発育したように思われる。大人の人となりは固定していて、動かないものだと思われるかもしれない。しかしそうではない。成人期でも脳は変化を続ける。変形させることができて、しかもその形を保てるものは、「可塑性がある」というように言われる。これは成人期の脳にも当てはまる。経験が脳を変化させ、脳はその変化をとどめる。

この物理的変化がどれだけ目覚ましいかを理解するために、ロンドンで働くある男女のグループの脳について考えよう。それはロンドンのタクシー運転手だ。彼

ロンドンのタクシー運転手は、ロンドン市内の地図を諳じるという、記憶力の離れ業とも言うべき芸当をやってのける。彼らは訓練を経て、広大な市中の任意の２点間を結ぶ最短の（違法でない）ルートを、地図なしで見つけることができる。この訓練の副産物として、彼らの脳には目に見える相違ができあがる。

らは四年間も猛勉強して、「ナレッジ・オブ・ロンドン」試験に合格している。まれに見る記憶力の偉業である。というのは、ナレッジ試験を受けるタクシー運転手志願者は、ロンドンの広範な道路を、あらゆる組み合わせと配列で記憶しなくてはならない。これは尋常でない難しさである。ナレッジ試験は、ロンドン市を走る三二〇のルート、二万五〇〇〇もの個々の通り、そして二万におよぶ史跡や名所――ホテル、劇場、レストラン、大使館、警察署、スポーツ施設、そのほか乗客が行きたがりそうな場所すべて――を網羅している。ナレッジ試験の受験生はだいたい、理論上のコースを暗唱するのに一日三～四時間を費やす。

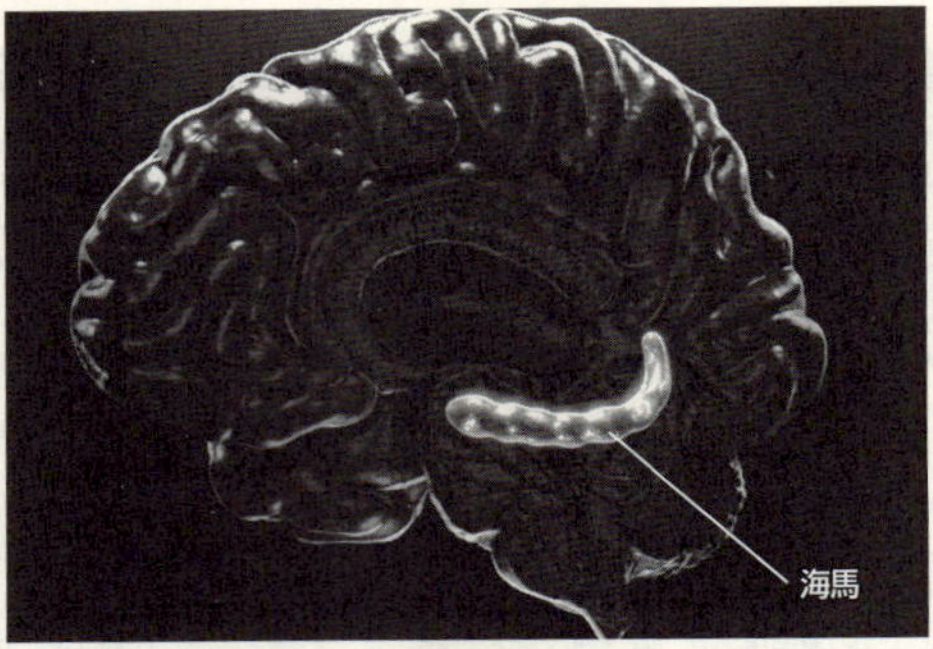

「ナレッジ」を得たロンドンのタクシー運転手の海馬は、空間認識能力の向上を反映するように、目に見えて形が変わる。

ナレッジ試験独特の頭脳問題は、ユニバーシティ・カレッジ・ロンドンの神経科学者たちの関心を引き、彼らはタクシー運転手数人の脳をスキャンした。研究者がとくに興味をもったのは、海馬と呼ばれる脳の小さな領域で、記憶のなかでもとくに空間記憶にとって不可欠な領域である。

研究者たちは、タクシー運転手の脳に目に見える差異を発見した。彼らの場合、海馬の後ろの部分が対照グループより物理的に大きく成長していたのだ。おそらくそのおかげで空間記憶力が増したのだろう。さらに、運転手が仕事を長くすればするほど、その脳領域の変化が大きくなることもわかった。つまり、結果はその職業に就《つ》く人たちの元の状態を反映しているのではなく、経験を積むことから生まれるのである。

タクシー運転手の研究は、成人の脳は固定して

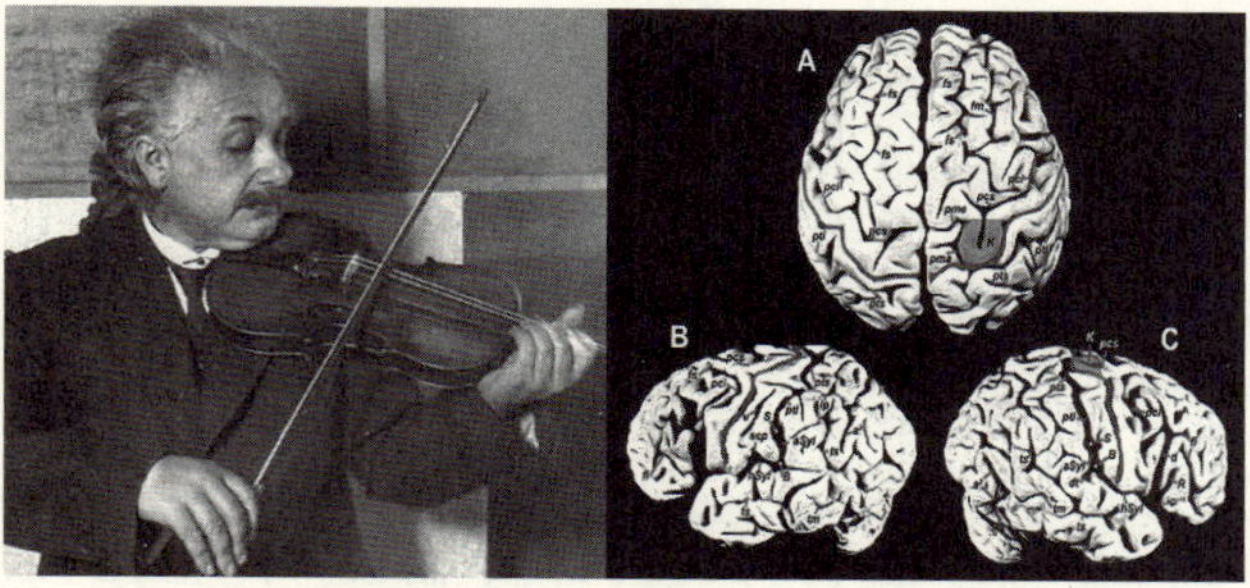

アインシュタインと彼の脳。頭頂部から見た脳で、図の上側が前頭部になる。陰のついた部分が異常な肥大を示している。肥大した部分がギリシャ文字のΩを逆さにしたような形状をしているのがわかる。

いるわけではなく、専門家の目に変化がわかるくらい大きく再構成される場合もあることを実証している。

　脳が形を変えるのはタクシー運転手だけではない。二〇世紀の最も有名な脳、アルベルト・アインシュタインの脳が調べられたとき、彼の天分の秘密は明らかにならなかった。しかし、左手指に関係する脳の領域が拡大していたことは明らかになった。ギリシャ文字のΩ《オメガ》のような形をした、オメガサインと呼ばれる巨大なひだが、大脳皮質に形成されていたのだ。その原因は、あまり知られていない彼のバイオリン演奏に対する情熱である。このひだは、左手指の器用さを集中的に高める経験豊かなバイオリン奏者で大きくなる。その一方、ピアノ奏者は両手を繊細に細かく動かすので、オメガサインが左右両方の脳半球にできる。

脳の隆起とくぼみの形は、だいたいどんな人でもあまり変わらないが、もっと細かい部分には、あなたが過ごしてきた場所やいまの人となりなど、個人特有のものが反映されている。ほとんどの変化は小さすぎて裸眼では見わけられないが、あなたの経験してきたことすべてが、遺伝子の発現から分子の位置、そしてニューロンの構成まで、脳の物理的構造を変化させている。あなたの家系、文化、友人、仕事、見てきたあらゆる映画、してきたあらゆる会話、すべてがあなたの神経系に足跡を残している。このような消去できないごく小さな痕跡が蓄積して、あなたの人となりをつくり、あなたがどういう人になれるかを左右する。

病気による変化

脳内の変化は、本人が何をやってきたか、そしてどんな人間であるかを表している。しかし、脳が病気やけがで変化する場合はどうなるのだろう？　これも私たちの人となり、人格や行動を変えるのか？

一九六六年八月一日、チャールズ・ホイットマンはオースティンのテキサス大学タワーの展望デッキにエレベーターで上った。そしてこの二五歳の青年は、眼下の人々に向かって無差別に発砲を始める。一三人が死亡、三三人が負傷したあと、ようやくホイッ

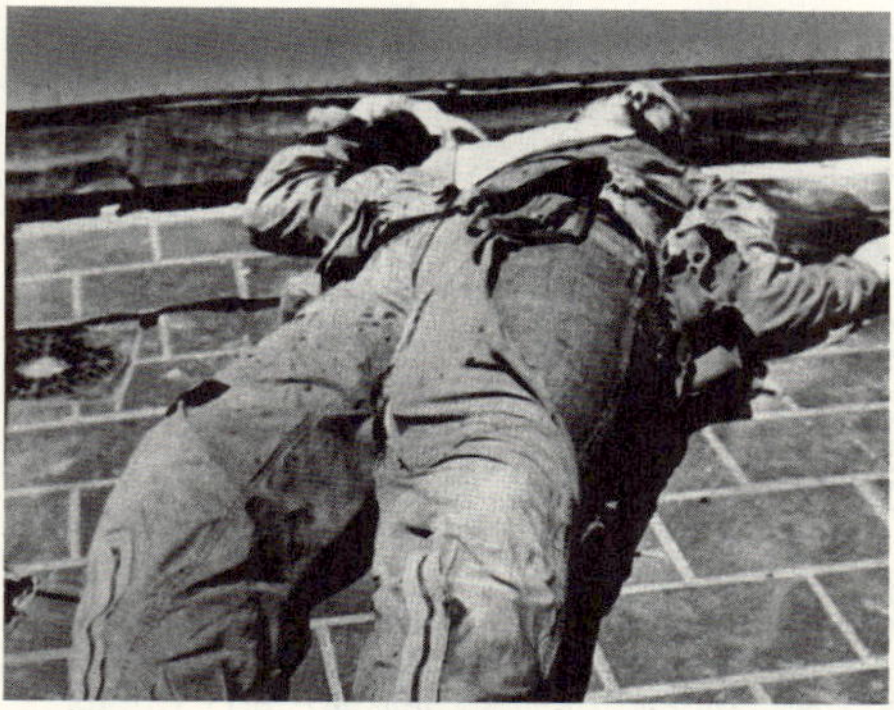

1966年にオースティンのテキサス大学で殺人劇を繰り広げた後の、警察撮影のチャールズ・ホイットマンの遺体写真。遺書のなかでホイットマンは、自らの検視解剖を求めた――自分の脳が異常を来していると疑っていたのだ。

トマン自身も警察に射殺された。警察は彼の自宅に行き、彼が前夜に妻と母親を殺していたことを発見する。

このでたらめな凶行より驚きだったことはただひとつ、チャールズ・ホイットマンにはこんな事件を予測させるようなところはまったくなかったことだ。模範的なボーイスカウトだった彼はイーグル・スカウトの称号を持ち、銀行の出納《すいとう》係として働き、工学部で学んでいた。

妻と母親を殺した直後、彼は落ち着いて、自殺の遺書となるものをタイプしていた。

このところ自分のことがよくわからない。僕は分別も知性もあるふつうの若者のはずだ。でも最近（いつからかは覚えていないが)、わけのわからない異常な考えが次々と襲ってくる。……僕が死んだら検視解剖をして、目に見える身体疾患があるかどうか調べてほしい。

ホイットマンの要求はかなえられた。病理学者は検視解剖のあと、ホイットマンに小さな脳腫瘍があったことを報告している。五セント硬貨ほどの大きさで、恐怖と攻撃に関与する脳の扁桃体《へんとうたい》と呼ばれる領域を圧迫していた。この扁桃体に対するわずかな圧力が、ホイットマンの脳に次々と影響をおよぼし、結果的に、彼はふだんの彼らしくない行動をとることになった。脳が物質的変化を来《きた》していて、そのせいで彼の人となりも変化したのだ。

これは極端な例だが、それほど劇的ではない脳内の変化が、あなたの人となりの構成を変える可能性はある。薬やアルコールの摂取を考えてほしい。特定の種類のてんかんは人の宗教心を高める。パーキンソン病はよく人の信仰を失わせるが、その投薬治療で人がギャンブル狂になることも多い。人を変えるのは病気や化学物質だけではない。観る映画から就く仕事まであらゆるものが、私たちの感覚では要は自分自身にほかならない、神経ネットワークの継続的な再形成に寄与している。では、あなたは厳密には何ものなのだろう？　奥深くの核に誰かがいるのだろうか？

私は私の記憶の総和なのか？

私たちの脳と体は生きているあいだに大きく変わるが、その変化は時計の短針のように気づかれにくい。たとえば赤血球は四ヵ月ですっかり入れ替わり、皮膚細胞は二、三週間で入れ替わる。あなたの体のあらゆる原子が、約七年で別の原子と入れ替わる。物理的には、あなたはつねに新しいあなただ。さいわい、その異なるバージョンのあなた自身すべてをつなげる、不変のものがひとつあるかもしれない。それは記憶だ。ひょっとすると、記憶はあなたをいまのあなたにする糸の役割を果たせるのかもしれない。それはあなたのアイデンティティの核にあって、ひとつの一貫した自意識をもたらしている。

しかしここにも問題がありそうだ。その連続性は錯覚ではないのか？　想像してみよう。公園に行くと、いろいろな年齢の自分自身に会えるとする。そこには六歳、一〇代、二〇代後半、五〇代半ば、七〇代初め、そして晩年まで、あらゆる年齢のあなたがいる。この状況なら、すべてのあなたが一緒にすわって、自分の人生に関する同じ物語を話し、一条《ひとすじ》のアイデンティティを引き出すことができるだろう。

いや、できるのか？　どのあなたも同じ名前と経歴をもっているが、じつはみんな少

一人の女性のさまざまな年齢の分身が一堂に会することができたとしよう。はたして分身たちの記憶は全員一致するだろうか？　もし食い違うとしたら、分身たちは本当に同一人物なのか？

しずつちがう人間で、価値観も目標も異なる。そして人生の記憶には意外に共通点が少ないかもしれない。一五歳のときに自分がどんな人間だったかという記憶は、実際にあなたが一五歳だったときにどんな人間だったかとは異なる。さらに、同じ出来事に関する記憶もちがっている。なぜだろう？　その理由は、記憶とは何か、そして何でないかにある。

記憶は人生のある瞬間の正確な映像記録ではなく、過ぎ去った時代のはかない脳の状態であり、思い出すためには、あなたがよみがえらせなくてはならない。

例を挙げよう。あなたは友人の誕生日を祝うためにレストランにいる。経験することすべてが、あなたの脳内で特定の活動パ

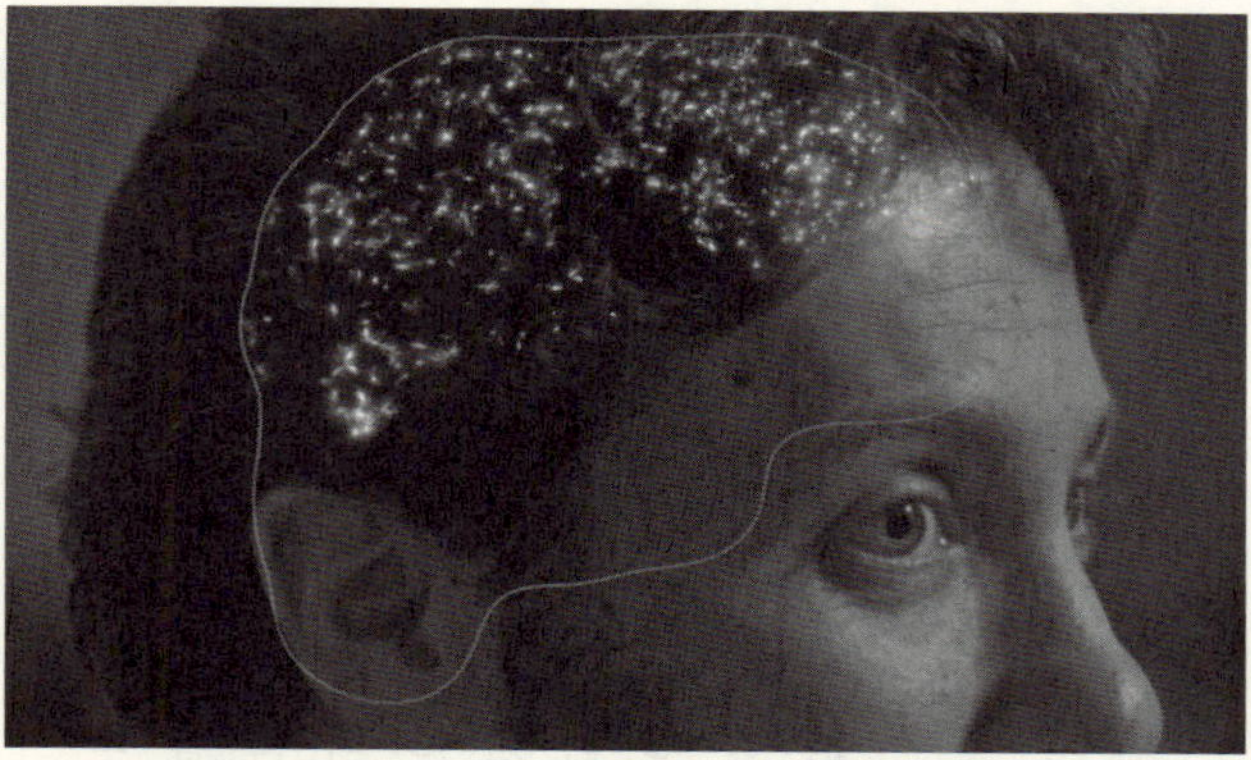

ある出来事に関するあなたの記憶とは、経験の細部に関連する神経諸細胞の、この記憶にだけあてはまる固有の配置にほかならない。

ターンを引き起こす。たとえば、友人との会話によって息づく特定の活動パターンがある。コーヒーの香りで活性化するパターンもあれば、おいしい小さなフランス菓子の味で始動するパターンもある。ウェイターがカップに親指を入れているという事実もまた記憶に残る細部であり、ちがう構成のニューロン発火で表される。これらの事柄がすべて広大なニューロンの連想ネットワークで互いに結びつき、それを繰り返し海馬が再生して、しまいに連想が固定する。同時に活動しているニューロンは、より強い接合を確立する。一緒に発火する細胞は密接につながるのだ。その結果でき上がるネットワークは、出来事に固有の特徴であり、誕生日ディナーに関するあなたの記憶に相当する。

では、半年後にあなたがその誕生日ディナーで味わったのと同じような小さなフランス菓子を味わうとしよう。この非常に具体的なカギが、連想のネットワーク全体を解き放つ可能性がある。都会の照明が点灯するように、元のさまざまな出来事が光を発する。そして突然、あなたはその記憶に引きもどされる。

気づかない場合もあるが、記憶は本人が期待しているほど鮮明ではない。友人たちがそこにいたことはわかっている。彼はいつもスーツを着ているから、スーツを着ていたにちがいない。彼女は青いシャツを着ていた。それとも紫だったかも？　緑だった可能性もある。もし真剣に記憶を探れば、レストランは満席だったにもかかわらず、ほかのどの客についても細部を思い出せないことに気づくだろう。

このように、誕生日の食事の記憶は薄れ始めている。なぜだろう？　第一に、あなたのニューロンの数は限られていて、すべてがマルチタスクを求められる。各ニューロンは別の時期の別の事柄にも関与する。ニューロンは次々変化する関係の動的マトリックスのなかで働いていて、ほかのニューロンとつながるよう、つねに大量の要求を課せられる。そのため、「誕生日」ニューロンがほかの記憶ネットワークに関与するよう引き入れられるにつれて、誕生日ディナーの記憶は不明瞭になっていく。記憶の敵は時間ではなく、ほかの記憶なのだ。新しい出来事それぞれが、限られた数のニューロンのなかで新しい関係を確立する必要がある。驚くのは、薄れた記憶は本人にとって薄れていないように思えることだ。完全なイメージがそこにあると感じているか、少なくともそう思い込んでいる。

出来事についてのあなたの記憶は、じつはもっとあやふやだ。ディナーから一年で、あなたの友人二人が離婚したとしよう。そのディナーのことを思い返して、あなたは危険信号を感じていたと、まちがったことを思い出すかもしれない。あの夜、彼はいつもより静かだったのでは？　二人のあいだに気まずい沈黙の瞬間はなかっただろうか？　確かなことを知るのは難しい。なぜなら、あなたのネットワークにある知識が、それに対応する記憶を変えてしまうからだ。あなたはどうしても自分の現在で過去をゆがめてしまう。このように、人生のどの段階にいるかによって、ひとつの出来事を多少ちがうように知覚する可能性がある。

記憶は誤りやすい

記憶の影響されやすさを知る手がかりは、カリフォルニア大学アーヴァイン校のエリザベス・ロフタス教授の先駆的研究からつかめる。彼女は記憶がどれだけ影響を受けやすいかを示すことによって、記憶研究の分野に変革をもたらした。

ロフタスが考案した実験では、被験者に自動車事故の映像を見てもらってから、覚えていることをテストするための一連の質問を行なった。すると彼女の出す質問が、返ってくる答えに影響した。彼女の説明によると、「車がぶつかったとき、どれくらいのスピードを出していたか、と訊いた場合と、車が激突したとき、どれくらいのスピードを出していたかと訊いた場合では、目撃者が答えるスピードの推定値が異なる。激突という言葉を使った場合のほうが、車のスピードが速かったと考えていた」。誘導尋問が記憶を乱す可能性に興味を抱いて、彼女は研究を進めることにした。

完全に誤った記憶を植えつけることは可能なのか？　それを解明するために、彼女は被験者を募《つの》り、自分のチームに彼らの家族と連絡を取らせて、彼らの過去の出来事に関する情報を集めた。この情報を材料に、研究者たちは各被験者の子ども時代に関する四つの物語を練りあげた。三つは真実。四つめの物語は、もっともらしい情報は盛り込まれているが完全な作り話だ。子どものときにショッピングモールで迷子になり、親切な高齢者に見つけてもらって、最終的に親と再会できた、という話である。

一連の面談で、被験者は四つの物語を聞かされた。すると被験者の四分の一以上が、実際には起きていなかったにもかかわらず、モールで迷子になった出来事を記憶していると主張した。しかもそこで終わらなかった。ロフタスによると「彼らはそのことを少し思い出しかけているようだ。しかし一週間後に再び来ると、もっと思い出している。自分を助けてくれた年配の女性のことについて話す場合もある」。時間がたつにつれて、いつの間にかさらに細かいことがうその記憶に入ってくる。「その老婦人はこんなおかしな帽子をかぶっていた」とか「私はお気に入りのおもちゃを持っていた」とか「ママはすごく怒っていた」という具合だ。

このように、うその新しい記憶を脳に植えつけることが可能だっただけでなく、人はそれを受け入れてゆがめ、知らないうちに自分のアイデンティティに空想を織り込んでいた。

私たちはみな、この記憶改竄《かいざん》の影響を受けやすく、ロフタス自身も例外ではない。彼女が子どもだったとき、母親がプールで溺死した。何年もたってから、親戚との会話で大変な事実が明らかになった。エリザベスがプールで母親の遺体を見つけていたのだ。そのニュースは彼女にとって衝撃だった。そんなことは知らなかったし、じつのところ信じなかった。しかし「帰宅して考えはじめた。もしかしたら私だったのかもしれない。そして実際に覚えていたほかのことについても考えはじめた。消防隊員が来たとき、酸素をくれた。もしかしたら、私が遺体を見つけて動転していたから、酸素が必要だった

未来の記憶

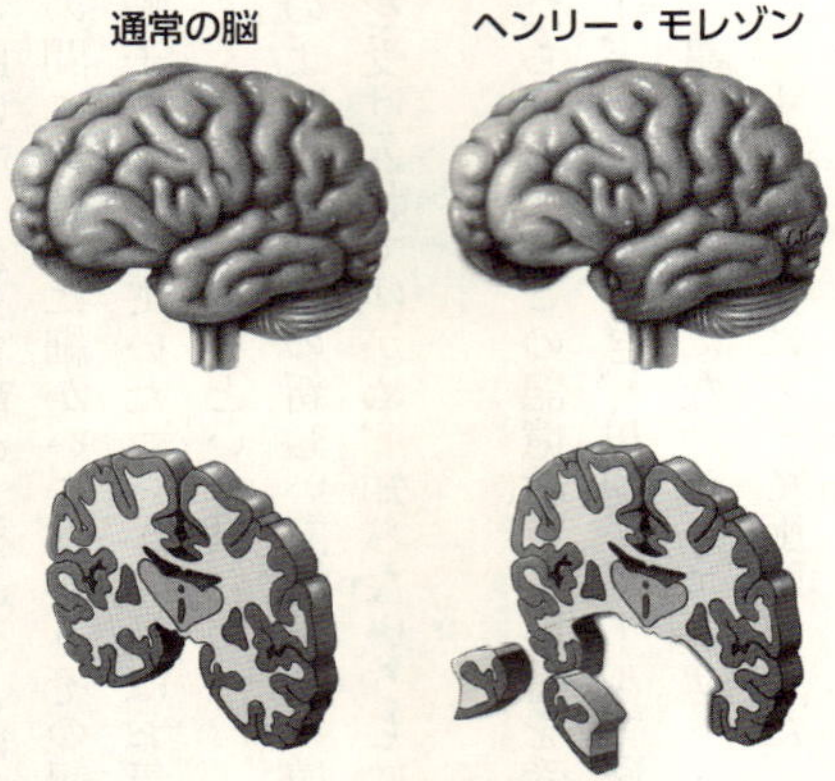

ヘンリー・モレゾンは、15歳の誕生日に初めて大きなてんかん発作を起こした。そこから発作の頻度は増えていった。激しいけいれんに見舞われる未来を突きつけられて、ヘンリーは実験的な手術を受けることにした。脳の両側頭葉《そくとうよう》の中央部分を（海馬も含めて）切除する手術である。ヘンリーの発作は治まったが、悲惨な副作用がともなった。人生の残りの期間、彼は新しい記憶をいっさい確立できなかったのだ。

しかし話はそこで終わらない。彼は新しい記憶を形成できなかったうえに、未来を想像することもできなかった。

明日、ビーチに行くのはどんなだろうと思い描いてみよう。あなたは何を想像するだろう？　サーファーと砂の城？　砕ける波？　雲間から差し込む太陽光線？　もしヘンリーに何を想像するか尋ねたら、典型的な返事はこうなるだろう。「思いつくのは青い色だけだ」。彼の不運のおかげで、記憶の根底にある脳のメカニズムについて明らかになったことがある。記憶の目的はたんに過ぎたことを記録することではなく、私たちが未来を予想できるようにすることでもある。明日ビーチで経験することを想像するとき、過去からの情報を再結合することによって想像上の未来を組み立てるのに、とくに海馬が重要な役割を果たす。

のでは？」そのうち、プールのなかの母親が目に浮かんだ。

しかしそのあと親戚が電話をかけてきて、勘ちがいだったと言った。遺体を発見したのは幼いエリザベスではなかった。エリザベスのおばだったのだ。そういうわけで、細部まで鮮明で心に深く刻まれたその記憶をもつというのはどういうことか、ロフタスにはみずから経験するチャンスがあったのだ。

過去は信頼できる記録ではない。それは復元物であり、神話に近い場合もある。人生の記憶を振り返るときは、細部すべてが正確ではないことを認識したうえで、振り返るべきだ。人から聞いた話がもとになっている記憶もあれば、起こったはずだと思うことが盛り込まれている記憶もある。したがって、自分は何ものかという問いに対して記憶だけにもとづいて答えるなら、あなたのアイデンティティは、現在進行中ですぐに変わるおかしな物語のようになる。

老化する脳

現代人は人類史上どの時代の人間よりも長く生きる。そのために脳の健康を保つのが大変だ。アルツハイマーやパーキンソンのような病気が脳組織を襲い、そのために私たちの人となりの本質が損なわれる。

忙しいライフスタイルを老後も維持することは、脳のためにいい。

しかし朗報もある。若いときに環境と行動が脳を形づくるのと同じように、環境と行動は晩年にも重要である。

アメリカ全土で一一〇〇人以上の修道女、司祭、修道士が、脳の老化の影響を探るためのユニークな研究プロジェクト「修道会研究」に参加している。この研究はとくに、アルツハイマー病のリスク要因を探り出すことに注目しており、被験者のなかには、症状も測定可能な徴候も示していない、六五歳以上の人もいる。

修道会は、定期検査のために毎年追跡しやすい変動のない集団であることに加えて、栄養や生活水準を含めてライフスタイルが似ている。そのため、食事、社会経済的地位、教育など、大きい母集団では生じる可能性があって研究結果に影響するおそれのある差異、いわゆる「交《こう》

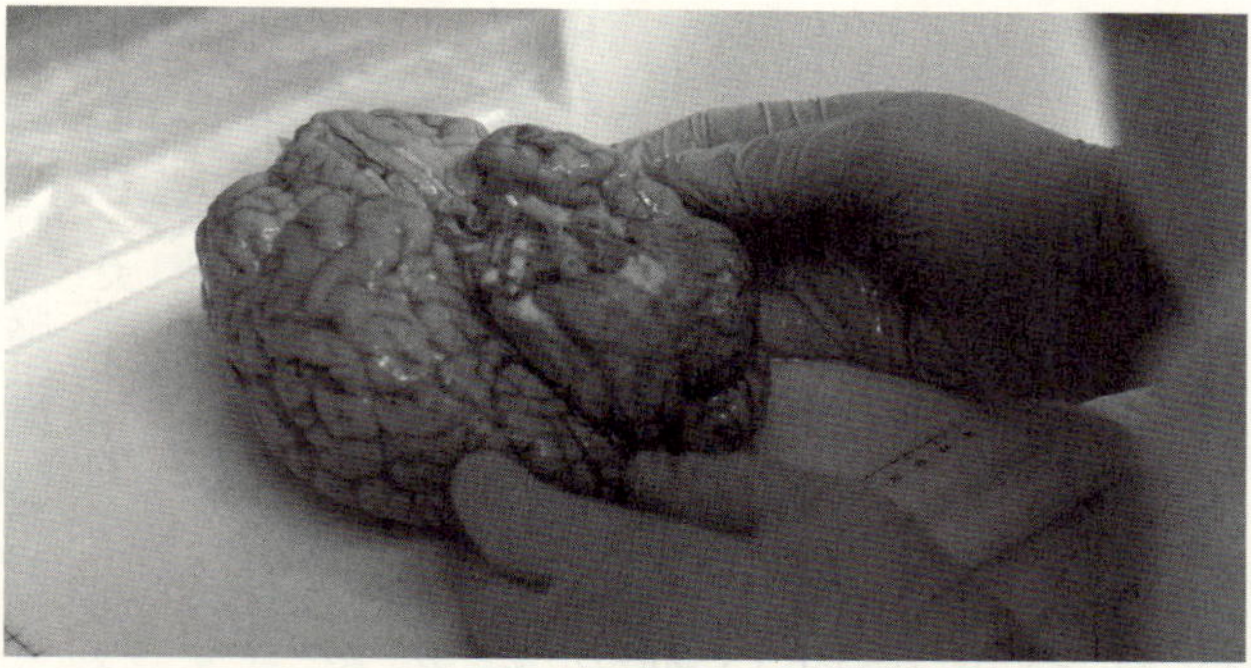

数百の修道女たちが、死後調査するようにと脳を検体した。解剖の結果は、研究者たちを驚かせた。

絡《らく》因子」が少ない。

データ収集は一九九四年に始まった。これまでに、シカゴのラッシュ大学のデイヴィッド・ベネット博士のチームが、三五〇以上の脳を集めている。それぞれ慎重に保存され、加齢と関連のある脳疾患の微視的証拠を求めて調べられる。そこまでは研究の半分にすぎない。もう半分は、被験者が生きているあいだの詳しいデータの収集である。毎年、被験者全員が、心理・認知評価から医学・体力・遺伝子検査まで、一連の検査を受ける。

チームは研究を始めたとき、アルツハイマー、脳卒中、パーキンソンという、認知症の最も一般的な原因である三つの疾患と、認知低下のあいだに明確なつながりが見つかると予想していた。ところが、アルツハイマー病による損傷でむしばまれた脳組織があっても、本人は必ずしも認知障害を経験するとはかぎらないことがわかった。本格的なアルツハイマー病変が見られるのに、死ぬ間際まで認知障害がなかった人もいる。どういうことなのか？

チームは手がかりを求めて、基本のデータセットに立ち返った。そしてベネットは、心理的および経験的な因子が認知障害の有無を決めていることを発見した。具体的に言うと、認知力の訓練、つまりクロスワードパズル、読書、運転、新しい技術の学習、責任を負うことなど、脳を活発に保つ活動に予防効果がある。社会的活動、社会的なネットワークと交流、そして身体活動も同様である。

裏を返せば、孤独、不安、抑鬱状態、心理的苦痛の多発など、ネガティブな心理要因が急速な認知低下と関係していることがわかった。誠実さ、人生の目標、忙しくしていることなど、ポジティブな要因に予防効果が見られる。

罹患《りかん》神経組織はあるが認知症状がない被験者は、「認知的予備力」と呼ばれるものを構築している。脳組織の一部が変性するとほかの領域がよく働いて、結果として変性した領域の機能を補ったり、引き継いだりする。一般的には、社会的交流などの難しくて新しい課題を与えることによって、脳の認知機能を鍛えれば鍛えるほど、神経ネットワークがAからBに到達するための新しい経路がたくさんつくり出される。

脳を道具箱と考えてみよう。良い道具箱なら、仕事をするのに必要な道具がすべて入っている。ボルトをはずす必要がある場合、あなたはラチェットレンチを探すだろう。もしラチェットレンチが手に入らなければレンチを引っ張り出し、もしレンチがなければペンチで試すことができる。認知能力のある脳も考え方は同じだ。病気のせいでたくさんの経路がだめになっても、脳はほかの解決策で立て直せる。

脳を守ること、そしてできるだけ長く自分を失わないようにすることは可能だと、修道女の脳が実証している。老化の過程を止めることはできないが、認知の道具箱に入っているスキルをすべて鍛えることによって、そのスピードを落とすことはできるのだ。

私は知覚している

自分が何ものかについて考えるとき、何よりも無視できない要素がひとつある。私は知覚力のある生きものだということだ。私は自分の存在を感じる。私はここにいると感じていて、この目を通して世界を眺め、その華やかなショーを自分中心の立場から知覚している。この感覚を意識、あるいは自覚と呼ぼう。

科学者はしばしば意識の細かい定義について議論するが、ここで話していることは単純な比較ではっきりさせられる。目覚めているときは意識があり、深い眠りについてい

心身問題

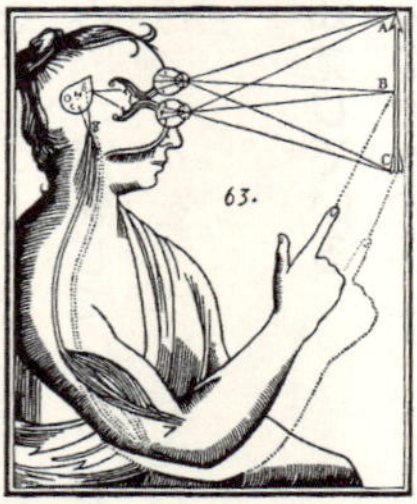

　意識は現代の神経科学において最も不可解な謎のひとつである。心の経験と物理的な脳はどういう関係にあるのだろう？

　哲学者のルネ・デカルトは、脳とは別に非物質的な魂があると考えた。彼の考察によると、図にあるように感覚器官からの入力が松果腺《しょうかせん》に流れ込み、そこが非物質的な精神への出入り口の役割を果たすという（彼が松果腺を選んだ理由は単純に、ほかの脳の要素はほとんど左右両方の半球に１つずつ、合わせて２つあるのに対して、松果腺は脳の正中線上にあるからだと思われる）。

　非物質的な魂という考えは想像しやすい。しかし、神経科学的な証拠と両立させるのは難しい。デカルトは神経学の分野をさまようにはいたらなかった。もしそうしていたら、脳が変化すると人の性格が変わることを理解していただろう。人を鬱病にする脳の損傷もあれば、躁病にする変化もある。人の宗教性、ユーモアのセンス、あるいはギャンブル欲を変化させるものもある。さらには、人を優柔不断にしたり、妄想させたり、攻撃的にしたりするものもある。このように、心は体と分けられるという考え方には難がある。

　これから見ていくように、現代の神経科学は詳細な神経活動と特定の意識状態の関係を探り出そうとしている。意識を完全に理解するには、新しい発見と理論が求められそうである。この分野はまだとても若いのだ。

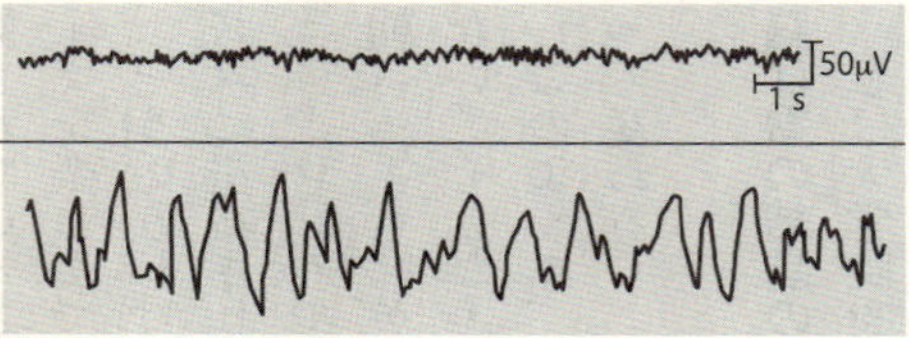
覚醒時
高周波で振幅も小さい
深い睡眠時
すなわち徐波睡眠時。
低周波で振幅も大きい

ニューロンが相互に協調して複雑で精緻な、なによりそれぞれ独自のリズムを刻むときに意識が生じる。徐波睡眠中は、ニューロンの活動は相互にもっとシンクロしたものになり、意識は不在である。

るときはそれがない。この区別から素朴な疑問が入り込んでくる。この二つの状態で脳の活動はどうちがうのか？

それを測定するひとつの方法が脳波記録法（ＥＥＧ）だ。頭蓋骨外面の微弱な電気信号を拾い上げることによって、何百億というニューロン発火の概要をとらえるものである。この技術はいくぶん大ざっぱなので、野球のスタジアムの外でマイクをかまえて野球のルールを理解しようとするようなものだと言われる。それでも、ＥＥＧによって覚醒状態と睡眠状態のちがいを直接的に知ることができる。

あなたが目覚めているとき、脳波は何百億というニューロンが互いに複雑なやりとりをしていることを示す。野球の試合を観戦する大勢の人々がそれぞれ会話をしているようなものだと考えてほしい。

あなたが眠ると、体は活動を停止するように見える。そのため、ニューロンのスタジアムも静かになると考えるのは自然だ。しかし一九五三年、そのような考えはまちがっていることがわかった。脳は夜でも日中と同じくらい活動しているのだ。睡眠中はニューロンの連動方法が変わって、もっと同期したリズミカルな状態に入る。スタジアムの観衆が、たえまなく繰り返しウェーブをしているところを思い描いてほしい。

想像がつくように、スタジアム内の話し合いの複雑さは、何千という個別の会話が展開されているときのほうがはるかに深い。それに引きかえ、観衆がひとつの大きなウェーブを楽しんでいるときは、あまり知力が必要ない時間だ。

そういうわけで、ある瞬間にあなたが何ものであるかは、ニューロン発火の細かいリズムに左右される。日中は、意識のあるあなたが統合された複雑な神経から現れる。夜、ニューロンのやり取りが少し変わると、あなたは消える。あなたの愛する人たちは、翌朝ニューロンがウェーブをやめて、再び複雑なリズムで動きだすまで待たなくてはならない。そうなってようやく、あなたがもどってくる。

このように、あなたが何ものであるかは、一瞬一瞬ニューロンがどうしているかによって変わる。

脳は雪の結晶のよう

私は大学院を終えたあと、自分にとっての英雄的科学者のひとり、フランシス・クリックのもとで研究する機会に恵まれた。私が出会ったころには、彼は意識の問題に取り組むようになっていた。オフィスの黒板にはさまざまなことが書かれていたが、つねに強い印象を受けたのは、ほかよりはるかに大きな文字で真ん中に書かれていた言葉だった。その言葉は「意味」。ニューロンとネットワークの構造や脳の領域についてはかなりわかっているが、そこを流れているすべての信号が、なぜ、私たちにとって意味があるのかはわかっていない。どうして脳の物質によって私たちは何かを気にかけることになるのだろう？

意味の問題はまだ解決されていない。しかし私はこう言えると思っている。すなわち、あなたにとっての何かの意味は、あなたの人生の経歴全体にもとづく複雑な連想で決まる。

私が一枚の布を持ってきて、それに何か色つきのインクをつけて、あなたの視覚系に示したとしよう。それが記憶を呼び起こして、あなたの想像力に火をつける可能性があるだろうか？　ただの布きれなのだから、可能性はないのでは？

しかし布につけたインクが国旗の模様になっているとしよう。その光景はほぼ確実に、あなたに何かを引き起こす。しかし具体的な意味は、あなたの過去の経験に固有である。あなたは物体をありのままに知覚するのではなく、あなたなりに知覚するのだ。

物体に対するあなたの解釈は、あなたの脳がたどってきた道と切り離せない——そして物体そのものとはほとんど関係がない。この２つの四角形には、色の配列が入っているだけである。イヌは２つのあいだに意味のある差を認めないだろう。この図形に対するどんな反応もすべてあなた次第であって、図形とは関係ない。

私たち一人ひとりは自分自身の道をたどっていて、ハンドルを握っているのは自分の遺伝子と経験であり、その結果、あらゆる脳が異なる内面世界をもっている。雪の結晶と同様、脳にも同じものは二つとない。

何兆もの新しい接合がたえず形成され、さらに形を変えるとき、その特有のパターンは、あなたのような人はけっして存在しなかったし、これからも存在しないことを意味する。いま現在のあなたの意識の経験は、あなただけのものである。

そして脳という身体的なものがつねに変化しているからには、私たちもつねに変化している。私たちは定まっていない。ゆりかごから墓場までずっと、製作中の未完成品である。

第2章

現実とは何か？

生きている人間の頭脳《ウエットウエア》は、どうやって私たちの経験、たとえばエメラルドグリーンの光景、シナモンの味、湿った土のにおいを、生み出すのだろう？　あなたの周囲のさまざまな色、手触り、音、そしてにおいに満ちた世界は錯覚であり、あなたの脳によってあなたのために展開されているショーだと言われたら、どう思うだろう？　もし現実をありのままの真の姿で知覚できたら、そこには色も、においも、味も、音もないことに、あなたはショックを受けるだろう。あなたの脳の外には、エネルギーと物質があるだけだ。何百万年にわたる進化を経た人間の脳は、このエネルギーと物質を、世界に生きているという豊かな感覚経験へと、うまく変換するようになった。どうやって？

ページ上では何も動いていないのに、動きが知覚される。「蛇の回転」錯視（北岡明佳作成）。

現実のイリュージョン

朝目覚めた瞬間から、あなたの周りには光と音とにおいが押し寄せる。あなたの感覚はあふれかえる。あなたは毎日現実のなかに現れるだけで、考えも努力もすることなく、反論の余地のないその現実にどっぷり浸かる。

しかしこの現実のうち、あなたの頭のなかだけで起こっている脳の構築物は、どれだけあるのか？

四角Aと四角Bの色を比較しよう。「チェッカーシャドー」錯視（エドワード・アデルソン作成）。

ここに掲げる「ヘビの回転」を考えてみよう。ページ上に実際に動いているものはないのに、ヘビがにょろにょろと動いているように見える。図形が固定していることはわかっているのに、どうして脳は動きを知覚できるのか？

あるいは、この図のチェッカーボードを考えてみよう。

そうは見えないが、四角Aは四角Bとまったく同じ色である。絵のほかの部分を覆うと、そのことを実証できる。二つの四角は物理的にはまったく同じであるにもかかわらず、どうしてこれほどちがって見えるのだろう？

このような錯視は、私たちの目に映る外界の像が、必ずしも正確な表象ではないことの最初のヒントである。私たちの現実知覚は、外で起こっていることとはあまり関係がなくて、脳のなかで起こっていることとの関係が深い。

現実認識

人は感覚器官をとおして世界に直接アクセスできるような気がする。手を伸ばせば、この本やすわっているイスなど、物理的世界の物に触ることができる。しかしこの触覚は、直接経験ではない。接触は指で起きているように感じるが、じつはすべてが脳という管制センターで起きている。感覚経験すべてが同じだ。視覚は目で起こっているのではなく、聴覚は耳で起こっているのではなく、嗅覚は鼻で起こっているのではない。感覚経験はすべて、脳という計算する物質内で連発する活動のなかで起こっている。

肝心なのはここだ。脳は外の世界にアクセスする手段をもっていない。頭蓋骨の暗く静かな部屋のなかに閉じ込められているので、脳は外の世界を直接経験したことはなく、これからも経験しない。

その代わり、外からの情報が脳に届く方法がひとつだけある。感覚器官――目、耳、鼻、口、皮膚――が仲介者として働くのだ。種々雑多な情報源（光子、空気の疎《そ》密《みつ》波、分子濃度、圧力、質感、温度など）を見つけて、それを脳の共通通貨、すなわち電気化

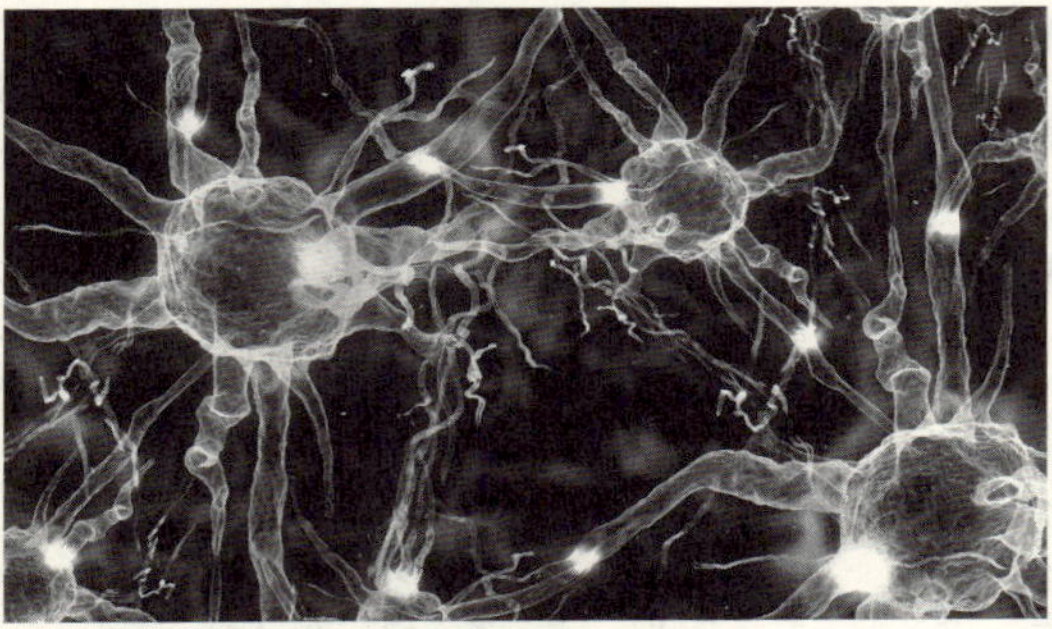

ニューロンどうしは、神経伝達物質と呼ばれる化学信号を用いてコミュニケーションを取る。電気信号はニューロンの膜のなかを、細胞の端から端まで瞬時に伝わる。こうした図版のなかでは細胞と細胞のあいだに何もないスペースが広がるかのように描かれるが、実際の脳の細胞どうしのあいだには隙間などなく、びっちり詰め込まれている。

学信号に変換する。

この電気化学信号が、ニューロンという脳の主要な信号伝達細胞の密なネットワークを駆け巡る。人間の脳には一〇〇〇億のニューロンがあり、あなたが生きているかぎり、各ニューロンが何千ものほかのニューロンに対して、毎秒何十から何百もの電気パルスを送る。

どんな光景も音もにおいも、あなたが経験するものはすべて直接経験ではなく、暗い劇場内での電気化学的演出なのだ。

脳はどうやって、膨大な量の電気化学的パターンを世界についての有効な解釈に変換するのだろう？　そのために脳は、さまざまな感覚入力から受け取る信号を比較し、「外に」あるものについて最善の推測ができるパターンを見つける。その働きは非常に強力なので、難なく行なわれているように思われる。しかしもっと詳しく見てみよう。

まず、五感のなかでも最たる感覚である、視覚だ。見るという行為はとても自然に思えるので、それを引き起こしている巨大な機構を正しく理解するのは難しい。人間の脳の約三分の一が視覚の任務、つまり生《なま》の光子を母親の顔や愛らしいペット、あるいは昼寝用のソファに変えることに専念している。内部で何が起きているかを明らかにするために、視覚を失ったあと、それを取りもどすチャンスに恵まれた男性の症例を見てみよう。

私は失明していたが、いまは見える

マイク・メイが視力を失ったのは三歳半のときだった。化学薬品の爆発で角膜が傷つき、彼の目は光子にアクセスできなくなった。彼は目の見えない男性として事業で成功しただけでなく、声の標識を頼りに斜面を滑り降りるスキーヤーとしてパラリンピックでメダルを獲得した。

その後、失明してから四〇年以上たって、マイクは目の物理的損傷を修復できる先駆的な幹細胞治療について知った。そして手術を受けることを決意する。目が見えないの

感覚変換

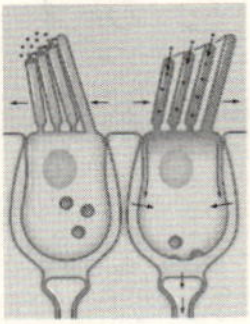

聴覚

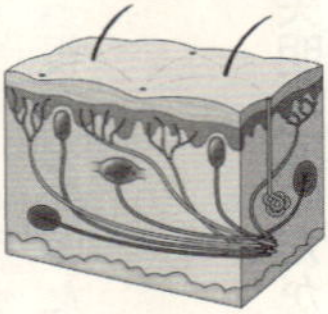

触覚

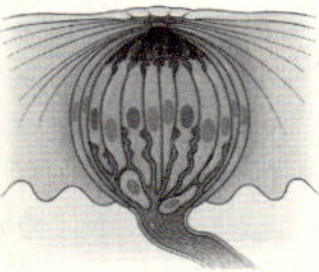

味覚

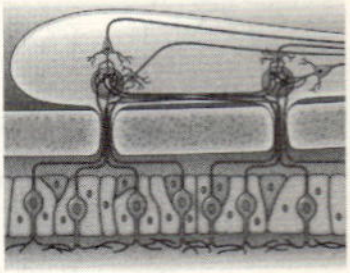

嗅覚

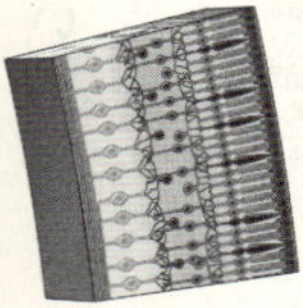

視覚

生物は世界からの情報を電気化学信号に変換するさまざまな手段を用いてきた。あなたがもっている変換マシンは、たとえば内耳の有毛細胞、皮膚にある数種類の触覚受容体、舌の味覚芽、嗅球の分子受容体、目の裏の光受容体、その他いろいろある。

環境からの信号は、脳細胞によって運ばれる電気化学信号に変換される。脳が体外の世界からの情報と接触するための第一歩である。目は光子を電気信号に変える（変換する）。内耳の仕組みが空気の密度に生じる周期的変化を電気信号に変える。皮膚（および体内）の受容体が圧力、張り、温度、あるいは有害化学物質の存在を電気信号に変える。鼻は漂うにおいの分子を、舌は味の分子を、電気信号に変える。世界中から観光客が訪れる都市では、外貨が共通通貨に変換されないと、有効な取引が行なえない。脳についても同じだ。脳は基本的に国際都市であり、さまざまな出身地からの旅行客を迎えている。

神経科学者が解決できていない謎のひとつは、「結びつけ問題」と呼ばれている。視覚はある領域で処理され、聴覚は別の領域、触覚はまた別の領域で処理されているなら、脳はどうやってひとつの統合された世界のイメージをつくることができるのか？この問題はまだ解決されていないが、ニューロン間の大規模な相互接続性だけでなく、共通通貨が答えの核にありそうだ。

は彼の角膜が不透明なせいにすぎず、解決法は単純だった。

しかし予期せぬことが起こった。包帯がはずされる瞬間を記録するために、テレビカメラが待機していた。マイクは医師がガーゼをはがしたときの経験を、こう表現している。「目に光がビュンビュン当たって、いろんな像の砲撃を浴びせられている。突然、視覚情報の洪水が襲ってくる。どうしようもない」

マイクの新しい角膜は期待どおりに光を受け取り、それに焦点を合わせていた。しかし、彼の脳は受け取っている情報を理解できなかった。報道カメラが回っている前で、マイクは自分の子どもたちを見て笑いかけた。しかし内心では呆然としていた。彼らがどう見えるかも、どっちがどっちかもわからなかったからだ。「どんな顔も認識できなかった」と彼は回想している。

外科的には移植手術は完全な成功だった。しかしマイクの立場からすると、彼が経験していたのは視覚とは呼べなかった。彼の言葉を借りれば要するに、「私の脳は『なんてこった！』状態だった」

医師と家族の助けを借りて、彼は診察室を出て廊下を歩き、カーペットや壁の絵や戸口に視線を向けた。どれも彼には理解できない。帰宅するために車に乗ったとき、マイクは車窓を流れる車や建物や人々に目をやり、自分が見ているものを理解しようとしたがうまくいかない。高速道路上では、前方の大きな長方形にぶつかりそうに思えてたじろいだ。それは高速道路の標識で、車はその下を通過したのだ。彼には物体とは何かがわからず、その奥行きの観念もなかった。実際、目が見えなかったときより手術のあとのほうが、スキーが難しく感じられた。奥行き知覚に問題があるせいで、人と木と影と穴のちがいがわからなかったのだ。彼にとってはすべてが、白い雪を背景とした黒っぽいものにしか見えなかった。

マイクの経験からわかるのは、視覚系がカメラのようなものではないということだ。レンズのキャップをはずせば見えるわけではないらしい。視覚には機能する目以外にも必要なものがある。

じつはマイクの場合、失明していた四〇年のあいだに、視覚系の領域（ふつう視覚皮質と呼ばれるもの）のほとんどが、聴覚や触覚など残りの感覚に乗っ取られていた。そのことが、目が見えるために必要な信号をすべて組み合わせる脳の能力に影響をおよぼした。これから見ていくように、視覚は何百億というニューロンが、特定の複雑な交響曲を奏でるように、協力しあって生まれるものなのだ。

現在、手術から一五年たっても、マイクは新聞の言葉や人の顔に浮かぶ表情を読み取るのに苦労している。不完全な視覚をよく理解する必要があるときには、触ったり、持ち上げたり、耳を傾けたりして、ほかの感覚を使って情報を照合する。この「さまざまな感覚の比較」ということこそ、人がもっとずっと幼いとき、脳が最初に世界とはどういうものかを理解していくときに行なうことにほかならない。

見るには目以外のものも必要

赤ん坊が目の前にあるものを触ろうと手を伸ばすのは、手触りや形を知るためだけではない。この行動は、物の見方を覚えるのにも必要である。視覚に体の動きが必要だと考えるのは妙に思えるが、この考えは一九六三年に二匹の子ネコで見事に実証されている。

マサチューセッツ工科大学の二人の研究者、リチャード・ヘルドとアラン・ハインは、内壁に縦縞が描かれた円筒に二匹の子ネコを入れた。どちらのネコも、円筒内を動くことによる視覚入力を受ける。しかし両者の経験には決定的なちがいがあった。一方の子ネコは自分で歩いていたが、もう一方の子ネコは、中心軸に取りつけられた吊りかごに乗っていたのだ。この設定ではどちらの子ネコも同じものを見ている。同じときに同じスピードで動く縦縞である。視覚に関係するのが目に当たる光子だけなら、二匹の視覚系は同じように発育するはずだ。しかし驚くべき結果が出た。動くために自分の体を使

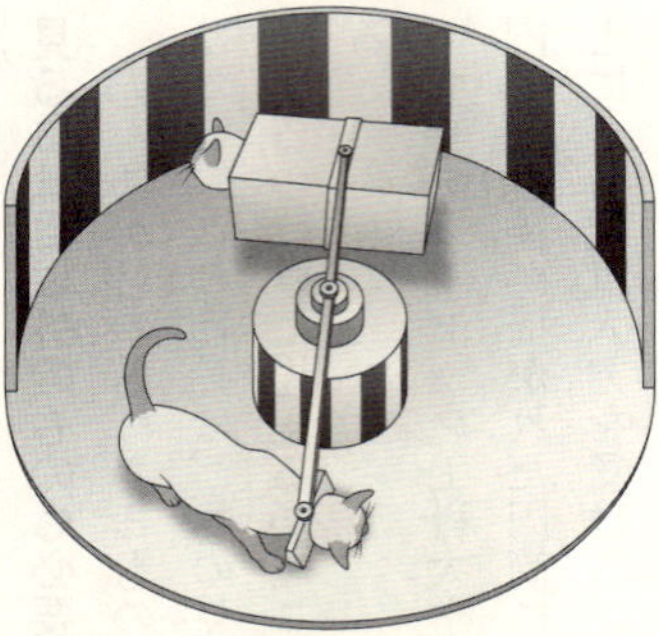

縦縞の描かれた円筒のなかで、1匹の子ネコは歩くが、もう1匹はかごに乗っている。どちらもまったく同じ視覚入力を受け取ったが、自分で歩いた子ネコ――自分の動きを視覚入力の変化に調和させることができた子ネコ――だけが、きちんと見ることを覚えた。

っていた子ネコだけが、正常な視覚を発達させたのだ。吊りかごに乗っていた子ネコは、きちんと見られるようにならず、その視覚系は正常な発達をとげなかった。

視覚皮質による迅速な光子の解釈イコール視覚ではない。そうではなく、視覚は全身の経験なのだ。脳に入る信号は訓練によってのみ理解されるものであり、ほかの行動や感覚結果からの情報と照合される必要がある。そうしてはじめて、脳は視覚データが実際に何を意味するか解釈できる。

あなたが生まれたときからいっさい世界と交流できず、感覚情報の意味をフィードバックによって理解できなかったら、理論上、あなたは目が見えない。赤ん坊がベビーベッドの柵をたたいたり、自分のつま先をかんだり、ブロックで遊んだりするとき、彼らはただ探検しているのではない——視覚系を訓練しているのだ。暗闇に閉じ込められた脳は、世界に送り出された行動（頭を回す、これを押す、あれを手放す）が、返ってくる感覚入力をどう変えるか学習している。いろいろと試した結果、視覚が鍛え上げられる。

視覚は努力を要しないように思えるが、そうではない

とくに努力しなくても目は見えるように思えるので、そのために脳がする努力を理解するのは難しい。そのプロセスを明らかにするために、自分の視覚系が期待される信号を受け取らないとき、何が起こるかを確かめようと、私はカリフォルニア州アーヴァインに飛んだ。

カリフォルニア大学のアリッサ・ブルワー博士は、脳がどれくらい適応力に富んでいるかを理解したいと思っている。その目的で彼女は被験者に、世界の左右を入れ替えるプリズム・ゴーグルを装着させ、それに視覚系がどう対処するかを研究している。

天気のいい春の日、私はプリズム・ゴーグルを着用した。すると世界が反転した。右にあるものが左に、左にあるものが右に見える。アリッサがどこに立っているか見つけようとすると、視覚と聴覚が別々のことを教える。五感が合わないのだ。物をつかもう

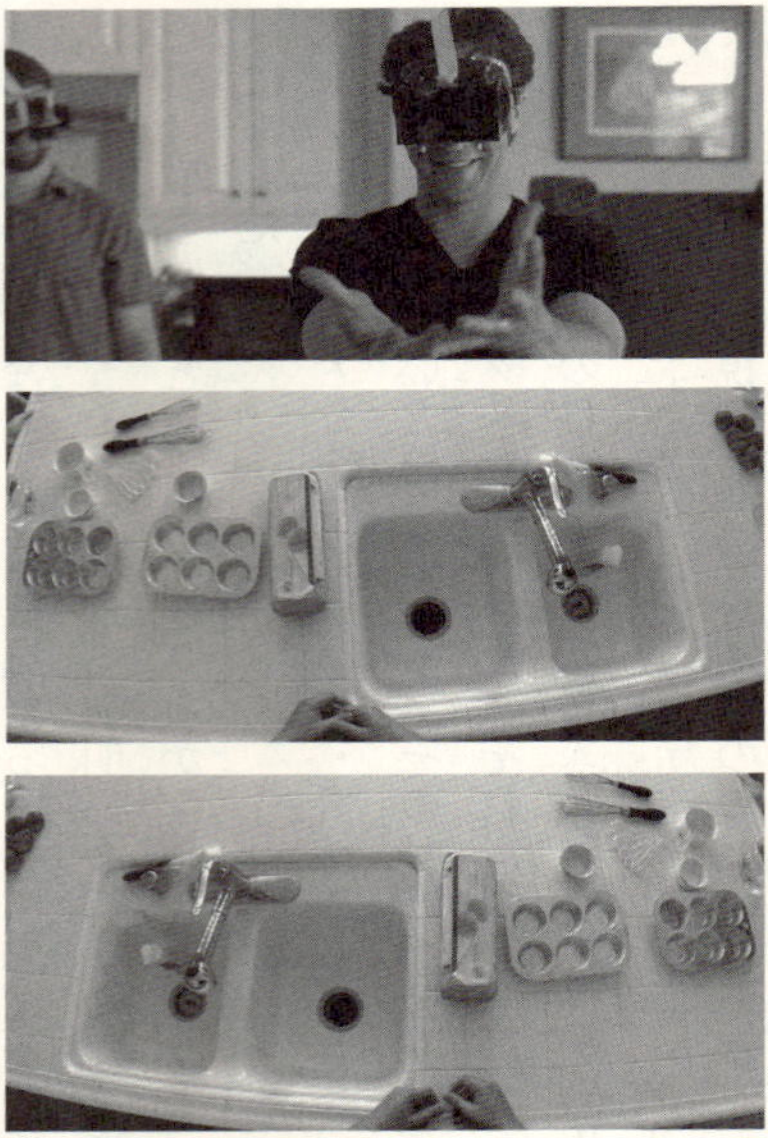

プリズム・ゴーグルをつけると世界が左右反転し、飲み物を注いだり物をつかんだり、あるいはドア枠にぶつからずに戸口を通り抜けるといった、なんということもない動作が極度にむずかしいものになる。

と手を伸ばすと、見えている自分の手の位置と筋肉が主張する位置とが合致しない。ゴーグルを装着して二分後、私は汗をかいて吐き気をもよおしていた。

私の目は機能していて世界をとらえているのに、視覚のデータストリームがほかのデータストリームと矛盾している。それは脳に苦行を課した。もう一度初めから物の見方を学習しているようなものだ。

そのゴーグルを装着することの大変さは永遠には続かないことがわかった。もう一人の被験者、ブライアン・バートンもプリズム・ゴーグルを着けていて、しかもすでにまる一週間やっている。ブライアンは私のように気分が悪そうには見えない。適応レベルを比較しようと、私は彼にケーキ作り競争を挑んだ。そのためにはボウルに卵を割り入れ、ケーキミックスと混ぜ合わせ、生地をカップケーキの型に注ぎ、天板をオーブンに入れなくてはならない。

まったく勝負にならなかった。ブライアンのカップケーキはきちんとでき上がってオーブンから出てきたが、私の生地はほとんどがカウンターで干からびるか、天板のあちこちでしみのように焼かれている。ブライアンはそれほど問題なく周囲の世界を把握できるが、私は無能状態だ。一挙手一投足を意識して行なわなくてはならない。

ゴーグルを着用することで、私はふだん気づかない視覚処理の裏の努力を経験することができた。その日の午前中、ゴーグルを着ける直前まで、私の脳は長年の経験を利用できていた。しかしただ感覚入力が左右逆になっただけで、もはやそれができなくなっている。

ブライアンくらい熟練するには、何日も世界との相互作用を続ける必要があることがわかった。物をつかむために手を伸ばし、音のする方向を追い、手足の位置に注意する。十分に練習すれば、私の脳もブライアンの脳が七日間やってきたように、五感どうしを照合し続けることによって鍛え上げられるだろう。訓練されることで、私の神経ネットワークは、脳に入ってくるさまざまなデータストリームがほかのデータストリームとどう調和するかを理解するようになる。

ブルワーの報告によると、数日間ゴーグルを装着すると、人は新しい左と古い左、そして新しい右と古い右の内部感覚を発達させるという。一週間後にはブライアンと同じようにふつうに動きまわることができるようになり、どちらの右左が古くて、どちらの右左が新しいか、考えなくなる。世界の空間マップが変化するのだ。実験を始めて二週間後には、うまく読み書きができて、ゴーグルなしの人と同じようにうまく歩いたり手を伸ばしたりするようになる。人はそれほど短期間で、逆転した入力の扱い方をマスターする。

脳は入力の細部にはあまりこだわらない。関心があるのは、どうすればいちばん効率的に世界を動き回り、必要なものを手に入れられるか、見つけ出すことだけだ。低レベルの信号を処理する苦労はすべて、あなたのかわりに引き受けてくれるものがある。もしプリズム・ゴーグルを装着するチャンスがあったら、ぜひやってみてほしい。努力しなくても目は見えるものだと思わせるために、脳がどれだけたくさん努力しているかがよくわかる。

五感の時間合わせ

これで、私たちが知覚するには、脳がさまざまな感覚のデータストリームを比較する必要があることはわかった。しかし、このような比較を現実的に難しくするものがある。それはタイミングの問題だ。視覚、聴覚、触覚など、感覚のデータストリームを脳が処理するスピードはそれぞれ異なる。

競走用トラックにいる短距離走者を考えてみよう。彼らは号砲が鳴った瞬間にスターティングブロックから離れるように見える。しかし実際にはその瞬間ではない。スローモーションで見ると、号砲から動き始めまでにかなりの間《ま》があることがわかる。ほぼ〇・二秒だ（実際、もしその間の前にブロックを離れたら、「フライング」で失格になる）。選手はこの間をできるだけ短くしようと訓練するが、生物学的に根本的な限界がある。脳が音を識別し、信号を運動皮質に、さらには脊髄経由で体の筋肉に、送らなくてはならない。一〇〇分の一秒が勝敗を決める可能性のあるスポーツでは、その反応は驚くほど遅く思える。

選手をスタートさせるのにピストルではなく、たとえば閃光を使ったら、その遅延は短くなるのだろうか？　なにしろ光のほうが音より速く進むのだから、選手はブロックを早く離れられるのでは？

短距離走選手は、閃光（上の写真）より号砲（下の写真）のほうが早くブロックから離れられる。

これを検証するために、私は仲間の短距離走者を何人か集めた。ここに掲げる上の写真では閃光、下の写真ではピストルが、それぞれ合図になっている。

結果的に、反応は光に対してのほうが遅かった。外界での光の速度が音速の比ではないほど大きいことを考えると、これは一見つじつまが合わないように思えるかもしれない。いったいどうなっているのか、事実を理解するためには、内部での情報処理速度を確認する必要がある。じつは視覚データのほうが聴覚データより、複雑な処理を施される。閃光の情報を伝える信号が視覚系にたどり着くまでのほうが、号砲の信号が聴覚系にたどり着くまでより、長い時間がかかる。選手たちは光に対して一九〇ミリ秒で反応したが、号砲に対しては一六〇ミリ秒しかかからなかった。そういうわけで、短距離走のスタートにはピストルが使われるのだ。

しかし、ここから妙な話になる。目に入るものより音のほうが脳に速く処理されることを、いま確認したばかりだ。それでも、目の前で手をたたくとどうなるか、注意深く観察しよう。やってみて。すべてが同時に思える。音のほうが速く処理されるのなら、どうしてこんなことになるのか？　それはつまり、あなたの現実知覚は手の込んだ編集トリックの最終結果だということである。脳が到達時間の差を隠してしまう。どうやって？　脳が現実として出してくるものは、実際には遅れているバージョンなのだ。脳は感覚からの情報をすべて集めてから、何が起きているかの筋書をこしらえる。

このタイミング問題は聴覚と視覚に限られるものではない。感覚情報は種類によって処理にかかる時間が異なる。さらにややこしいことに、ひとつの感覚のなかでも時間差がある。たとえば、信号が脳に到達するのに、足の親指からのほうが鼻からよりも長く時間がかかる。しかしそんなことはあなたの知覚にはわからない。あなたはまず信号をすべて集めるので、すべてが同時に思える。その結果、妙な話だが、あなたは過去に生きているのである。その瞬間が起こるとあなたが考えるころには、その瞬間はとっくに過ぎている。複数の感覚から入ってくる情報の時間を合わせるために、代償として、私たちの意識は現実世界より遅れているのだ。それは、起こっている出来事とそれを経験しているというあなたの意識との、埋められないギャップである。

感覚が遮断されると、ショーは止まるのか?

現実認識は最終的に脳がつくり上げるものである。感覚からのデータストリームにもとづいているが、それなしでは生じないというわけではない。どうしてわかるのか? なぜなら、すべてを取り去っても、現実は止まらないからだ。ただ奇妙になるだけである。

サンフランシスコのある晴れた日に、私は船で冷たい海を渡り、有名な島の刑務所、アルカトラズに向かった。ザ・ホールと呼ばれる特殊な独房を見学する予定だった。外部世界のルールを破ると、アルカトラズに送られる。アルカトラズのルールを破ると、ザ・ホールに送られるのだ。

私はザ・ホールに入り、扉を閉めた。広さは約三メートル四方。そこは漆黒《しっこく》の闇だった。どこからも光子一個も漏れてこない。音も完全に遮断されている。ここではまったくの独りきりである。

ここに数時間、あるいは数日間、閉じ込められるのはどんなだろう? 答えを知るた

脳は都市に似ている

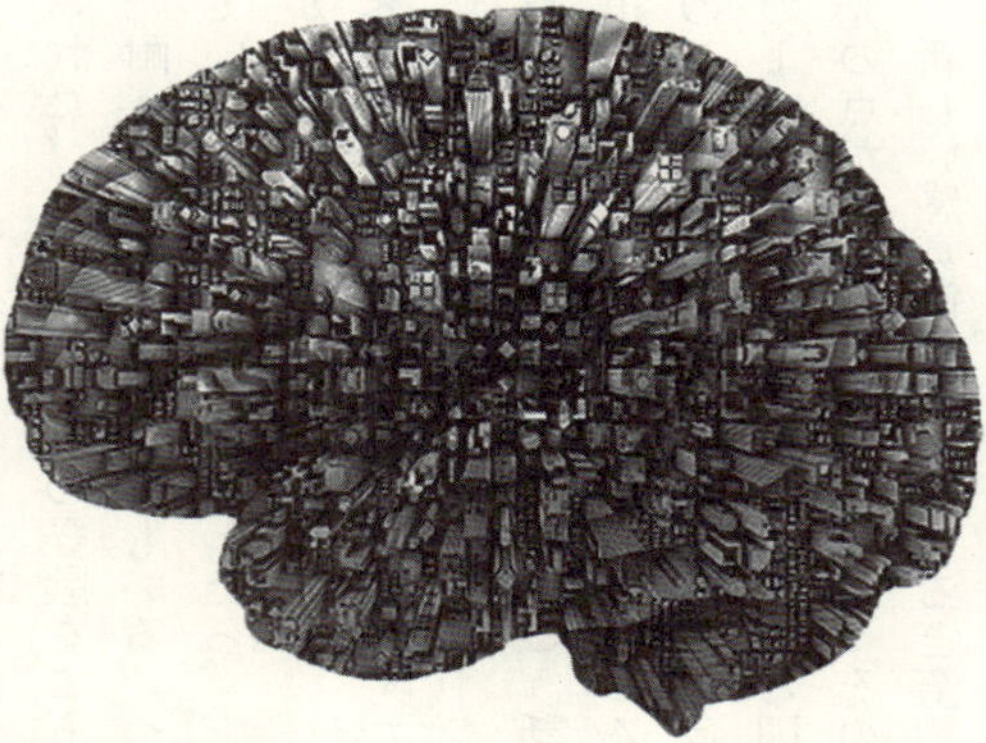

脳の全体的な働きは、都市と同じように、膨大な数のネットワーク化された相互作用から生まれる。「この部分があれをする」という形で、脳の各領域にひとつの機能を割り当てようという誘惑は多い。しかし長年にわたる試みにもかかわらず、脳の機能は、きちんと定義された一連のモジュール活動の総和としては理解できない。

代わりに脳を都市と考えよう。都市を見渡して「経済はどこにある？」と訊いても、意味のある答えは見つからないとわかるだろう。経済は店舗や銀行から商人や顧客まで、あらゆる要素の相互作用から生まれる。

脳の働きもそうである。1カ所で起こるわけではない。都市と同じように、脳にも孤立して働く領域はない。脳でも都市でも、すべてが近隣および遠隔の住民どうしのさまざまな規模の相互作用から生まれる。列車が都市に原料や材料を運び込み、それが加工されて経済になるのと同じように、感覚器官からの生の電気化学的信号がニューロンの高速道路を運ばれ、信号は処理され変換されて、意識にのぼる現実になる。

め、私はそこに入ったことのある元囚人と話をした。武装強盗犯のロバート・ルーク、通称コールド・ブルー・ルークは、自分の房を破損させたために、ザ・ホールに二九日間送られた。ルークは自分の経験をこう話している。「真っ暗なザ・ホールはひどい場所だ。耐えられなかったやつもいる。つまり、あそこに入って二日後には頭を壁に打ちつけていたんだ。あそこに入ったら、どう行動するかなんてわからなかった。知りたくもなかった」

外界から完全に隔離されて音も光もないため、ルークの目と耳には入力がいっさいなかった。しかし彼の頭は外界をイメージすることをあきらめなかった。とにかくつくり続けたのだ。ルークはその経験をこう話している。「幻覚を見たのを覚えている。よく思い出したのは爪揚げをしているところだ。すごくリアルだった。でも、すべてが頭のなかのことだった」。ルークの脳は引き続き見ていたのだ。

そのような経験は、独房監禁される囚人によくある。ザ・ホールの別の住人は、心の目に光の点が見えると話していた。その点をテレビ画面に広げて、テレビを観ていたという。新しい感覚情報が欠乏すると空想が空想でなくなるのだと、囚人たちは言っている。完全にリアルに思える経験だという。彼らはイメージを想像したのではなく、見ていたのだ。

この証言は、外部世界と私たちが現実と考えるものとの関係を明らかにしている。ルークに何が起こっていたのか、どう理解できるだろう？　従来の視覚モデルでは、知覚は目を始点に脳内のどこか謎の終点まで、データが進んでいくことで生まれる。しかし、この視覚の組み立てラインモデルは、わかりやすいがまちがっている。

実際には、目やその他の感覚器官からの情報を受け取る前に、脳は独自の現実を生み出す。これは内部モデルと呼ばれる。

内部モデルの基礎は、脳の解剖学で理解できる。視床は前頭部の目と目のあいだに位置し、視覚皮質は後頭部にある。ほとんどの感覚情報は、大脳皮質の適切な領域にたどり着く途中で視床を通る。視覚情報は視覚皮質に向かうので、視床から視覚皮質へと入る接続がたくさんある。しかしここからが驚きだ。逆方向の接続がその一〇倍もある。

世界についての詳しい予想、つまり外にあると脳が「推測」するものが、視覚皮質から視床に伝えられている。そして視床は目から入ってくるものと比較する。それが予想（「頭を回すとそこにイスが見えるはず」）と合致した場合、視覚系へと情報を送り返す作用はほとんど起きない。視床は、目が報告しているものと脳の内部モデルが予測したものとの、差異を報告するだけである。言い換えれば、視覚皮質に送り返されるのは、予想で足りなかったもの（「エラー」とも呼ばれる）、すなわち予測されなかった部分で

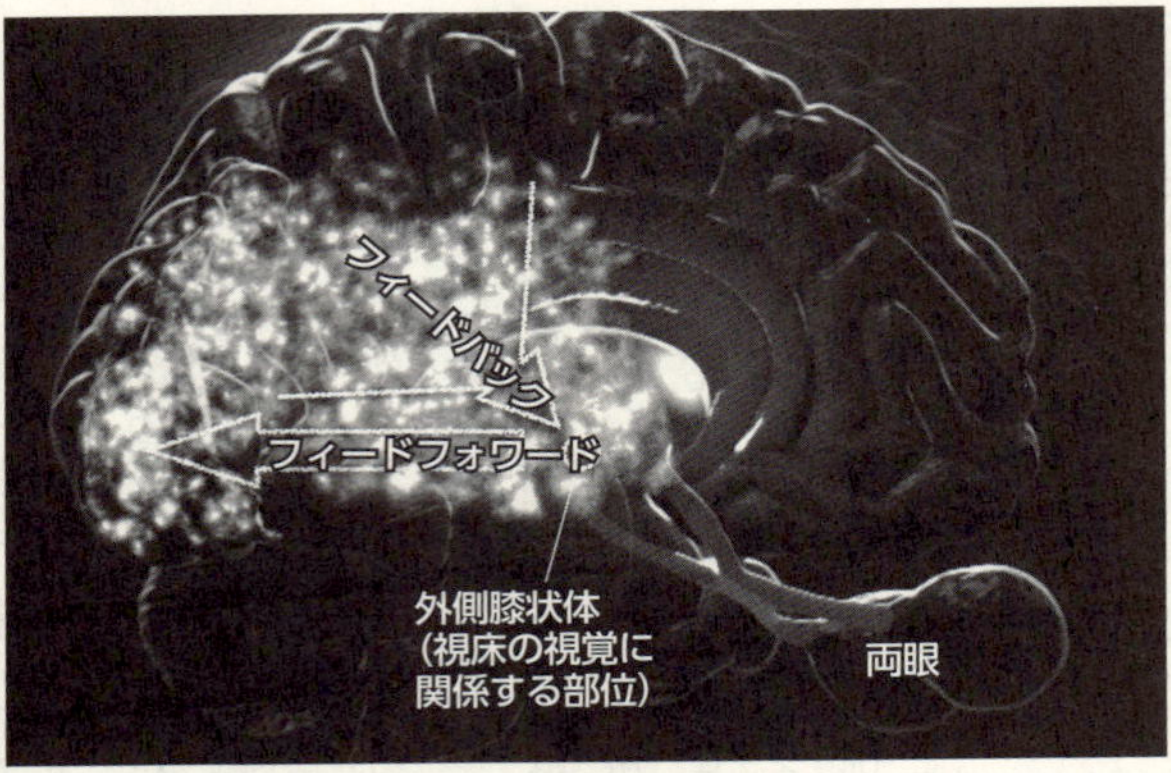

視覚情報は目から外側膝状体を経て１次視覚皮質に到達する。奇妙なのは、これとは逆方向に情報を伝達する接続がその10倍はあることだ。

ある。

したがって、どんなときも私たちが視覚として経験することは、目に流れ込んでくる光よりも、すでに頭のなかにあるものに依存している。

だからこそ、コールド・ブルー・ルークは真っ暗な独房にすわっていながら、豊かな視覚経験をしていたのだ。ザ・ホールに閉じ込められて、彼の感覚は脳に新しい入力を供給していなかったため、内部モデルが自由に稼働できて、彼は鮮明な光景と音を経験した。脳は外部データというよりどころがなくても、独自のイメージを生み出し続ける。世界を取り去ってもショーは続くのだ。

なにもザ・ホールに閉じ込められなくても、内部モデルは経験できる。多くの人は感覚遮断タンクをとても心地よく感じる。これは暗い密閉容器で、そのなかの塩水に浮かぶものである。外界の重しを取り除くことによって、内面世界を自由に飛び立たせるのだ。そしてもちろん、わざわざ感覚遮断タンクを探す必要はない。毎晩、眠りにつくとき、あなたは充実した豊かな視覚経験をしている。目は閉じられているが、豪華でカラフルな夢の世界を楽しみ、それがすべて現実だと信じている。

予想を見る

都会の通りを歩くとき、細部を分析しなくても、どういう状況かは無意識にわかるように思える。長年さまざまな都会の通りを歩いてきた経験から構築された内部モデルにもとづいて、脳は見えているものについての憶測を立てる。あらゆる経験が脳内の内部モデルに貢献している。

つまり、五感を駆使して一瞬ごとに現実を一から再構築するのではなく、脳がすでに構築したモデルと感覚情報を比較している。それを更新し、磨き上げ、修正しているのだ。脳はこの仕事のエキスパートなので、あなたはふだんそのことに気づかない。しかし条件によっては、そのプロセスが作用しているのがわかることもある。

プラスチックの仮面を手に取ってみよう。ハロウィーンでかぶるようなものだ。そし

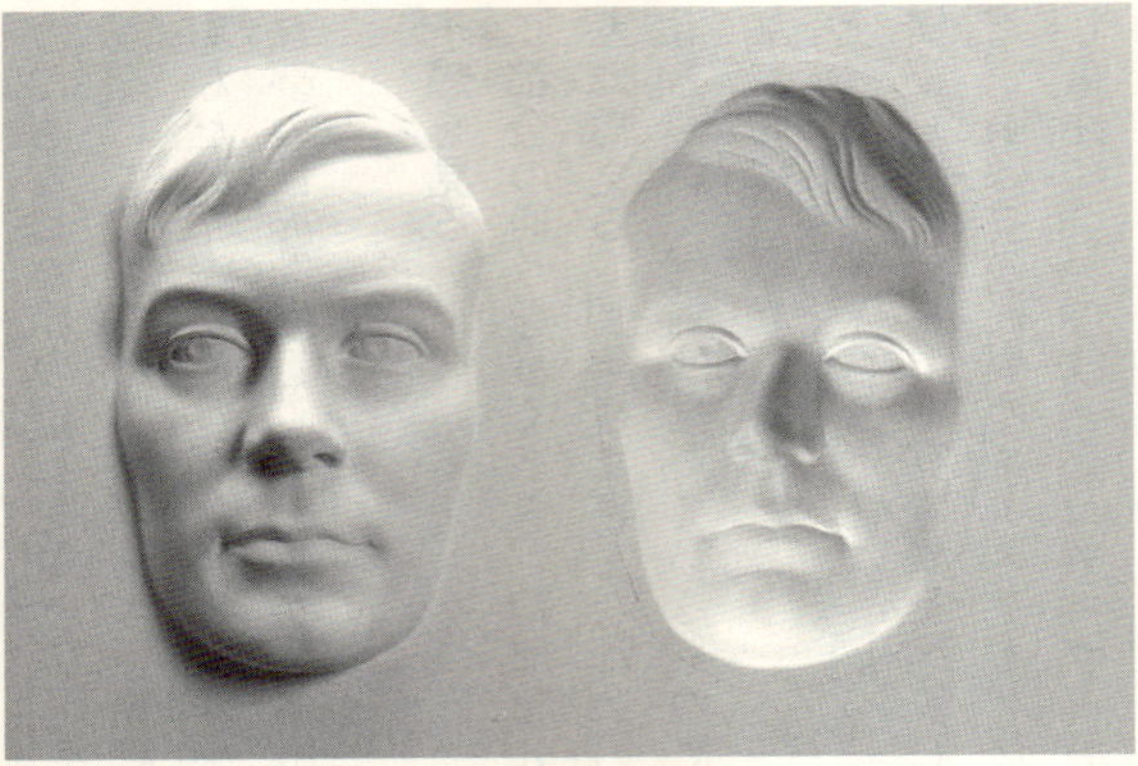

仮面のくぼんでいる側（右）を突きつけられると、こちらに出っ張っているように見える。私たちに見えるものは、予想に強く影響される。

てそれをひっくり返し、くぼんだ裏側を見てほしい。それがくぼんでいることはわかっている。しかしわかっていても、顔が出っ張っているように見えてしまうことも多い。あなたが経験するのは、目に映っている生データではなく、内部モデルだ——生まれてこのかた出っ張っている顔を見てきて植えつけられたモデルである。くぼんだ仮面の錯覚は、何が見えるかには予想が強く影響することを示している（くぼんだ仮面の錯覚を実証する簡単な方法がある。新雪に顔を突っ込んで、その跡の写真を撮ろう。でき上がった写真は、脳には出っ張っている雪の彫像のように見える）。

あなたが動いているときでも、外の世界がぐらぐら揺れ動いて見えたりしないのも内部モデルのおかげだ。これはぜひ記憶にとどめておきたいという、都市の景観を見ているとしよう。あなたは携帯電話を取り出して動画を撮影する。しかし、その光景の端から端までカメラをスムーズにパンするのではなく、目が動くのとまったく同じように動かすことにする。ふだんは気づいていないが、あなたの目はだいたい一秒に四回、サッカードと呼ばれる跳躍するような動きをする。そのように撮影したらすぐに、とんでもない動画の撮り方だとわかるだろう。再生すると映像ががくがく揺れて、見ていると気分が悪くなる。

では、あなたが見ているとき、なぜ世界は安定して見えるのだろう？　なぜ、下手な撮り方をした動画のように、がくがく揺れて、見ていて気分が悪くなることはないのか？　なぜなら、あなたの内部モデルが、外の世界は安定しているという憶測のもとに働くからだ。あなたの目はビデオカメラとはちがって、単純に、内部モデルに送り込むべき細部を見つけようとする。あなたがのぞいているカメラのレンズとはちがって、自分の頭蓋骨のなかの世界に送り込むデータを集めているのだ。

内部モデルは低解像度だがアップグレード可能

外界に関する内部モデルのおかげで、私たちは環境をすばやく把握できる。そしてそれが内部モデルの主要な機能である。つまり、世界を進む道案内だ。必ずしもはっきりしていないのは、脳が詳しい細部をどれだけ除外するか、である。私たちは自分が世界を事細かにとらえていると錯覚している。しかし一九六〇年代の実験が示すように、実際にはそうではない。

ロシアの心理学者アリフレート・ヤルブスが、人が初めての光景を見るときの視線を追跡する方法を考え出した。彼はイリヤ・レーピンの『思いがけぬ帰宅』という絵画を使って、被験者に三分間でその細部を把握するよう指示し、そのあと絵を隠してから、見たものを説明してほしいと言った。

私は彼の実験を再現して、被験者に絵を把握する時間、つまり脳がそのシーンの内部モデルを構築する時間を与えた。しかし、そのモデルはどれくらい詳しかっただろう？　被験者に質問すると、絵を見た人全員が、自分はそこに何が描かれているかわかっていると思っていた。ところが細部について尋ねると、彼らの脳は細部をほとんど書き込んでいないことが明らかになった。壁には絵が何枚かかっていたか？　部屋にはどんな家具があったか？　子どもは何人いたか？　床はカーペットだったか、板張りだったか？　思いがけない帰宅者の顔はどんな表情だったか？　答えが返ってこないことから、人々はそのシーンをひどくいい加減にしか把握していないことは明らかだ。内部モデルは低

私たちは被験者がイリヤ・レーピンの絵画『思いがけぬ帰宅』を見るときの視線の動きを追跡した。白い線はその視線が向いた場所を示している。視線の動きの範囲は広いが、彼らは細部をほとんど何も覚えていなかった。

解像度なのに、すべてを見たという印象をもっていたことがわかって、彼らは驚いていた。私は質問のあとで、答えを探すためにもう一度絵を見るチャンスを与えた。すると彼らの目は情報を探し出し、それをアップデートされた新しい内部モデルに組み込んだ。

これは脳の不具合ではない。脳は世界の完璧なシミュレーションをつくろうとはしない。内部モデルは急いで描かれた概要であり、どこの詳細を探せばいいか脳にわかっていれば、知っておくべき基礎に細部が加えられる。

では、なぜ脳は完全な像をつくってくれないのだろう？　なぜなら、脳はエネルギーを食うからだ。私たちが消費するカロリーの二〇パーセントは、脳を動かすために使われる。そのため、脳はできるだけエネルギー効率の高いやり方で働こうとするので、世界を渡っていくのに必要な感覚からの情報も、最小限の量だけを処理することになる。

視線を何かに向けていても、それが見えているとは限らないことを、最初に発見したのは神経科学者ではない。マジシャンはずっと前にそのことに気づいていた。マジシャンは人の注意を誘導することによって、すべて見えるところで手品を行なう。その行動で秘密はばれるはずだが、彼らは人の脳が情景のごく一部しか処理しないと確信できるのだ。

このことから、運転手が目につく場所にいる歩行者をひいたり、目の前の車に直接ぶつかったりする自動車事故が多いことの説明がつく。このようなケースではたいてい、目は正しい方向を向いているが、脳は実際にそこにあるものを見ていない。

薄切りの現実

色は周囲の世界の基本的性質だと考えられている。しかし実際には外部世界に色は存在しない。

電磁放射線が物体に当たると、その一部が跳ね返って、私たちの目にとらえられる。

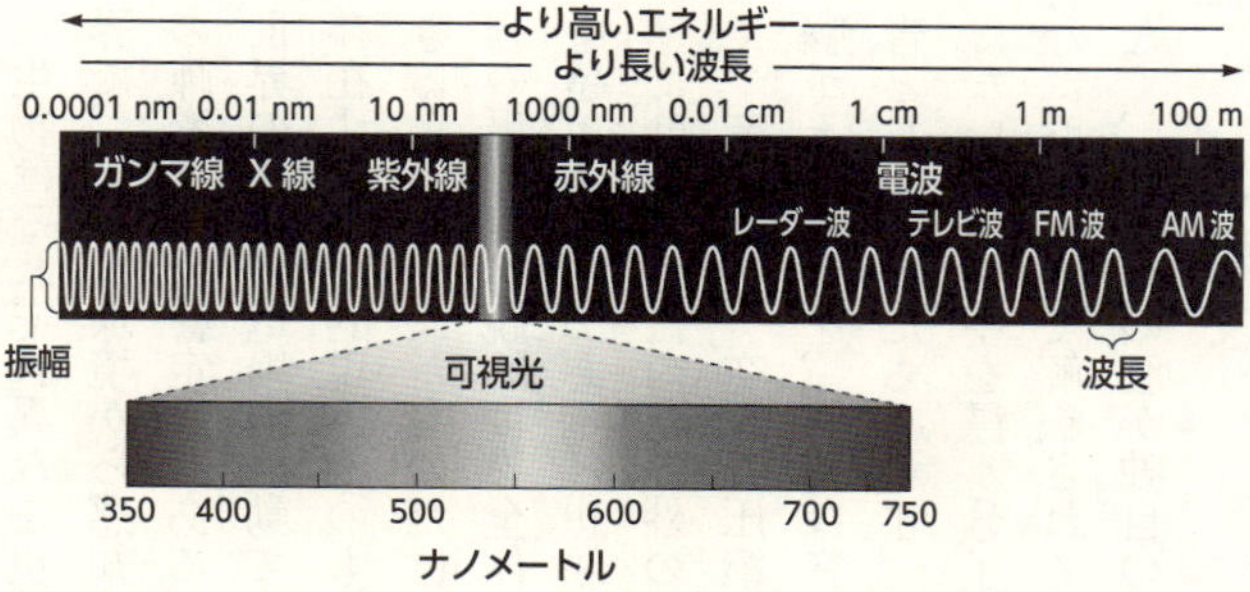

電磁スペクトルが伝える情報のごく一部しか、ヒトには感知できない。図で「可視光」と示された部分は、スペクトルの他の部分とまったく同じ物質から成るのに、私たちが生まれながらにもつ器官で扱えるのはこの範囲だけなのだ。

私たちは何百万という波長の組み合わせを区別できるが、そのうちのどれかが色になるのは、私たちの頭のなかだけのことだ。色は波長の解釈であり、内部にしか存在しない。

そして、ここで話している波長がいわゆる「可視光線」、つまり赤から紫までの波長スペクトルに限られることから、さらに妙な話になる。可視光線は電磁スペクトルのごく一部にすぎず、一〇兆分の一にも満たない。スペクトルの残りすべて、たとえば電波、マイクロ波、X線、ガンマ線、携帯電話の会話、ワイファイなどは、いまも私たちを通過していて、私たちはそのことにまったく気づかない。なぜなら、私たちにはこれらの信号をスペクトルから拾い上げるための、特別な生物学的受容体がないからだ。私たちに見えるのは、生物学的に限定された、現実の一片でしかない。

生物はそれぞれ異なる現実の一片をとらえる。何も見えず、何も聞こえないダニの世界で、ダニが環境から感知する信号は温度と体臭だ。コウモリにとってのそれは、空気の疎密波の反響定位である。電気魚のブラック・ゴースト・ナイフフィッシュにとって、世界の経験は電場の摂動《せつどう》で決まる。生物が感知できるのは生態系の一部である。実際に存在する客観的現実そのものを経験している生物はいない。どの生物も、進化で知覚できるようになったものだけを知覚する。しかしおそらくどの生物も、一片にすぎない自分の現実を客観的世界全体だと思っている。どうしてわざわざ、自分が知覚できる範囲を超えたものがあると想像するだろう？

では、あなたの頭の外の世界は、実際にどう「見える」だろう？　色がないだけでなく、音もない。空気の圧縮と膨張が耳に拾い上げられ、電気信号に変換される。そして脳がその信号を、甘美な音色、あるいはヒューヒューやガタガタやガチャガチャという音として、私たちに示す。現実にはにおいもない。私たちの脳の外ににおいというものはない。空気中を漂う分子が鼻のなかの受容体と結合し、私たちの脳によってさまざまなにおいとして解釈される。現実世界は豊かな感覚事象にあふれてはいない。そうではなく、私たちの脳が独自の感性で世界を照らし出すのだ。

あなたの現実、私の現実

私の現実があなたのものと同じだと、どうしてわかるのか？　ほとんどの人は答えられないが、現実の知覚が私たちと多少ちがう人が一部にいる。

ハンナ・ボスレーについて考えてみよう。彼女はアルファベットの文字を見ると、内部で色を経験する。彼女にとって、Jが紫でTが赤なのは自明の事実である。文字は自動的かつ無意識に色の経験を引き起こし、その連想は変化しない。Hannahという彼女の名前は、彼女にとって夕日のように見える。黄色で始まり、だんだん赤色になり、そのあと雲のような色になってから、また赤と黄色へともどる。それに引きかえIainという名前は、彼女にとって嘔吐物のように見える。ただし、その名前の人に対しても完璧に親切に接する。

ハンナは詩的なわけでも隠喩表現をしているわけでもない。共感覚と呼ばれる知覚経験をしているのだ。共感覚は、感覚（または場合によっては概念）が混ざり合う状態である。さまざまな共感覚がある。言葉に味がする人もいれば、音に色が見える人もいる。視覚的な動作に音が聞こえる人もいる。人口の約三パーセントになんらかの共感覚がある。

ハンナは私が自分の研究室で研究した六〇〇〇人を超える共感覚者の一人だ。実際、ハンナは二年間、私の研究室で働いていた。私が共感覚者を研究しているのは、ほかの人の経験する現実と自分のものとが測定できるほど異なることが明らかな、稀な状況に置かれた人物だからである。そして共感覚のおかげで、人が世界をどう知覚するかは画一的ではないことがよくわかる。

共感覚は、脳の感覚領域間で混信が生じた結果であり、隣接する地区の境界が穴だらけの状態に似ている。共感覚という現象から、脳の配線のごく小さな変化でさえ、異なる現実につながる可能性があることがわかる。

この種の経験をする人に会うたびに、内面の現実認識は人によって、つまり脳によって、ある程度ちがう可能性があることを思い知らされる。

脳が語ることを信じる

人はみな、夜に夢を見るとはどういうことか知っている。それはひとりでにわいてきて、人を旅にいざなう奇妙な考えである。耐え忍ばなくてはならないような不穏な旅であることもある。ありがたいことに、目が覚めたとき、あれは夢でこちらが目覚めている生活なのだと、区別することができる。

自分の現実の状態がもっと複雑で、これとあれを区別するのがもっと難しかったら――

―あるいは不可能だったら――どんなだろうと想像してほしい。約一パーセントの人々にとって、その区別は難しくて、現実がどうしようもなく恐ろしい場合がある。

エリン・サックスは南カリフォルニア大学の法律学教授である。聡明で親切な彼女は、一六歳のときからときどき統合失調症の症状を経験している。統合失調症は脳の機能障害であり、そのせいで他人には聞こえない声が聞こえたり、他人には見えないものが見えたり、他人が自分の考えを読んでいると信じたりする。さいわい、投薬治療と毎週のセラピーのおかげで、エリンは二五年以上もロースクールで講義をし、教えることができている。

私は彼女と大学で話をし、彼女が過去に体験した統合失調症の症例を聞かせてもらった。「家々が私と話をしているように感じました。おまえは特別だ。おまえはとくに悪い。悔い改めろ。止まれ。行け。言葉として聞こえるのではなく、頭のなかに突っ込まれた考えとして聞こえるのです。でも、それが自分の考えではなくて、家の考えだとわかっていました」。あるとき、彼女は自分の脳内に爆弾が仕掛けられていると思い込み、自分だけでなくほかの人たちも傷つけることを心配した。自分の脳が耳から流れ出して、人々をおぼれさせると信じていた時期もあった。

そのような妄想から逃れたいま、あれはいったい何だったのかしらと言いながら、笑って肩をすくめる。

何だったかというと、脳内の化学的アンバランスのせいで、信号のパターンが微妙に変化したのだ。パターンがほんの少し変わるだけで、ありえない奇妙なことが展開する現実に閉じ込められてしまう。統合失調症の症状が出ているとき、エリンは何かがおかしいとはけっして思わなかった。なぜか？　脳内化学物質の総和が語る物語を信じていたからだ。

昔読んだ古い医学文献では、統合失調症は〝目覚めている状態に夢の状態が侵入すること〟と記述されていた。いまではそのような記述はあまり見ないが、それがどんな経験かを内側から理解できるとらえ方だ。街角で誰かが独り言を言ったり、物語を演じたりしているのを見かけたら、自分の目覚めている状態と眠っている状態を区別できなかったらどんなだろうと考えてほしい。

エリンの経験は、私たち自身の現実認識にも食い込んでいる。夢を見ている最中、夢はリアルに思える。何かちらっと見たものを誤解したとき、自分が見た現実をわかっているという気持を振り払うのは難しい。実際にはまちがっている記憶を思い起こしているとき、それが本当は起こらなかったという主張を受け入れるのは難しい。数量化することは不可能だが、そのようなまちがった現実の積み重ねが、本人は気づかないうちに信念や行動に影響を与える。

妄想の真っただ中にいたにせよ、一般の人々の現実と同調していたにせよ、エリンは自分が経験していることは本当に起きているのだと信じていた。みんなと同じように彼女にとっても、現実は頭蓋という密閉されたホールのなかで演じられる物語なのだ。

時間のゆがみ

ほかにも、私たちがめったに気に留めない現実の側面がある。脳の時間認識がひどくおかしくなることだ。現実の進行がふだんより遅くなったり、速くなったりするように思える状況がある。

私は八歳のときに家の屋根から落ちたのだが、その落下にはとても長い時間がかかったように感じた。高校に入って物理を学んで、その落下が実際にどれくらいの時間だったかを計算した。すると〇・八秒だとわかった。そこで私はちょっとした謎解きをしてみようと思い立った。なぜ、あれほど長い時間に思えたのだろう？　このことから人の現実知覚について何がわかるのだろう？

プロのウィングスーツ（訳注　脇の下と両脚のあいだに布を張ったムササビのような形の滑空用スーツ）飛行家のジェブ・コーリスは、山の上空で時間のゆがみを経験したことがある。

ウィングスーツ飛行中のわずかな判断ミスのせいで、ジェブは命を脅かされることになった。このときの彼の内的経験は、映像に残された事実経過とは食い違っていた。

始まりは前にもやったことのあるジャンプだった。しかしこの日、彼はターゲットをねらうことにしていた。一組の風船を自分の体で割ろうというのだ。ジェブはこう回想している。「花崗岩の岩棚に結びつけられていた風船の一つに当たろうと近づいたとき、私は判断ミスをしました」。推定時速一九〇キロで花崗岩にぶつかって跳ね返ったのだ。

ジェブはプロとしてウィングスーツ飛行をしていたので、その日の出来事は、崖の上でかまえていたカメラと彼の体に装着されていたカメラでとらえられていた。その映像で、ジェブが花崗岩にぶつかるドスンという音が聞こえる。彼はカメラの前を通りすぎて、こすったばかりの崖っぷちを進み続ける。

そしてここで、ジェブの時間感覚がゆがんだ。

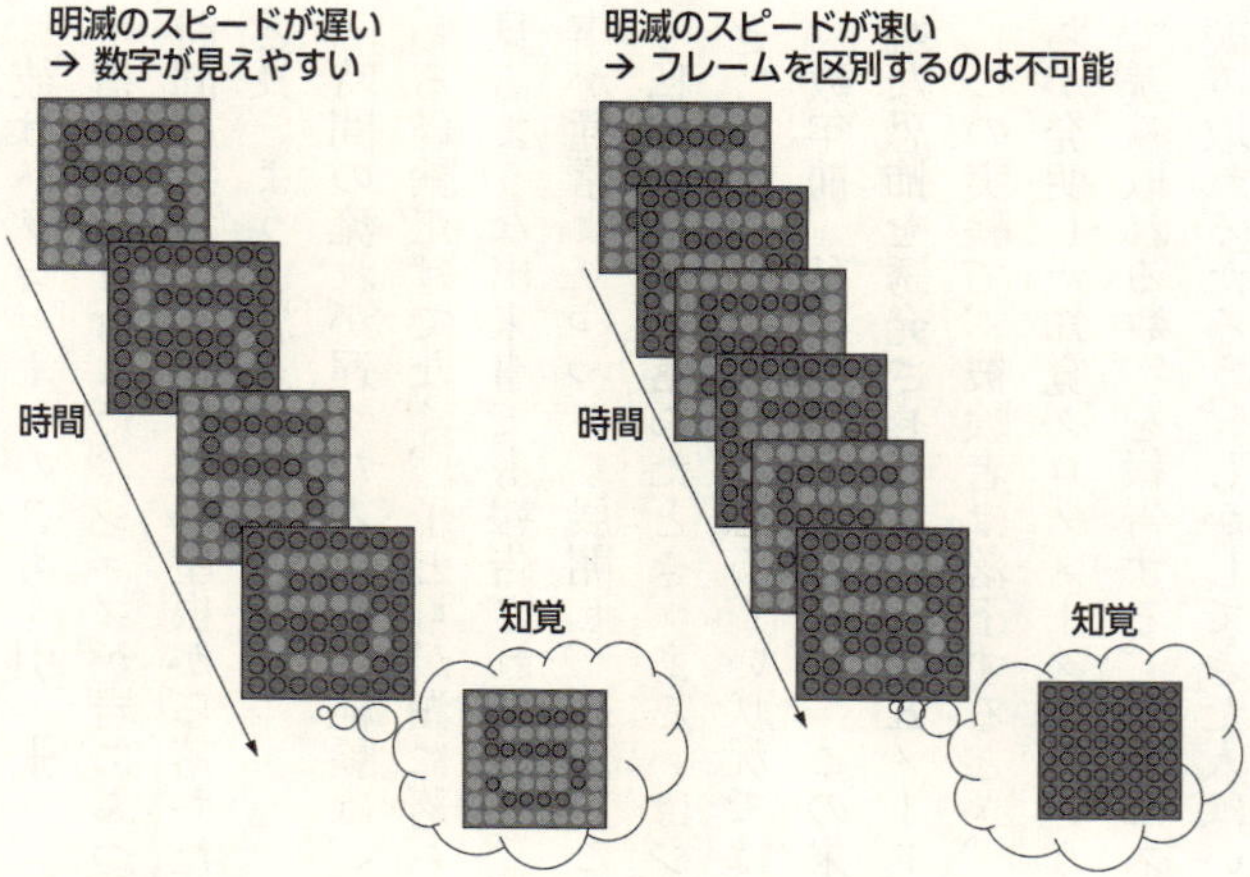

知覚クロノメーターの数字の明滅がゆっくりだと、読み取ることができる。少しスピードを上げると、読むことは不可能になる。

彼はこう話している。「脳が別々の二つの思考プロセスに分かれました。一方の思考プロセスは、ただの技術データです。そして選択肢が二つ。引くことができなければ、前に進んで衝突して、基本的に死ぬ。あるいは、引くことができれば、頭上にパラシュートを広げて、助けを待っているあいだに失血死する」

ジェブにとって、この二つの別々の思考プロセスは、数分間に感じられた。「すごいスピードで動いているので、ほかのすべての知覚がゆっくりになったみたいで、すべてが間延びしています。時間がゆっくり進む、あのスローモーションみたいな感覚です」

彼はパラシュートのひもを引っ張り、猛スピードで地面に突っ込み、片脚と両足首と足指三本を骨折した。ジェブが岩にぶつかった瞬間からひもを引く瞬間までに経過した時間は六秒。しかし私が屋根から落ちたときと同じように、彼にとってその時間はもっと長いように思えた。

時間の流れが遅くなる主観的経験は、たとえば自動車事故や路上強盗などの命にかかわる経験だけでなく、子どもが湖に落ちるなど、愛する人が危険にさらされているのを見るような出来事でも報告されている。このような報告すべての特徴として、その出来事が通常よりゆっくり展開し、細かいことが鮮明にわかるという感覚がある。

私が屋根から落ちたとき、あるいはジェブが崖で跳ね返ったとき、脳のなかで何が起きていたのだろう？　恐ろしい状況では、時間の流れは本当に遅くなるのか？

数年前、私は教え子とともに、この未解決問題に取り組む実験を考案した。人々に極端な恐怖を誘発させるため、四五メートル上空から落とす。自由落下で。後ろ向きで。この実験で、被験者は落下するとき、手首にデジタルディスプレイを装着する。私たちが発明した知覚クロノメーターという装置だ。被験者は自分の手首に固定された装置で読み取れる数字を報告する。本当にスローモーションで時間が見えるのなら、数字を読み取れるだろう。しかしできた人はいなかった。

視覚のスピード測定――知覚クロノメーター

恐ろしい状況での時間知覚を調べるために、私たちは有志の被験者を高さ 45 メートルから落下させた。私自身も３回落ちたが、毎回同じくらい恐ろしかった。ディスプレイ上には LED ライトで数字が表示される。一瞬ごとに点いている光は消え、消えている光が点く。明滅のスピードが遅ければ、被験者は難なく、そこに浮かび上がる数字を見て取ることができる。しかし少し速くすると、ポジとネガのイメージが溶け合って、何も見えなくなる。被験者が実際にスローモーションで見ることができるかどうか判定するために、ふだん見わけられる明滅のスピードより少し速くして、被験者を落下させた。実際にスローモーションで見ているなら――映画『マトリックス』のネオのように――問題なく数字を見わけられるだろう。もしできなければ、数字を知覚できる明滅スピードは地上にいるときと差がないはずだ。結果は？　私自身も含めて 23 人の有志を落下させたが、地上より空中のほうが成績がよかった人はいない。最初の期待とは裏腹に、私たちはネオではなかった。

ではなぜ、ジェブも私も、事故はスローモーションで起きていたと回想するのだろう？　その答えは、記憶の保存のされ方にあるようだ。

恐ろしい状況では、脳の扁桃体《へんとうたい》と呼ばれる領域がフル回転して、脳のほかの部分の資源を奪いとり、すべてに対して目の前の状況に注意を払うよう強《し》いる。扁桃体が稼働していると、記憶は通常の状況下よりはるかに細かく鮮やかに蓄えられる。補助記憶システムが始動するのだ。結局、それこそが記憶の目的である。重要な出来事の記録をつけて、同様の状況になったら、生き延びるための情報が脳にたくさん入っているようにするのだ。言い換えれば、事態が命にかかわるほど恐ろしいとき、それはメモを取るのに適したタイミングである。

興味深い副作用はこうだ。あなたの脳はそれほど濃密な記憶に慣れていない（ボンネットがぺちゃんこになっていて、バックミラーが抜け落ちていて、相手の運転手は隣人のボブに似ていた）。そのため、出来事が記憶のなかで再生されると、その出来事にはもっと長い時間がかかったにちがいないと解釈する。つまり、私たちは実際に恐ろしい事故をスローモーションで経験するのではなく、その印象は記憶が読み出される状況から生まれる。「何が起こった？」と自問すると、たとえ実際にはちがっても、スローモーションだったはずだと記憶の詳細が主張する。時間のゆがみは思い返して起こることであり、現実の物語を紡ぐ記憶のトリックだ。

あなたが命にかかわる事故に遭《あ》ったことがある場合、それが起こったときにスローモーションで展開したように思ったのを覚えていると言い張るかもしれない。しかし注意してほしい。それもまた、私たちの意識にのぼる現実に関するトリックなのだ。先ほど五感の時間合わせの節で見たように、私たちは実際にその瞬間にいるわけではない。意識は高速の記憶照会以外の何ものでもないと主張する哲学者もいる。脳はつねに「いま何が起きた？　いま何が起きた？」と問いかけている。したがって、意識にのぼる経験は、実際には直前の記憶にすぎない。

余談ながら、私がこのことに関する研究を発表したあとでも、出来事が実際にスローモーション映像のように展開したと思う、と言ってくる人もいる。たいていの場合、私はそういう人に、車のなかで隣にいた人はスローモーション映像のように低い声で「いいいやあああ！」と叫んでいたかどうか尋ねる。相手はそうでなかったと認めざるをえない。それもあって、本人の内面的現実はどうであれ、知覚時間は実際には延びていないと考えられる。

ストーリーテラー

脳は物語を示す――そして人はみな脳が紡ぐ物語をすべて信じる。錯視にだまされているにせよ、たまたま見た夢を信じているにせよ、文字に色を感じているにせよ、統合失調症の症状で妄想を真実と受け止めているにせよ、私たちはみな、脳がどんな脚本を書いていても、自分の現実を受け入れる。

外の世界を直接経験しているという感覚があっても、私たちの現実は詰まるところ、電気化学的信号という知らない言語を使って、暗闇のなかで構築されているのだ。広大な神経ネットワーク全体を激しく揺らす活動が、あなたの個人的世界認識の物語に変換される。すなわち、手のなかにあるこの本の感触、部屋の明かり、バラの香り、人々が話している声になる。

さらに妙なことに、脳はどれも少しずつちがう物語を紡ぐようだ。複数の証人がいる状況でも、脳によってそれぞれ異なる個人の主観的な経験をしている。七〇億の人間の脳（そして何兆という動物の脳）が地球上をさまよっているので、ただひとつの現実というものはない。それぞれの脳が独自の真実を伝える。

では、現実とは何なのか？　あなたが見るだけで、消すことはできないテレビ番組のようなものだ。ありがたいことに、最高におもしろい番組を放送している。それはあなただけのために編集され、カスタマイズされ、映し出されているのだ。

第3章
主導権は誰にある？

私たちが夜空を見つめて想像していたよりも、宇宙は大きいことがわかった。同様に、私たちの頭の内側には、意識にのぼる経験の範囲をはるかに超える宇宙が広がっている。現在、私たちはこの内なる宇宙の広大さを初めて垣間見《かいまみ》ている。あなたにとって、友だちの顔を認識したり、車を運転したり、ジョークを理解したり、冷蔵庫から取り出すものを決めたりするのは、ごくたやすいことに思える――が、実際には、そういうことは意識下での膨大な計算があってはじめて可能なのだ。この瞬間も、人生のあらゆる瞬間と同様、あなたの脳のネットワークが忙しく活動している。何百億という電気信号が細胞を駆け巡り、何兆というニューロンの接合部で化学的なパルスを引き起こしている。単純な動作でさえ、ニューロンの大量の労働力に支えられている。あなたはその活動に気づかずにのほほんとしているが、あなたの人生は内部で起きていることによって決定され、潤色《じゅんしょく》される。あなたがどうふるまうか、あなたにとって何が重要か、あなたの反応、愛情と欲望、何が本当で何が嘘だと信じるか。あなたの経験は隠れたネットワークの最終出力である。では、いったい誰が船の舵を取っているのだろう？

意識

朝だ。太陽が地平線から顔をのぞかせ、近所の通りは静まりかえっている。町中の寝室で次々と驚くべき出来事が起こっている。人間の意識がぱっと息づいているのだ。地球上で最も複雑なものが、自分の存在を自覚している。

ほんの少し前、あなたも深い眠りについていた。その時点と現時点とで、脳の生物学的物質は同じだが、活動パターンが少し変わった。そのため、この瞬間にあなたは経験を楽しんでいる。ページ上のくねくねした線を読んで、そこから意味を引き出している。肌に日の光を、髪にそよ風を、感じているかもしれない。口のなかの舌の位置について、あるいは左足に当たる靴の感触について、考えることができる。目覚めているいま、あなたはアイデンティティ、生活、ニーズ、欲望、計画を認識している。一日が始まったところで、あなたは自分の人間関係や目標を検討し、それにしたがって行動を導く準備ができている。

しかし、あなたの意識は日常の活動をどれだけコントロールしているのだろう？あなたはこの文章をどうやって読んでいるか、考えてみよう。このページに目を走らせるとき、視線がすばやく弾道を描くようにジャンプすることに、あなたはほとんど気づかない。視線はページの端から端まで滑らかに動いているのではなく、固定点から固定点へと飛んでいるのだ。ジャンプの途中では、目の動きが速すぎて読むことはできない。文字を読み取るのは、一カ所に止まって動かないときだけで、その時間はだいたい二〇ミリ秒である。私たちはこの跳んだり跳ねたり、止まったり動いたりには気づかない。なぜなら、あなたの外界に対する知覚を安定させようと、脳が大変な苦労をしているからだ。

次のことを考えると、読書はさらに妙なことになる。あなたがここに書かれている言葉を読むとき、その意味は一連の記号から直接あなたの脳に流れ込んでいる。関係していることの複雑さを理解するために、別の言語で書かれた同じ情報を読んでみてほしい。

আপনার মস্তিষ্কের মধ্যে সরাসরি চিহ্ন এই কাজ থেকে প্রবাহ অর্থ

эта азначае , патокі з сімвалаў непасрэдна ў ваш мозг

당신의 두뇌 에 직접 심볼 의 흐름을 의미

たまたまあなたがベンガル語やベラルーシ語や朝鮮語を読めるのでなければ、この文字は奇妙ないたずら書きにしか見えない。しかしひとたび書記体系の読み方を（これと同じように）マスターすると、その行為は努力を必要としないと錯覚してしまう。くねくねの線を読み解くという大変な仕事をしていることを、自覚しなくなるのだ。脳が舞台裏でその仕事を引き受けている。

では、主導権を握っているのは誰なのか？　あなたはあなた自身の船の船長なのか、それとも、あなたの決断や行動は、見えないところで働いている巨大な神経機構との関係のほうが深いのか？　あなたの日常生活の質は、あなたが正しい決断を下すこととかかわりがあるのか、それとも、密にからみ合うニューロンや膨大な化学物質の伝達との関係のほうが深いのか？

本章では、意識のあるあなたは脳の活動のごく一部にすぎないことを知ることになる。

あなたの行動、信念、そして偏見もすべて、あなたが意識的にアクセスすることができない、脳内のネットワークによって決定される。

意識にのぼらないが活動する脳

あなたと私が一緒にコーヒーショップにすわっているとしよう。おしゃべりをしながら、あなたは私がコーヒーをするためにカップを持ち上げることに気づく。その行動はごく当たり前なので、私がシャツにコーヒーをこぼしでもしないかぎり、ふつうは気にとめられることもない。しかし、認めるべき功績は認めよう。カップを口に運ぶのは至難の業《わざ》なのだ。ロボット工学の分野ではいまだに、この種の仕事をスムーズに実行させることに悪戦苦闘している。なぜ？　この単純な行動は、脳によって綿密にまとめ上げられている何兆もの電気インパルスに支えられているからだ。

まず私の視覚系が目の前のカップを特定するためにその場を見渡し、長年にわたる経験から、ほかの状況でのコーヒーの記憶がよみがえる。私の前頭皮質が運動皮質に信号を送り出し、それが胴体、腕、前腕、そして手の筋肉収縮を正確に連携させるので、私はカップをつかむことができる。私がカップに触ると、神経がカップの重さ、位置、温度、取っ手の滑りやすさなど、一連の情報を送り返す。その情報が脊髄をさかのぼって

脳の森

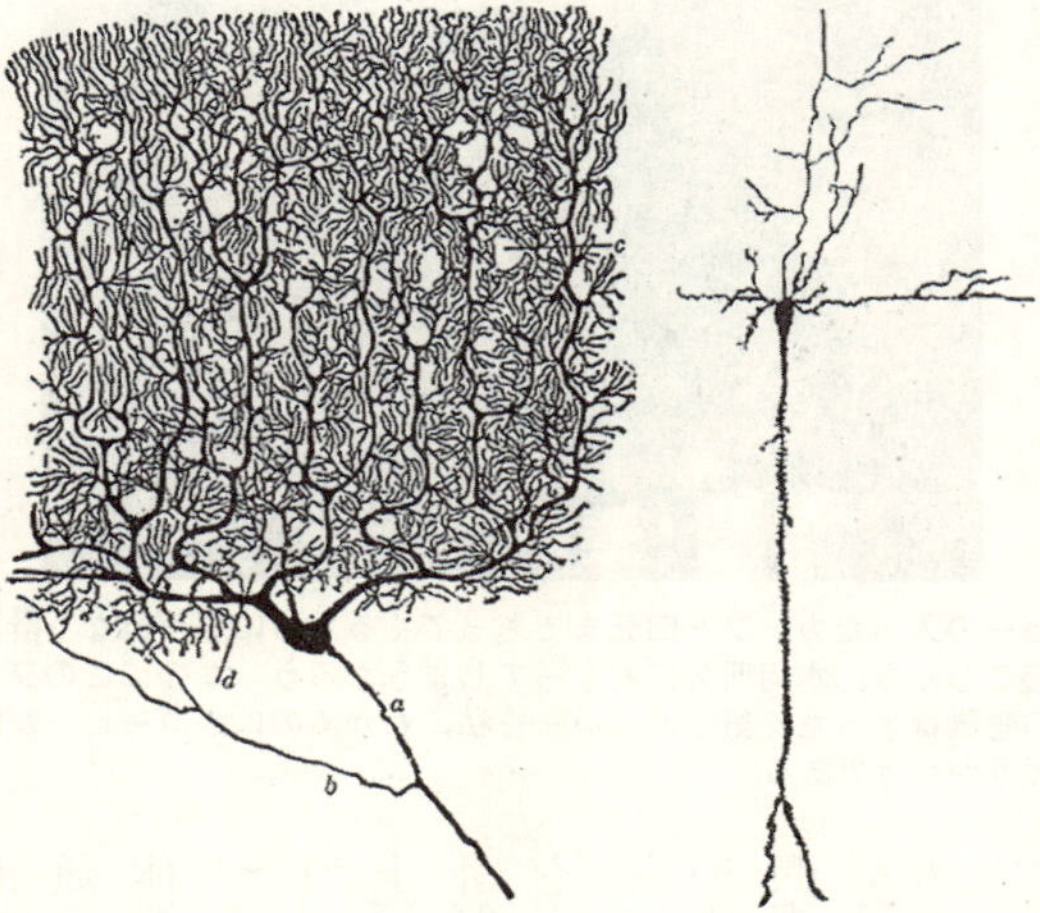

1887年、スペイン人科学者のサンティアゴ・ラモン・イ・カハールが写真撮影の心得を生かして、脳組織の薄片に化学染色を応用し始めた。この技術のおかげで、脳内の個々の細胞とその見事な枝分かれを、見ることができるようになった。そして、脳は匹敵するものがないほど、そして言葉で表せないほど、複雑なシステムであることが明確になった。

大量生産の顕微鏡と細胞を染色する新しい技法の出現で、科学者たちは脳を構成するニューロンについて、少なくとも大まかに、記述するようになっている。その驚異的な構造物には不思議なほどさまざまな形と大きさがあり、つながって深い密林をつくり上げている。それを科学者たちが解きほぐすには、今後何十年にもわたる取り組みが必要だろう。

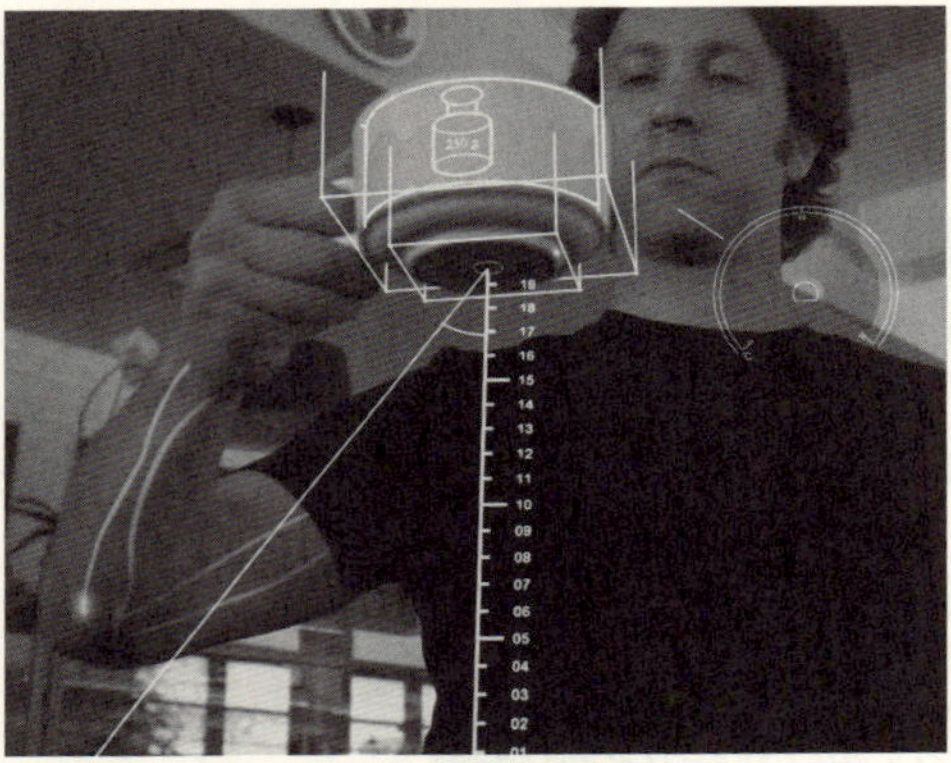

コーヒーの入ったカップを口元までもってくるために脳が行なう計算を文字に起こしたら、本何冊分にもなってしまうだろう。なのにこのプロセスに私の意識はまったく気づかない――私にわかるのは、コーヒーが口に入るかどうかだけである。

脳に流れ込むと、補完情報がまた下へと流れる。両面通行道路を高速で流れる交通のようだ。この情報は、基底核、小脳、体性感覚皮質、その他さまざまな名前のついた脳の部位どうしの、複雑なやり取りから生じる。ほんの一瞬で、私の持ち上げる力や握力が調整される。集中的な計算とフィードバックによって、カップを上に向かって長い弧を描くようにスムーズに動かすあいだ、カップを水平に保つように筋肉を調整する。そしてずっと微調整を続けて、カップが唇に近づくと、やけどせずに液体を取り出せるくらいカップを傾ける。

この妙技をやってのけるのに必要な計算力に匹敵するものを生み出すには、世

固有受容覚

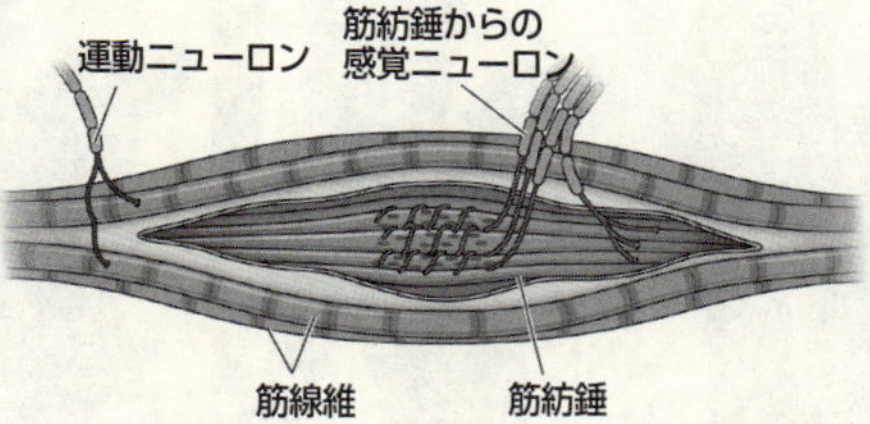

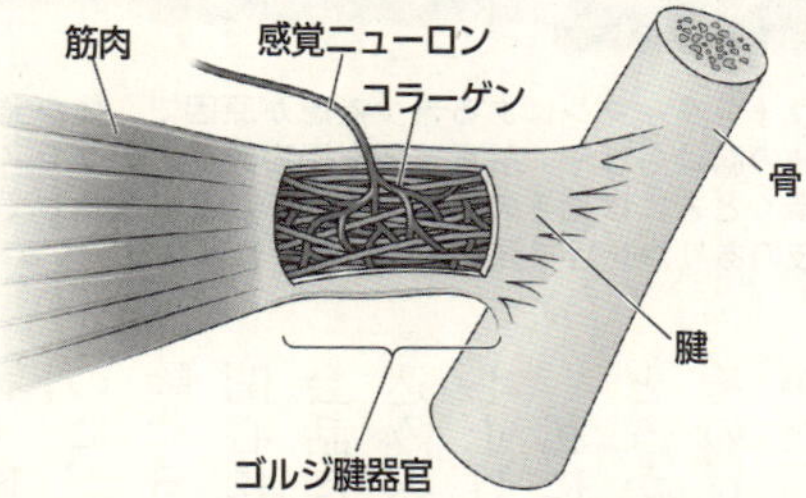

目を閉じていても、自分の手足がどこにあるかわかる。左腕は上がっているか、下りているか。脚は伸びているか、曲がっているか。背筋はまっすぐか、それとも前かがみになっているか。自分の筋肉の状態がわかるこの能力は、固有受容覚と呼ばれる。筋肉、腱、そして関節内の受容体が、関節の角度や、筋肉の張りと長さについての情報を提供する。これらが合わさって、体がどういう姿勢になっているかの詳しいイメージを脳に伝え、すばやい調整が可能になる。

足がしびれた状態で歩こうとしたことがある人なら、一時的な固有受容覚の機能不全を経験しているはずだ。感覚神経への圧迫のせいで、適切な信号が送受信されない。自分の手足の位置の感覚がないと、食べものを切る、タイプを打つ、あるいは歩くといった、単純な行動もほぼ不可能になる。

イアン・ウォーターマンはある希少疾患が原因で、体が発する感覚信号を失った。彼の脳はもはや、触覚と固有受容覚へのアクセスを持たない。その結果、歩くときには動きのプランを一歩ごとに意識して立てねばならず、絶えず四肢のありかを目で見て確かめなければならなくなった。

界最速のスーパーコンピューターが何十台も必要だろう。それでも、私は脳内のこの電光石火の嵐をまったく知覚しない。神経ネットワークは忙しくて悲鳴を上げているのに、私の意識はまったくちがうことを経験する。どちらかというと、まったくの無関心に近い。意識のある私は、あなたとの会話に夢中になっている。あまりに夢中で、込み入った会話を続けながら、カップを持ち上げてフーフーしていることさえある。私にわかるのは、コーヒーが口に入るかどうかだけである。完璧に実行されれば、その行動を取ったことさえ、まったく気づかない可能性がある。

脳の意識にのぼらない機構はつねに働いているが、とてもスムーズに動いているので、私たちは通常その営みを自覚しない。結果的に、その動きが止まってはじめて理解されることが多い。一見単純そうな歩くという行為など、ふだんは当たり前と思っている簡単な行動について意識的に考えなくてはならなかったら、どんなふうになるのだろう？ それを解明するために、私はイアン・ウォーターマンという男性と話をした。

イアンは一九歳のとき、胃腸に来る流感が重症化したせいで、まれなタイプの神経障害に見舞われた。触覚だけでなく、（固有受容覚と呼ばれる）自分の手足の位置について脳に伝える感覚神経も失ったのだ。その結果、イアンは無意識に体を動かすことがまったくできない。筋肉はどこも悪くないにもかかわらず、これから一生、車いす生活を強《し》いられることになる、と医師から告げられた。人は自分の体がどこにあるかわからなくては、どうしても動きまわれない。あらためて意識することはめったにないが、私たちは世界と自分の筋肉から受け取るフィードバックのおかげで、一日中刻一刻、複雑な動きをすることができるのだ。

しかしイアンは、病気のせいで動けない人生を送るつもりはなかった。だから立ち上がって前進したが、目覚めて生活しているあいだずっと、自分の体の動きすべてを意識的に考えなくてはならない。自分の手足がどこにあるか自覚がないので、体を動かすには集中して意識的に決意しなくてはならない。視覚系を使って手足の位置を監視する。

歩くときは、できるだけよく足が見えるように頭を前に傾ける。バランスを保つために、必ず腕を後ろに伸ばすようにする。足が床に触れるのを感じられないので、一歩の正確な距離を予想し、倒れないように踏ん張りながら足を床に下ろす。一歩一歩が意識によって計算され、調整されている。

自動的に歩く能力を失ったイアンは、ほとんどの人が当たり前と思っている、ぶらぶら歩くときの奇跡的な筋肉の協調を、はっきり認識している。周囲の人はみな、とても滑らかに切れ目なく動きまわっているので、そのプロセスを制御している驚くべきシステムにまったく気づいていない、と彼は指摘する。

イアンの場合、一瞬でも気をそらせば、あるいは関係のない考えが頭に浮かんだら、ころぶ可能性が高い。地面の傾斜や脚の振りなど、ごく細かいことに集中しているあいだ、けっして気を散らしてはならない。

一、二分でもイアンと一緒に過ごしたら、ふだんは話題にしようと考えもしないような日常の動作が、並たいていでないほど複雑であることがわかるだろう。起き上がる、部屋を横切る、ドアを開ける、握手をするために手を伸ばす。一見そうは思えないが、これらの動作はちっとも単純ではない。だからあなたも、人が歩いている、ジョギングしている、スケートボードをしている、あるいは自転車に乗っているのを見たら、人間の体の美しさだけでなく、それを見事にまとめ上げている無意識の脳の力にも、あらためて驚嘆してほしい。ごく基本的な動きでも精緻な細かい部分は、人の目に見えないほど小さい空間で行なわれている、人には理解できないほど複雑な何兆もの計算によって実現している。人間の能力に近い性能をもつロボットは、まだできていない。そしてスーパーコンピューターは膨大な光熱費を食うが、私たちの脳は六〇ワットの電球ほどのエネルギーで、計り知れないほど効率よく、やるべきことをなし遂げる。

脳の配線にスキルを焼きつける

神経科学者はしばしば、なんらかの分野に特化している人を検査することによって、脳の機能の手がかりを明らかにする。その目的で、私は非凡な才能をもつ一〇歳の少年、オースティン・ネーバーに会いに行った。彼はカップスタッキングと呼ばれる競技の未成年者世界記録を保持している。

オースティンは目で追えないほどすばやく滑らかな動きで、円柱状に積み重ねられたプラスチックのカップを、三つのピラミッドからなる左右対称の配置に変える。そしてきびきび動く両手で、ピラミッド状のカップを積み重ねて二本の低い円柱にして、さらにその円柱を一つの大きなピラミッドにする。それを崩して元の円柱状にもどす。

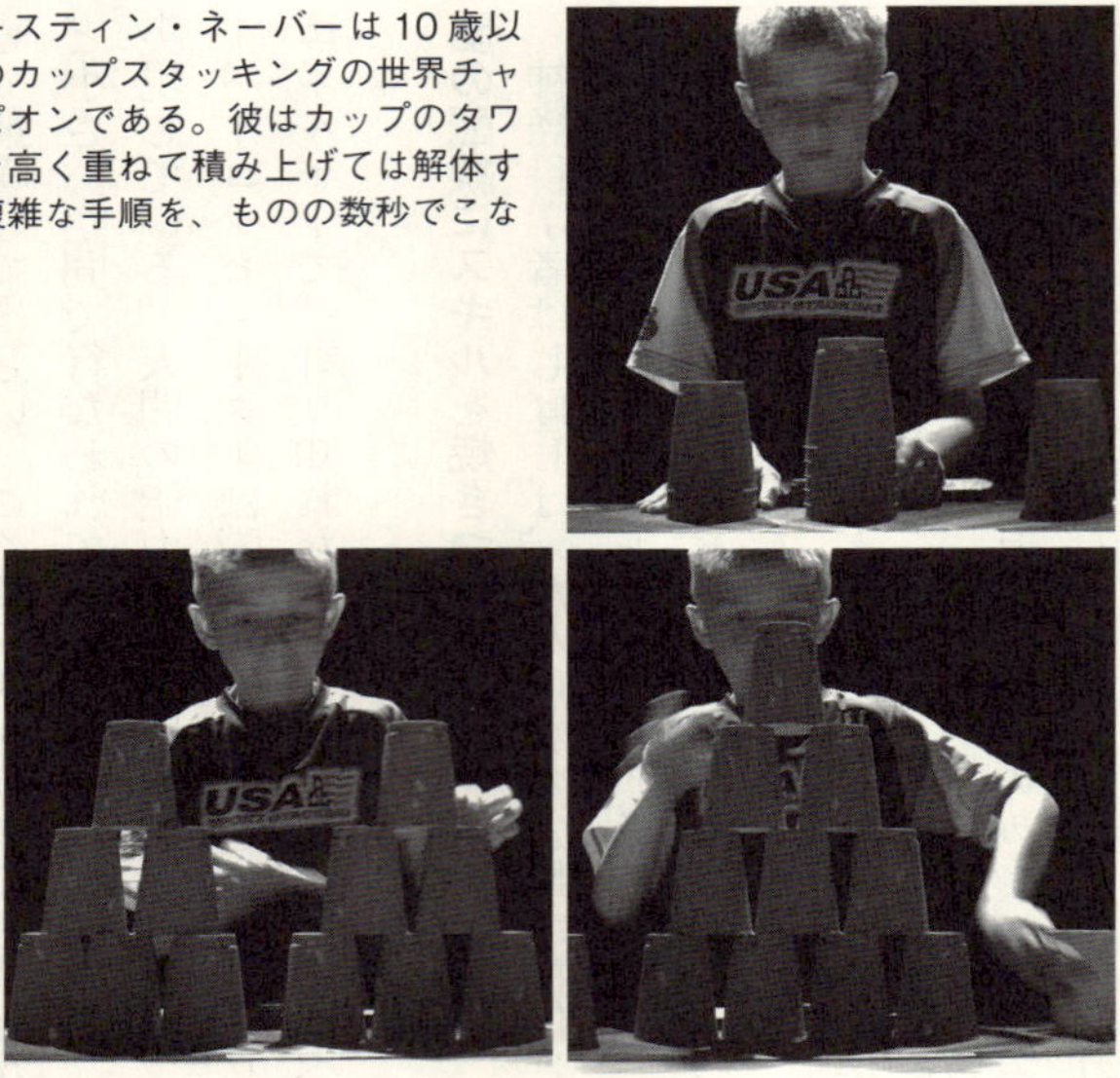

オースティン・ネーバーは10歳以下のカップスタッキングの世界チャンピオンである。彼はカップのタワーを高く重ねて積み上げては解体する複雑な手順を、ものの数秒でこなす。

彼はこれをすべて五秒でやる。私も試したが、最短で四三秒かかった。

動いているオースティンを見ていると、彼の脳はものすごい勢いで働き、この複雑な動きをこれほどすばやく協調させるために、大量のエネルギーを燃やしていると推測される。この推測を検証しようと、彼と私が一対一でカップスタッキングを争うあいだ、両者の脳の活動を測定することにした。研究者のホセ・ルイス・コントレラス＝ビダルの協力を得て、オースティンと私は、頭蓋骨下のニューロン群が引き起こす電気的活動

脳波

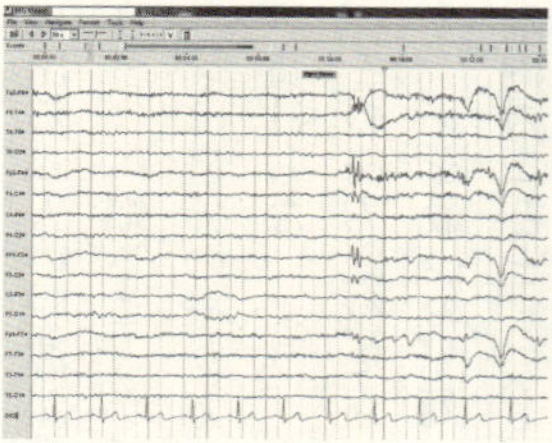

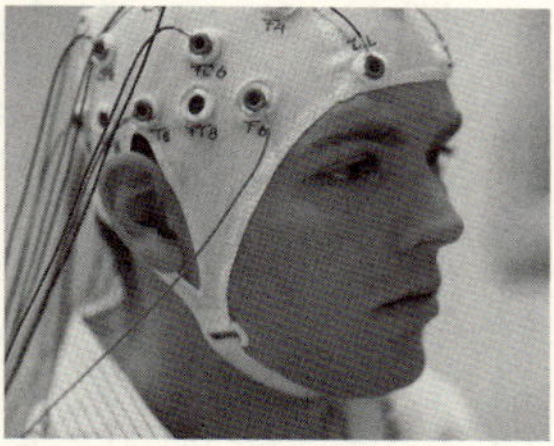

脳波図（electroencephalogram、EEG）は、ニューロンの活動から生じる電気的活動全体を傍受する手法である。頭皮表面に取りつけられた小さな電極が「脳波」を拾うのだが、これは、頭皮の下で行なわれている神経の込み入った会話から生じる、平均的な電気信号の俗称である。

ドイツの生理学者で精神科医のハンス・ベルガーが、1924年に初めて人間のEEGを記録し、1930年代から40年代にかけての研究者が、数種類の脳波を特定した。デルタ波（4ヘルツ未満）は睡眠中に生じ、シータ波（4〜7ヘルツ）は睡眠、深いリラクゼーション、そして何かを思い浮かべる場合に生じる。アルファ波（8〜13ヘルツ）はリラックスして穏やかなときに生じ、ベータ波（13〜38ヘルツ）は積極的に考えたり問題を解決したりしているときに見られる。その後、重要とされるようになった脳波の範囲もあって、たとえばガンマ波（39〜100ヘルツ）は、推理や計画立案のような集中する精神活動に関与している。

脳の活動全体には異なる周波数すべてが混ざり合っているが、何をしているかによって、ほかより多く見られる周波数がある。

を測定する電極キャップを装着した。勝負中の脳の努力を直接比較するために、脳波図（EEG）に出る二人の脳波が読み取られる。装備を取りつけられた二人の頭蓋骨内の世界を、大ざっぱに知ることができるのだ。

オースティンは自分のやり方を、順を追って私に教えてくれた。そこで私は一〇歳の子どもにボロ負けしないよう、本番が始まる前に二〇分ほど繰り返し練習した。だが結局、その努力は役に立たなかった。オースティンに打ち負かされたのだ。彼が勝ち誇ってカップを最後の配列にしたとき、私は手順の八分の一も終えていなかった。

負けは想定内のこととしても、EEGで何が明らかになったのか？オースティンのほうが八倍すばやく手順をこなすなら、八倍のエネルギーを使っているという仮説は理にかなっているように思える。しかしその仮説は、脳がどうやって新しいスキルを取り込むかについての基本ルールを見落としている。ふたを開けてみれば、オースティンの脳ではなく私の脳のほうが猛烈に働いていて、この複雑な新しい仕事を遂行するために大量のエネルギーを燃やしていることが、EEGの結果に表れた。私のEEGはベータ波の周波数帯域で高い活動を示したが、これは広範な問題解決と関係している。一方のオースティンはアルファ波の帯域が活発で、これは休息している脳が示す状態である。オースティンの動きはすばやく複雑だったにもかかわらず、オースティンの脳は静かだったのだ。

意識的な思考はエネルギーを消費する。下の図は私（左）とオースティン（右）の EEG パターンだ。色の違いが活動の激しさの違いを示す。

オースティンの才能とスピードは、彼の脳内で起こった物理的変化の最終結果である。数年にわたる練習によって物理的接合のパターンができ上がった。彼はカップスタッキングのスキルをニューロンの構造に刻みつけたのだ。その結果、オースティンがカップの積み重ねに費やすエネルギーははるかに少なくなった。それに引きかえ私の脳は、意識して慎重に問題に挑んでいる。私は汎用の認知ソフトウェアを使っているのに対し、彼はスキルを専用の認知ハードウェアに移し替えていたのだ。

私たちが新しいスキルを練習すると、スキルは物理的に脳の回路に組み込まれ、意識の下に沈む。これを筋肉記憶と呼びたがる人もいるが、実際、スキルは筋肉に蓄えられてい

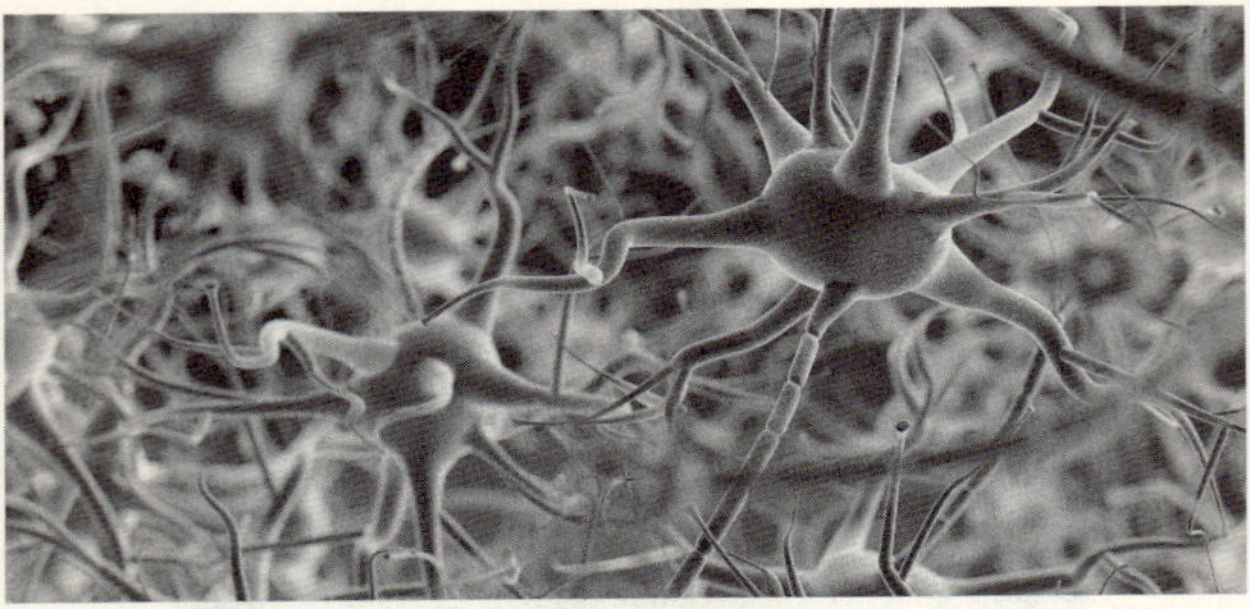

熟練したスキルは脳の微細構造に書き込まれるようになる。

るのではない。カップスタッキングのような手順は、オースティンの脳内で密にからみ合う接合部で組織化されている。

オースティンの脳内のきめ細かいネットワーク構成は、彼が何年もカップスタッキングを練習しているうちに変化した。手続記憶とは、自転車に乗ったり靴ひもを結んだりするような、物事を自動的に行なう方法を表す長期記憶である。オースティンにとって、カップスタッキングは脳の小さなハードウェアに書き込まれた手続記憶になっていて、そのおかげで彼の動きは高速でエネルギー効率に優れている。練習によって、繰り返される信号が神経ネットワークを伝わってシナプスを強化し、ひいてはスキルを回路に焼きつけた。オースティンの脳はそのような専門技術を磨き上げているので、彼は目隠しをしていてもカップスタッキングの手順を完璧にこなせるのだ。

私の場合、カップの積み重ね方を覚えているあいだ、脳は前頭前皮質、頭頂葉皮質、小脳など——どれもオースティンが手順をこなすには必要なくなっている——鈍《にぶ》くてエネルギーを食う領域に協力を求めている。新しい運動スキルを習得し始めのころは、小脳がとくに重要な役割を果たし、正確さと完璧なタイミングに必要な動きの流れを調整している。

スキルがハードウェアに組み込まれると、意識の制御レベルより下に沈む。その時点で、私たちは考えることなく自動的に、つまり意識なしで仕事を遂行できる。スキルがハードウェアにがっちり組み込まれ、その基礎となる回路が脳より下位の脊髄に見つかる場合もある。脳の大半を切除されても、ランニングマシン上をふつうに歩けるネコで観察される事例だ。歩き方に関係する複雑なプログラムが、神経系の下位レベルに保存されているのだ。

自動操縦で動く

一生を通じて、脳は私たちが遂行する任務——歩行であれ、サーフィンであれ、ジャグリング、水泳、または車の運転であれ——に特化した回路をつくろうと、みずからを書き換える。プログラムを脳の構造に焼きつけるこの能力は、脳の最も強力な特徴のひとつである。専用回路をハードウェアに組み込むことによって、非常に少ないエネルギーで複雑な動きの問題を解決できる。スキルはひとたび脳の回路に刻み込まれると、考えること――意識的な努力――なしに実行されて省資源を実現するので、意識のある私はほかの仕事に注意を払い、対処することができる。

この自動化の結果として、新しいスキルは意識のおよばないところに沈む。あなたは水面下で実行される高機能プログラムにアクセスできなくなるので、自分でもどうやるのか正確にはわからない。会話しながら階段を上るときに体のバランスの微調整をどう計算するのか、母語の正しい音を出すために舌がどう躍動するのか、あなたにはまったくわからない。どちらも必ずできるとはかぎらない難しい仕事だ。しかしあなたの行動は自動的で無意識のものになるので、自動操縦で動きまわる能力が生まれる。誰でも知っていると思うが、毎日同じルートで家まで車を走らせていると、運転中の現実的な記憶がないのに、気づくといきなり到着していることがある。運転に関係するスキルは自動化されているので、日課を無意識に実行できる。意識のあるあなた――朝起きたときにぱっと息づいた部分――は運転手ではなくなっていて、せいぜい一緒に乗っている乗客なのだ。

スキルの自動化には興味深い結末がある。意識が干渉しようとすると、だいたい成績

シナプスと学習

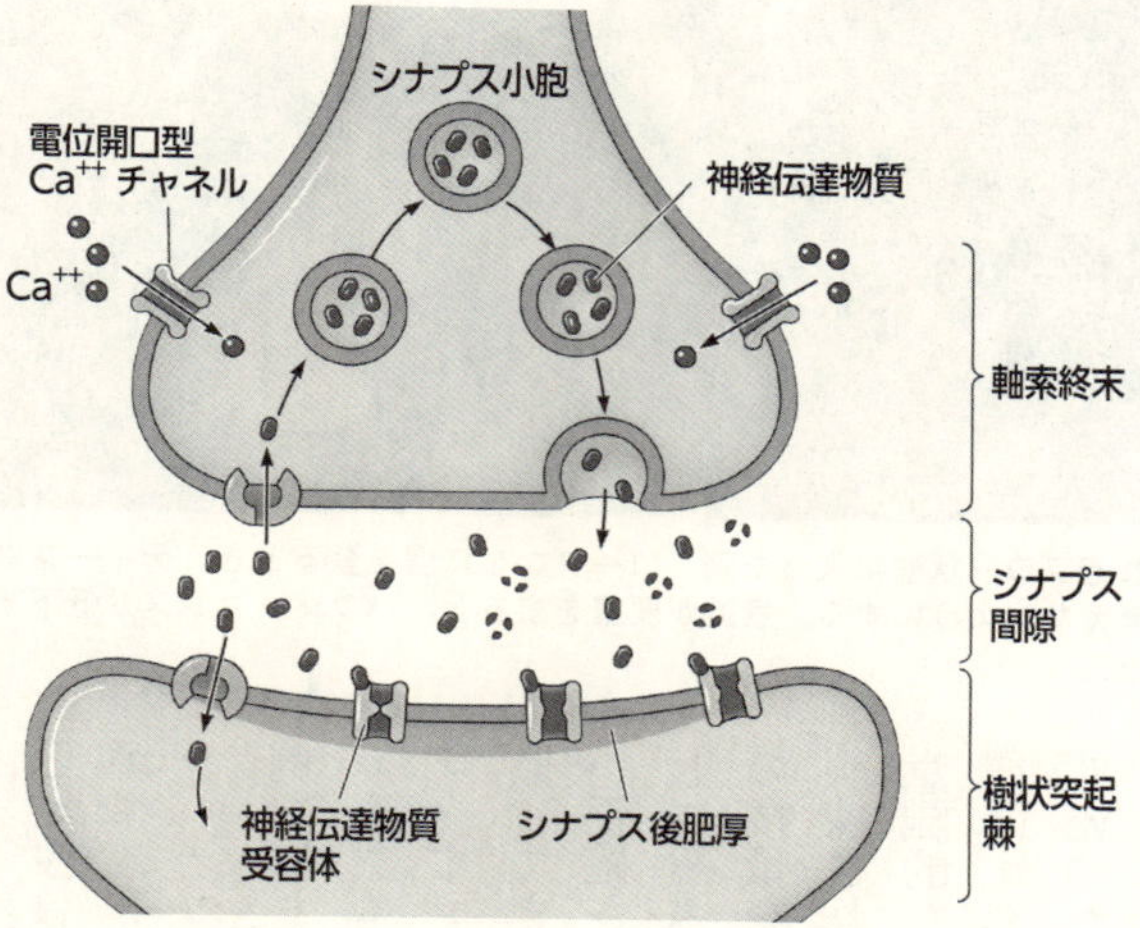

　ニューロン間の接合部はシナプスと呼ばれる。この接合部は、神経伝達物質と呼ばれる化学物質がニューロン間の信号を伝える場所だ。しかしシナプスの接合は、すべて同じ強さではない。活動の履歴によって強くも弱くもなりうる。シナプスの潜在力が変わると、ネットワークにおける情報の流れが変わる。接合は弱くなると衰えて消える。強まれば新しい接合を生む可能性もある。この再構成は報酬系に導かれる部分もあって、報酬系は何かがうまくいったときにドーパミンと呼ばれる神経伝達物質を全体に広める。オースティンの脳のネットワークは、何百時間におよぶ練習のあいだずっと動きを試すたびに経験する成功や失敗によって、とてもゆっくり、ごくわずかずつ、新しい形になってきたのだ。

これぞフロー状態に入った脳。ロープなしに崖を登るとき、ディーンは何も考えないようにする。意識が邪魔をすると、パフォーマンスが低下するのだ。

が悪くなるのだ。習得された熟練の技は、たとえ複雑なものであっても、好きにさせるのがベストである。

ロッククライマーのディーン・ポッターの例を取り上げよう。最近亡くなるまで、彼はロープも安全装具もなしに崖を登っていた。ディーンは一二歳のときから山登りに人生を賭けてきた。長年にわたる実践が、すばらしい正確さとスキルを彼の脳にハードウェアとして組み込んだ。優れたロッククライミングの技量を発揮するため、ディーンはみっちり訓練された回路が仕事をしてくれると信頼し、意識的な熟考に邪魔されることはなかった。彼はすべての主導権を自分の無意識に明け渡したのだ。彼が登るときの脳の状態は、しばしば「フロー」と呼ばれる、並はずれたアスリートが自分の能力をぎりぎりまで発揮することを楽しんでいる状態だった。多くのアスリートと同様、ディーンは命が脅《おびや》かされる危険に自分を追い込むことによって、フローの状態にたどり着いたのだ。その状態では、心の声による干渉を受けることなく、長年にわたるひたむきなトレーニングによってハードウェアに刻み込まれたクライミング能力を、完全に信頼しきることができた。

カップスタッキングのチャンピオン、オースティン・ネーバーと同様、フロー状態にあるアスリートの脳波は、意識的な検討の無駄口（私はカッコよく見えている？　これこれしかじかと言うべきだったかな？　ドアに鍵をかけた？）によって狂うことはない。フローのあいだ、脳は前頭葉抑制の状態に入る。つまり、前頭前皮質の要素が一時的に活動しなくなるのだ。そこは抽象的な思考、将来の計画、あるいは自意識への集中にたずさわる領域である。このようなバックグラウンド処理を抑えることが、岩壁の途中にぶら下がれるようになるための重要な戦略である。ディーンの場合のような偉業は、心中のおしゃべりによって気を散らされることがなくてはじめて、実現できるのだ。

意識は傍観者になっているのがベストである場合が多い。そして仕事の種類によっては、意識には追いつけないほどのスピードで無意識の脳が実行するため、現実的にそうするしかないこともある。野球を考えてみよう。速球はピッチャーズ・マウンドからホームベースまで、時速一六〇キロで移動する。そのボールにうまく当てるのに、脳の反応時間は約〇・四秒しかない。その時間内に、ボールを打つための複雑な一連の動きを処理して統合しなくてはならない。バッターはその間ボールとつながっているが、意識的にやっているわけではない。ボールの移動が速すぎるので、意識的にその位置を認識することはできず、何が起きたかをバッターが認識できる前に、ボールを打っている。意識は傍観者であるばかりか、後塵《こうじん》を拝しているのだ。

無意識の深い穴

無意識の勢力範囲は、体のコントロールがおよばないところまで広がっている。より深いレベルで、私たちの生活を決定しているのだ。次に誰かと会話をするときには、自分の話すあらゆる言葉が、意識的に制御できないくらいポンポンと口から吐きだされる様子に注意してほしい。あなたの脳が舞台裏で働いていて、あなたのために言葉、活用、そして複雑な思考を巧みに操っている（比較のために、習っている最中の外国語を話すスピードを考えよう！）。

同じ舞台裏の仕事はアイデアにも当てはまる。私たちは自分がアイデアを生み出す大変な努力をしたかのように、すべてを意識の手柄にする。しかし実際には、あなたの無意識の脳が何時間、あるいは何ヵ月もそのアイデアに取り組んで——記憶を整理し、新しい組み合わせを試し、結果を評価して——いて、そのすえにアイデアがあなたの意識にのぼり、あなたは「いいことを思いついたぞ」と宣言するのだ。

無意識の隠れた深さに最初に光を当て始めたのは、二〇世紀屈指の有力な科学者である。ジークムント・フロイトは一八七三年にウィーンの医学校に入り、神経学を専攻した。そして精神疾患治療のために個人で開業したとき、患者は何が自分の行動の動因になっているのかを意識してわかっていないことに気づいた。フロイトの洞察によると、患者の行動の多くは、目に見えない精神機能の産物である。この単純な考えが精神医学の転換につながり、人間の動因と感情を理解する新たな道を開いた。

フロイト以前、異常な精神作用は説明されないままか、あるいは悪魔の憑依や意志薄弱などの観点から説明されていた。フロイトは物理的な脳に原因を探すことを主張した。彼は患者を診療室のソファに寝かせ、患者が彼を直接見なくてすむようにしてから話をさせた。脳スキャン技術が開発される前の時代、これが無意識の脳の世界をのぞく最善の方法だったのだ。彼の手法は、行動のパターン、夢の内容、言いまちがい、書きまちがいの情報を集めることだった。そして探偵のように観察し、患者が直接アクセスできない無意識の神経機構をつかむ手がかりを探した。

フロイトは、意識とは氷山のようなもので、その大部分について、私たちはそれがそこにあると知らずに過ごすと論じた。

そして彼は、意識は人の精神機能にとって氷山の一角であり、思考や行動を決めるもっとはるかに大きい要因は、目に見えないところにあるのだと確信するにいたった。

フロイトの推論は正しいことが判明し、その帰結のひとつとして、私たちはふつう自分の選択の根拠をわかっていない。脳はつねに情報を周囲から引き出し、それを使って私たちの行動を導くのだが、気づかないうちに周囲の影響を受けていることが多い。「プライミング」と呼ばれる効果を例に取ろう。これはひとつのことが別のことの知覚に影響するものである。たとえば、温かい飲み物を持っている場合は家族との関係を好意的に表現し、冷たい飲み物を持っているときは、その関係についてやや好ましくない意見を述べる。なぜこんなことが起こるのか？　心のなかの温かさを判断する脳のメカニズムが、物理的な温かさを判断するメカニズムと重なり合っているので、一方が他方に影響する。要するに、母親との関係ほど根本的なものについての意見が、温かいお茶を飲むか、それとも冷たいお茶を飲むかに、操られる可能性があるということだ。同様に、悪臭漂う環境にいるときのほうが、人は厳しい倫理的決断をする——たとえば、他人の珍しい行動を不道徳だと判断する——可能性が高い。別の研究では、人は硬いイスにすわっているときのほうがビジネスの取引で強硬な交渉を行ない、柔らかいイスにすわっている場合は譲歩しがちであることも、明らかになっている。

もうひとつの例として、自覚されない「潜在的自己中心性」の影響を考えよう。これは、自分を思い起こさせるものに引きつけられる特性のことだ。社会心理学者のブレット・ペラムのチームは、歯学部と法学部の卒業生の記録を分析して、デニースやデニスという名前の歯医者《デンティスト》、そしてローラやローレンスという名前の弁護士《ロイヤー》が、統計的に多すぎることを発見している。さらに、屋根ふき《ルーフィング》会社のオーナーは、名前がRで始まる場合が多く、金物《ハードウエア》店のオーナーは、Hで始まる名前である場合が多いこともわかった。しかし、このような偏りは職業の選択だけだろうか？　私たちの恋愛も、同じように共通

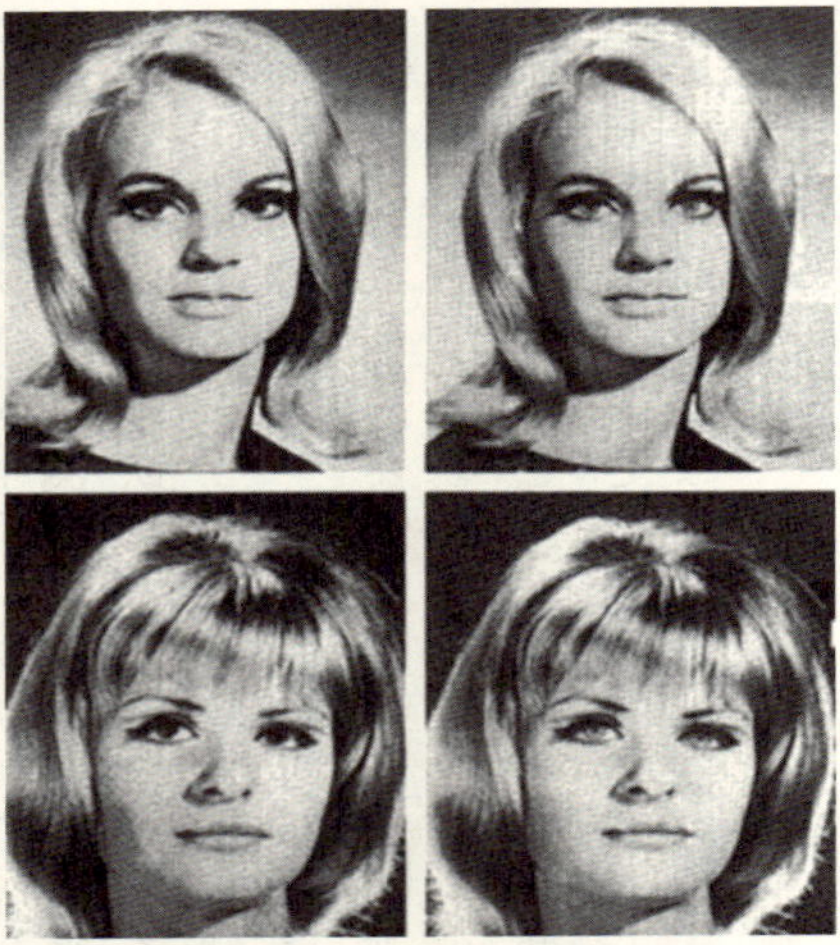

それぞれの女性の左側の写真では、瞳孔が人為的に拡大されていた。どの男性も左右どちらかの写真を示された。

点に大きく影響されやすいことがわかっている。心理学者のジョン・ジョーンズのチームは、ジョージア州とフロリダ州の婚姻記録を調べ、実際に、名前のイニシャルが同じ夫婦が予想より多いことを発見した。つまり、ジェニーはジョエルと結婚し、アレックスはエイミーと結婚し、ドニーはデイジーと結婚する可能性が高い。この種の無意識の影響は小さいが数値的な裏付けのあるものだ。

要点はこうだ。もしあなたがデニスやローラやジェニーに、なぜその職業やその配偶者を選んだのかと訊いたら、彼らは意識にある説明を話すだろう。しかしその説明には、最も重要な人生の選択に対して無意識がおよぼす力は含まれていない。

心理学者のエッカード・ヘスが一九六五年に考案した、別の実験を取り上げよう。男性が女性の顔写真を見て、判定を下すように指示される。一から一〇で採点すると、女性はどれくらい魅力的か？　彼女は幸せか、それとも悲しんでいる？　意地悪か、それとも親切？　気さくか、それとも無愛想？　被験者には知らされていなかったが、写真は操作されていた。半分の写真は、女性の瞳孔が人為的に広げられていたのだ。

男性は目を見開いた女性のほうに魅力を感じた。女性の瞳孔の大きさについて、はっきり言及した男性はいなかった。そしておそらく、見開かれた目は女性の性的興奮の生物学的徴候だと知っている男性はいなかっただろう。しかし彼らの脳はそれを知っていたのだ。そして男性は無意識に、目を見開いている女性のほうに導かれ、そちらの女性のほうが美しく、幸せで、親切で、気さくだと思った。

実際、恋愛はえてしてこのように進行する。自分にとって魅力的な人もいれば、そうでない人もいて、それがなぜかを正確に指摘することは一般的には不可能である。おそらく理由はあるのだが、あなたにはそれがわからない。

別の実験では、進化心理学者のジェフリー・ミラーが、ストリップクラブのラップダンサー（訳注　服を脱ぎながら、客の膝《ラップ》の上で踊る）たちの稼ぎを記録することによって、男

無意識をナッジする

リチャード・セイラーとキャス・サンスティーンは共著書 *Nudge*（ナッジ）（邦訳は『実践　行動経済学』遠藤真美訳、日経 BP 社）で、脳の無意識のネットワークを生かすことによって、「健康、財産、幸福についての決断」を改善するアプローチを明らかにしている（訳注　「ナッジ」とは、人に注意を喚起させたり、何か気づかせたり、控えめに警告したりすること）。環境の小さなナッジが人の行動や意思決定を、本人が気づかないうちに、良いほうに変えることがある。スーパーで果物を目の高さに並べることが、健康的な食べものを選択するように人々をナッジする。空港のトイレの男性用小便器にハエの絵を貼ることが、うまくねらいをつけるように男性をナッジする。従業員を自動的に年金積立制度に加入させる（望むなら脱退する自由を与える）ことは、より良い貯金の習慣につながる。管理に対するこの考え方はソフト・パターナリズムと呼ばれ、セイラーとサンスティーンの考えによると、無意識の脳をそっと導くことは、あからさまな強制ではかなわないような非常に強い影響力を、人々の意思決定におよぼすことができるという。

性にとって女性にどれだけ性的魅力があるかを数量化した。そしてそれがダンサーたちの月経周期でどう変化するかを追跡した。結果的に、ダンサーが排卵中（妊娠できるとき）に男性が払ったチップは、生理中（妊娠できないとき）の二倍だった。しかし妙なことに、男性は月経周期にともなう生物学的変化、すなわちダンサーが排卵中のとき、エストロゲンの急増によって容姿が微妙に変わり、顔立ちが左右対称に、肌が柔らかく、ウエストが細くなることに、意識レベルで気づいてはいなかった。しかしそれでも男性たちは、自覚にのぼらないレーダーによって、これらの妊娠能力の手がかりを検知していたのだ。

この種の実験は、脳の働き方に関する基本的なことを明らかにしている。脳の仕事は世界についての情報を集めて、あなたの行動を適切に導くことだ。あなたの意識がかかわっているかどうかは関係ない。そしてたいてい、意識はかかわっていない。通常、あなたはあなたのために行なわれている意思決定に気づいていない。

なぜ私たちに意識があるのか？

では、なぜ私たちは無意識の存在ではないのか？　なぜ、何も考えないゾンビのように、うろつきまわっていないのだろう？　なぜ、進化は意識のある脳をつくり上げたのか？　その答えを知るために、考え事をしながら地元の通りを歩いているところを想像しよう。突然、何かがあなたの目をとらえる。あなたの前に、巨大なハチの仮装をしてブリーフケースを持っている人がいる。その人間バチを観察していると、彼を一目見た人がどう反応するかがわかるだろう。自動化されているルーティンから抜け出して、目を見開くのだ。

意識が関与してくるのは、予想外のことが起こったとき、次に何をするべきか考え出す必要があるときである。脳はできるかぎり自動操縦で動こうとするが、思いがけない展開のある世界では、いつもそれができるとはかぎらない。

しかし、意識は驚きに反応するだけではない。脳内の争いを治めるのにも重要な役割を果たす。何百億というニューロンが、息をすることから寝室で動きまわること、口に食べものを入れること、さらにはスポーツをマスターすることまで、さまざまな仕事に関与する。これらの仕事はそれぞれ、脳の機構内の広大なネットワークに支えられている。しかし、葛藤が生じたらどうなるだろう？　ふと気づくと、あなたはアイスクリームサンデーに手を伸ばしているが、それを食べたら後悔するとわかっている。そのような状況では、決断が下されなくてはならない。生命体――あなた――と、あなたの長期目標にとって、何が最善かを考え出す決断だ。意識はこの独自の視点をもつシステムで

私たちはたいてい、考え事を頭に浮かべながら歩いていて、すれ違う人の詳細についてはなんら注意を払わない。しかし、無意識の想定に反する事態が起こると、意識的な注意力のスイッチが入り、生じている事態のモデルを急遽つくり上げる。

あり、これは脳のほかのサブシステムにはない。だからこそ、意識は何百億という相互作用している要素、サブシステム、そして焼きつけられた作用を、調整する役割を果たせる。意識は計画を立て、システム全体のために目標を設定することができる。

意識は肥大化した大会社のCEOと考えられる。何千という下部組織や部門があって、すべてがさまざまな形で協力し、交流し、競いあっている。小さな会社にCEOは必要ない――が、組織がそれなりの大きさと複雑さに達すると、日常業務の枝葉末節にこだわらず、会社の長期的な展望を考え出すCEOが必要になる。

CEOは会社の日々の細かい活動にはほとんどかかわらないが、会社の長期的展望をつねに念頭に置いている。ＣＥＯは会社の最も抽象的な自己像である。脳に置きかえると、意識は何百億という細胞が自分たちを統一体として見る手段、複雑なシステムが自分自身を映し出す手段である。

意識が行方不明になるとき

意識が作動せず、自動操縦で長いあいだ道に迷ってしまったら、どうなるのだろう？

二三歳のケン・パークスは、一九八七年五月二三日、自宅でテレビを観ながら眠りに落ちた。当時、彼は生後五カ月の娘と妻と一緒に暮らしていて、経済的に困っていただけでなく、夫婦の問題やギャンブル依存症に悩んでいた。翌日には、妻の両親に問題を相談する予定だった。義母は彼を「やさしい巨人」と呼び、彼は義母とも義父とも仲よくしていた。その夜、彼は起き出して、二三キロ離れた妻の実家まで車を走らせ、義父の首を絞め、義母を刺殺した。そして最寄りの警察署に出頭し、警官に告げた。「僕はいま、誰かを殺したと思うんです」

何が起きたのか、彼にはいっさい記憶がなかった。この恐ろしい事件のあいだ、どういうわけか彼の意識はぼんやりしていたようだ。ケンの脳にどんな障害があったのだろう？　彼の弁護士のマーリス・エドワードは、この謎を解くために専門家チームを結成

義理の父母を殺害しながら罪に問われず法廷を後にするケン・パークス。彼の弁護士、マーリス・エドワードは言う。「驚くべき判決です。……ケンの道義的な正しさが立証されたのです。裁判長は彼に無罪放免を言い渡しました」

した。そしてすぐに、その事件はケンの睡眠と関係があるのではないかと疑いはじめる。ケンが拘置所にいるとき、弁護士が呼んだ睡眠の専門家ロジャー・ブロートンは、夜眠っているときのケンのEEG信号を測定した。記録された結果は、夢遊病者のそれと一致した。

チームがさらに調べたところ、ケンの家系に睡眠障害が見つかった。動機もなく、睡眠検査の結果をごまかす方法もなく、そのような家族の病歴があったことで、ケンは殺人の罪に問われず、釈放された。

では、主導権は誰にあるのか？

これまでの話であなたは、意識は実際に何を制御するのかと疑問に思っているだろう。私たちは操り人形のように生きていて、糸を引いて次にやることを決定するシステムのなすがままなのだろうか？　そのとおりであって、意識は私たちがやることをまったく制御できないと考える人もいる。

この疑問を単純な例で掘り下げてみよう。あなたは車を運転していて分かれ道に出る。左にも右にも曲がれる。どちらに行ってもかまわないが、今日、この瞬間、あなたは右に曲がりたいような気分だ。そこであなたは右に曲がる。しかし、なぜあなたは左でなく右に曲がったのか？　そういう気分だったから？　それとも、脳内のアクセスできないメカニズムが、あなたのためにそう決めたから？　こう考えてみよう。あなたの腕にハンドルを切らせる神経信号は運動皮質から来ているが、その信号はそこで生じているのではない。運動皮質は前頭葉のほかの領域に動かされていて、そこはまた脳のほかのさまざまな領域に動かされていて、脳のネットワーク全体を縦横《じゅうおう》に走る複雑な接続が関与している。あなたが何かをすると決める決定的瞬間があるわけではない。なぜなら、脳内のあらゆるニューロンはほかのニューロンに動かされているからであり、そのシステムには、何かに反応するのではなく独立して活動する要素はないように思われる。右――あるいは左――に曲がるというあなたの決定は、数秒前、数分前、数日前、あるいは生まれたときまでさかのぼる決定なのだ。たとえ自発的に思えても、決定は孤立して存在するわけではない。

では、あなたが生まれたときからの経歴をたずさえて分かれ道にやって来たとき、決定の責任を負うのは誰なのか？ それを考えることは、自由意志という深い問題につながる。過去を一〇〇回巻きもどしたら、私たちはつねに同じことをするのだろうか？

自由意志の感覚

私たちは自分に自主性があるように、つまり自由に選択しているように感じる。しかし状況によっては、この自主性の感覚が錯覚であることを実証できる。ハーバード大学のアルバロ・パスカル＝レオーネ教授が、被験者を研究室に招いて、簡単な実験を行なった。

被験者は両手を伸ばして、コンピューター画面の前にすわる。画面が赤になったとき、どちらの手を動かすかについて心のなかで選択する——が、実際には動かさない。そのあと画面が黄色になり、最終的に緑になったところで、被験者はあらかじめ選んだ動きを実行して、右手か左手を上げる。

次に、実験者は仕掛けを導入した。磁気パルスを放出して脳の部位を刺激する経頭蓋《けいとうがい》磁気刺激（TMS）を用いて、運動皮質を刺激し、左手か右手を動かすのだ。画面が黄

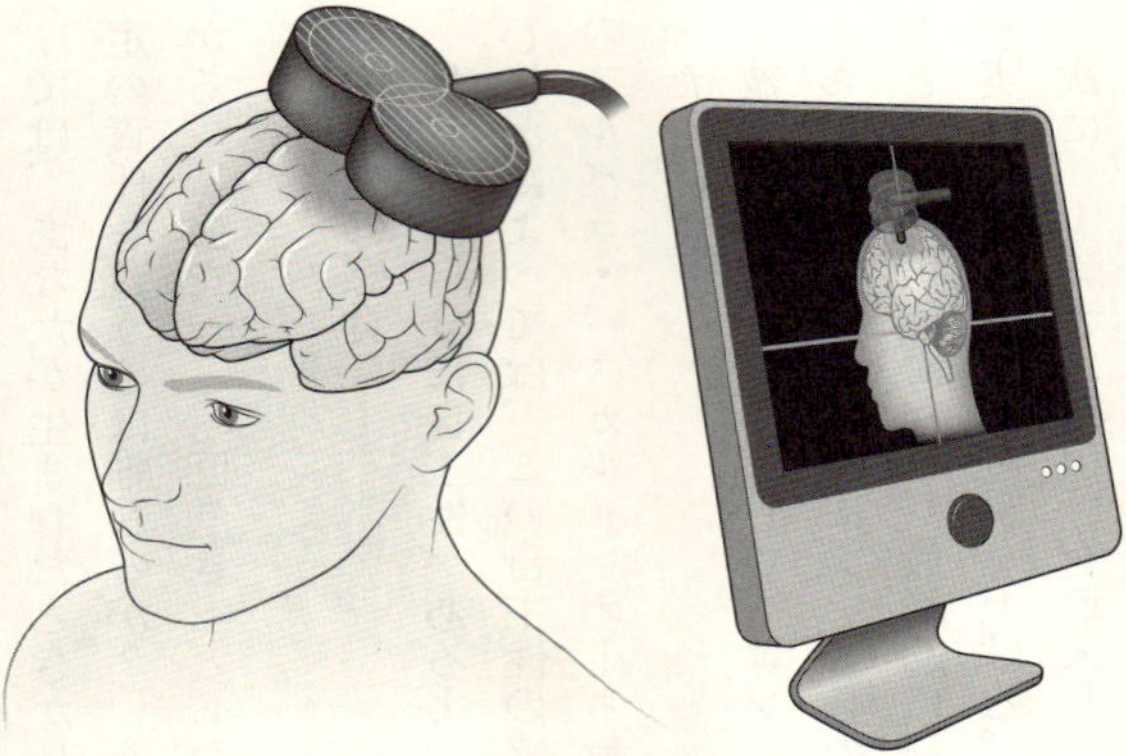

脳への刺激で選択が左右された後でさえ、被験者は自分は自由意志にもとづいて選択したのだと言い張る。

色のあいだ、TMSパルス（または対照条件ではパルスの音だけ）を被験者に与える。

TMSによる介入で、被験者は一方の手を他方より好むようになる。たとえば、左の運動皮質への刺激は、被験者が右手を上げる可能性を高くする。しかし興味深いことに、被験者はTMSに操られている手を動かしたかったのだと報告している。言い換えれば、画面が赤のあいだに左手を動かすと心のなかで決めたのに、次に画面が黄色いときに刺激を受けたあとには、初めからずっと本当に右手を動かしたかったのだと思いかねないということだ。TMSが手の動きを起こしているのに、被験者の多くは自由意志で決定

ピンポン球は物理法則に従ってネズミ捕りの上で跳ねる。しかし、それぞれの球がどこに落ち着くかを予測するのは不可能だ。同様に、あなたの脳の何百億という細胞と、それらが発する何兆という信号は、絶えず相互作用している。これもひとつの物理系ではあるが、次の瞬間にそこで何が起こるか、私たちには正確には予測できない。

したかのように感じている。パスカル＝レオーネの報告によると、被験者は選択を変えるつもりだったと話すことが多い。脳内の活動が何を決めたにせよ、それが自由に選択されたかのように、被験者は自分の手柄だと思っていた。意識は自分が主導権を握っていると自分に言い聞かせるのが得意なのだ。

このような実験から、選択の自由にまつわる直観を信じることの問題性が浮かび上がる。いまのところ、神経科学は自由意志を完全に排除できる完璧な実験結果を出していない。これは難しいテーマであり、未熟な現代の科学が本格的に取り組むには手に余るものなのかもしれない。しかし少しのあいだ、本当に自由意志はないという見通しを検討しよう。すなわち、分かれ道に到着したとき、あなたの選択はあらかじめ決まっているのだ。そんなことを突きつけられると、予測可能な人生は生きる価値がないようにも思える。

ありがたいことに、脳が計り知れないほど複雑であるということは、現実には予測可能なことは何もないことを意味する。底に何列もピンポン球を敷いた水槽があるとしよう。球の一つひとつが、仕掛けられたバネ式ネズミ捕りの上で、微妙にバランスを取っている。上からもう一つピンポン球を落として、それが着地する場所を数学的に予測するのは比較的簡単なはずだ。しかし、その球がそこに当たったとたん、予測不能な連鎖反応が起こる。ほかの球がそれぞれのネズミ捕りからはね上げられることになり、それがまた別の球の引き金になり、すぐに状況の複雑さが爆発的に増す。最初の予測のエラーはどんなに小さくても、球が衝突して側面に跳ね返り、ほかの球の上に着地するうちに、どんどん拡大されていく。すぐに、球のある場所についての予測は、まったく不可能になる。

私たちの脳はこのピンポン球の水槽のようなものだが、もっとはるかに複雑である。水槽には二、三〇〇個のピンポン球を収めることができるかもしれないが、あなたの頭蓋骨には水槽の何兆倍という相互作用が収められていて、あなたが生きているあいだずっと、刻一刻と弾《はず》み続ける。このような計り知れないエネルギーのやり取りから、あなたの思考、感情、そして決断が生まれる。

しかも、これは予測不能なことの序の口だ。個々の脳は、ほかの脳がひしめく世界に埋め込まれている。夕食の食卓を囲む空間で、または講堂の隅から隅まで、あるいはインターネットのおよぶ全範囲で、地球上の人間のニューロンすべてが互いに影響をおよぼし、想像もつかないほど複雑なシステムをつくり出している。ということは、たとえニューロンが単純な物理法則にしたがっていても、実際には、個々人が次に何をするか正確に予測することは、つねに不可能なのだ。

この途方もない複雑さから、ひとつの単純な事実だけは理解できる。すなわち、私たちの人生の舵を取っているのは、私たちが意識することもコントロールすることもできない力である。

第４章
私はどうやって決断するのか？

アイスクリームを食べようか？　このメールにいま返信するか、それともあとにする？　どっちの靴にしよう？　私たちの日常は何千という小さな決断で成り立っている。何をするか、どちらに行くか、どう反応するか、参加するかどうか。意思決定に関する初期の理論は、人間は合理的行為者であり、最適の意思決定をするために選択肢の損得を勘定するものと見なしていた。しかし人間の決断に関する科学的観察は、それを裏づけていない。脳は複数の競いあうネットワークで構成されていて、それぞれが独自の目標と欲望をもっている。アイスクリームを食べるかどうか決めるとき、あなたの脳内には糖分を求めるネットワークもあれば、美容を長期的に考慮して反対するネットワークもあり、さらには、もし明日ジムに行くと心に誓えば、アイスクリームを食べてもいいかもしれないと提案するネットワークもある。あなたの脳は神経の議会のようなもので、国家の舵取りをめぐって競いあうライバル政党で構成されている。あなたの決断は自分本位のこともあれば、寛大なこともあり、衝動的な場合もあれば、長期的視野に立っている場合もある。主導権を握りたがるたくさんの欲求でできているからこそ、私たちは複雑な生きものなのだ。

決断の音

手術台の上で、ジムという患者が手の震えを止めるための脳手術を受けている。電極と呼ばれる細くて長いワイヤーが、神経外科医によってジムの脳に差し込まれた。そのワイヤーに微小電流を流すことによって、震えを減らすようにジムの神経活動パターンを調整できる。

電極のおかげで単一ニューロンの活動を盗み聞きする特別な機会が生まれる。ニューロンは活動電位と呼ばれる電気信号の瞬間的突出《スパイク》によって互いに会話をするが、その信号は目に見えないほど小さいので、外科医や研究者はたいていこの小さな電気信号を音声スピーカーに通す。そうすると、電圧の微小な変化（〇・一ボルトが一〇〇〇分の一

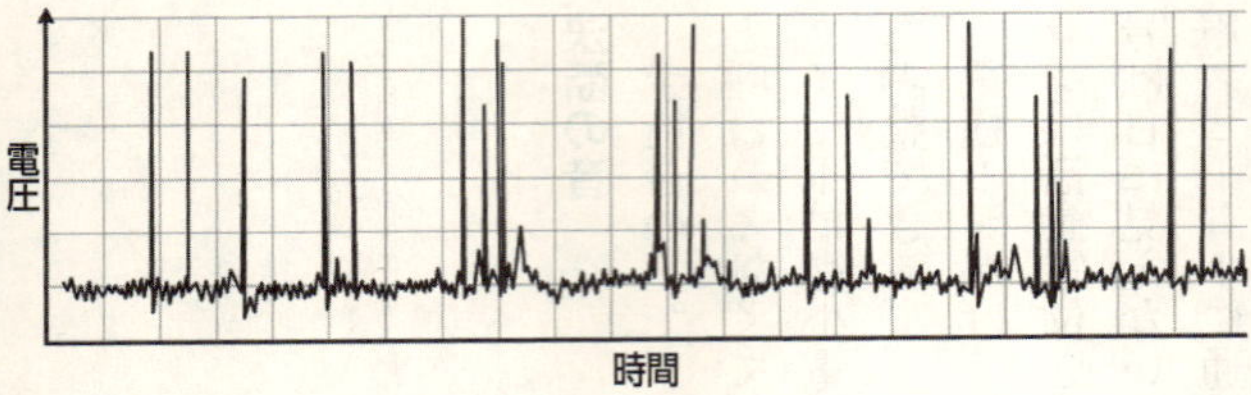

モニターにこれらの活動電位と呼ばれる一連の小さなスパイクが現れた。ジムが何かを思いついたり、何かを思い出したり、何かを選択したりするたびに、この小さな謎めいた「ヒエログリフ」が書き出される。

秒間）が、ポンという音になって聞こえるのだ。

電極が差し込まれる脳の領域による活動パターンのちがいが、訓練された耳には識別できる。「ポンポンポンポン」と聞こえる場所もあれば、まったくちがって「ポン……ポンポン……ポン」と聞こえる場所もある。地球上の無作為に選んだ場所に突然ひょっこり降り立ち、数人の会話に加わるようなものだ。降り立った場所によって文化は異なり、その人たちは特定の仕事をしているので、聞こえる会話はそれぞれまったく異なる。

私は研究者として手術室にいる。同僚は手術をするが、私の目的は脳がどうやって意思決定をするか、より深く理解することだ。そのために私はジムに、話す、読む、見る、決断するなど、さまざまな仕事をしてもらって、ニューロンの活動と関係するものを特定する。脳には痛みの受容体がないので、患者は手術中にも目覚めていられる。測定を進めながら、私はジムに、次の単純な絵を

老女が見えるときには、脳内で何が起こっているか？　若い女性が見えるときには、何が変わるのか？

見てくれと言う。

あなたはこの画像のなかに、帽子をかぶって向こうを見ている若い女性が見えるかもしれない。では、同じ絵を別の解釈で見ようとしてほしい。下を見て左を向いている老女だ。この絵は二通りのいずれかに見える（知覚の双安定性と呼ばれる）。すなわち、ページの上の描線に二つのまったく異なる解釈を当てはめても、どちらもしっくり来る。画像を見つめていると、一方の解釈が見えて、そのうちもう一方の解釈が見えて、それからまた最初のものが見える、といった具合だ。ここが重要なところである。物理的にはページ上で何も変わっていない。したがって、ジムが画像の切り替わりを報告するたびに、その原因は脳内で変化したものにあるはずだ。

若い女性または老女が見える瞬間、彼の脳は決定を下している。決定は意識にのぼるとは限らない。この場合、ジムの視覚系による知覚の決定であって、切り替えの仕組みは完全に舞台裏に隠れている。理論上、脳は若い女性と老女の両方を同時に見ることができるはずだ——が、現実にはそうしない。多義のものをとらえたとき、反射的にどちらか一方だけを選択するのだ。そのうち選択をやり直し、また何度も行ったり来たりするかもしれない。しかし脳はつねに多義性をかみ砕いて、いくつかの選択肢にしている。

そしてジムの脳が若い女性——または老女——の解釈に到達するとき、一部のニューロンからの反応を聞くことができる。活動のテンポを速めるニューロンもあれば（ポン……ポン……ポン）、ゆっくりになるニューロンもある（ポン……ポン……ポン……ポン）。スピードの加減だけではない。ニューロンがもっと微妙に活動のパターンを変えることもあり、もとのテンポを保ちながらも、ほかのニューロンと動きを合わせたり、合わせるのをやめたりすることもある。

私たちがたまたま探っているニューロンが、独力で知覚の変化を起こしているのではない。それは何百億というほかのニューロンと協力して働くので、私たちに目撃できる変化は、脳の広大な領域で起こるパターン変化の反映にすぎない。ジムの脳内で一方のパターンが他方に勝つと、決定が下される。

あなたの脳は毎日何千という決定を下し、あなたの経験を導いている。何を着るか、誰に電話をするか、何気ないコメントをどう解釈するか、メールに返信するかどうか、いつ出発するか。さまざまな決定が私たちのあらゆる行動と思考を支えている。あなたの人となりは、生きているあいだ絶えずあなたの頭蓋骨内で繰り広げられる、主導権をめぐる脳の争いから生まれるのだ。

ジムの神経活動――ポン、ポン、ポン――を聞いていると、畏怖を感じずにはいられない。結局、これが人類史上のあらゆる決定の音だったのだ。あらゆるプロポーズ、あらゆる宣戦布告、あらゆる想像の飛躍、あらゆる未知の世界へのミッション、あらゆる親切な行為、あらゆるうそ、あらゆる飛躍的進歩、あらゆる決定的瞬間。すべてがここ、頭蓋骨の暗闇のなかで起こり、生物学的細胞のネットワークにおける活動パターンから生まれたのである。

脳は対立からつくられたマシン

決定を下すときに舞台裏で起こっていることを、もう少し詳しく見てみよう。あなたはフローズンヨーグルト店で、単純な選択をしているとしよう。同じくらい好きな二つの味のどちらにするか決めようとしている。たとえば、それがミント味とレモン味だと

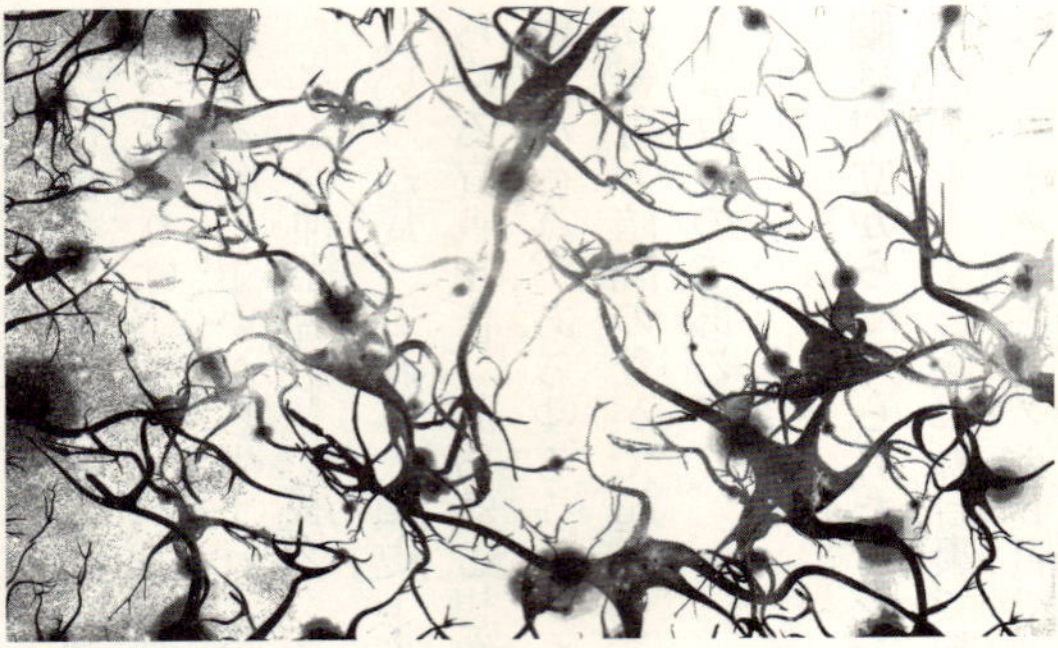

政治権力を求めて争う政党同様、ニューロン集団も相争う存在である。

する。外から見ると、あなたはたいしたことをしていないようだ。ただそこにたたずみ、二つの選択肢を見比べている。しかしこんな単純な選択でも、あなたの脳内に活動の嵐を引き起こす。

単一のニューロンだけでは大きな影響をおよぼさない。しかし各ニューロンは何千というほかのニューロンとつながっていて、それぞれがさらにほかの何千とつながっているので、ループだらけのからみ合う巨大なネットワークができ上がっている。ニューロンはすべて、互いを刺激したり抑制したりする化学物質を放出する。

このクモの巣のようなネットワークのなかで、特定のニューロン群がミント味を表現する。このパターンは、互いに刺激しあうニューロンから生成される。必ずしも隣どうしのニューロンとは限らず、嗅覚、味覚、視覚、さらにはミントにまつわるあなた独自の過去の記憶に関与する、離れた脳領域にまたがっている可能性がある。これらのニューロンそれぞれだけでは、ミントとあまり関係ない。それどころか、各ニューロンは時間によって果たす役割が変わり、接続もたえまなく変わる。しかしこれらのニューロンがすべて、この特定の配列でまとまって活性化すると……それがあなたの脳にとってのミントである。あなたがヨーグルトの選択肢を前に立っているとき、このニューロン連合は、あちこちに散らばっている個人がオンラインでつながるのと同じように、互いに熱心にコミュニケーションを取るのだ。

これらのニューロンは選挙運動で単独行動はしない。同時に、競合候補であるレモン味は、また独自の神経団体によって表現される。ミントとレモンそれぞれの連合は、自分たちの活動を強化し、相手を抑えることによって、優位に立とうとする。勝者総取りの競争でどちらかが勝つまで、両者はとことん争う。そして勝利したネットワークが、次にあなたがやることを決定するのだ。

コンピューターとちがって、脳は異なる候補間の対立にとらわれ、どの候補もほかを負かそうとする。そして選択肢はつねに複数ある。ミントかレモンを選んだあとでも、あなたは新たな葛藤に遭遇する。すべて食べていいのか？　おいしいエネルギー源を欲しがるあなたもいるが、同時に、糖分たっぷりなので食べずにジョギングするべきだと

分離脳――対立が明らかに

脳の異なる部位間の内部対立がとくに見えやすくなる特殊な状況がある。ある種のてんかんの治療として、「分離脳」手術を受ける患者がいる。この手術では、脳の2つの半球が切り離される。通常、2つの脳半球は脳梁《のうりょう》と呼ばれる神経の高速道路で結ばれていて、そのおかげで右半球と左半球は連携して協力することができる。あなたが寒いと感じていれば、あなたの両手は協力して、片方がジャケットのすそをつかみ、もう片方がファスナーを引き上げる。

しかし脳梁が切断されると、驚くべき症状が生じる場合がある。いわゆる他人の手症候群で、2本の手がまったく異なる意図をもって動くことがあるのだ。患者が片方の手でジャケットのファスナーを引き上げ始めると、反対の手(「他人の」手)がいきなりファスナーをつかんで引き下げる。あるいは、患者が片方の手をビスケットに伸ばすと、反対の手があわてて行動を起こし、先ほどの手をぴしゃりとたたいてビスケットを取らせない。2つの脳半球がそれぞれ勝手に活動すると、ふだん脳内で進行している対立が明らかになる。

他人の手症候群は通常、手術後数週間以内に、2つの脳半球が残っている結合を活用して再び協力し始めると、だんだん消えていく。しかし、自分は1つのことだけに打ち込んでいると思っているときでさえ、真っ暗な頭蓋のなかでひっきりなしに盛衰するたくさんの争いの結果として行動していることを、この症状がはっきり実証してくれる。

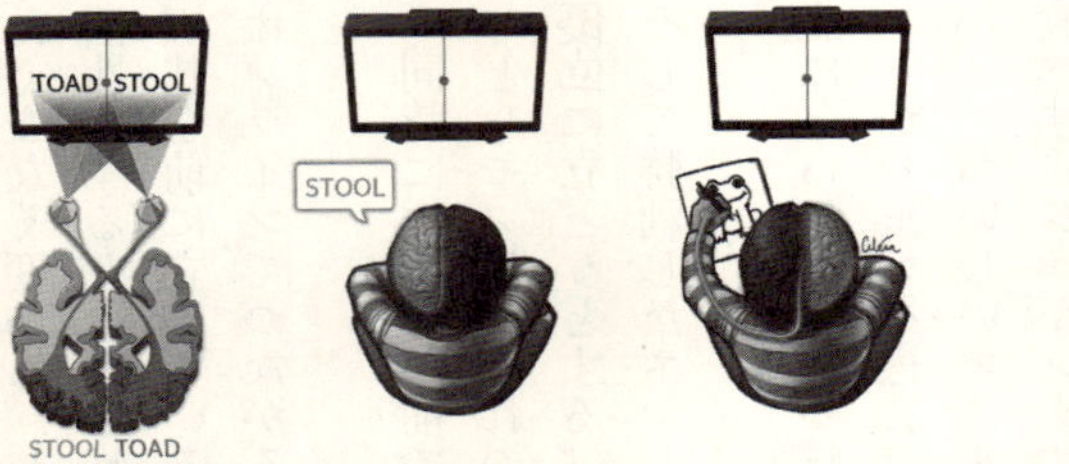

どちらの半球もそれぞれ語を1つだけ見て取る。　「何て読めた?」(左半球が答えている)　「読めたものの絵を左手で描いてみて」(右脳と左手が反応)

視野の左半分から入ってくる視覚情報は右脳へ行き、右半分は左脳へ行く。その結果、語が画面の真ん中をまたいで表示されると、分離脳となった患者の独立した半球それぞれには、語の半分しか見えない。

思うあなたもいる。一個まるごと平らげるかどうかは、ひとえに、内部の争いがどう転ぶかの問題である。脳内で進行する対立の結果、私たちは自分と言い争い、自分に毒づき、自分をなだめる。しかし正確には誰が誰と話しているのだろう？　すべてあなたである――が、あなたの異なる部分である。

この脳内対立をさらにはっきり示すために、こんなことを試してほしい。本書の冒頭に掲載した文字列の文字の色を言ってみていただきたい。

案外うまくいかないのではないだろうか。こんなに簡単な指示なのに、行なうのが容易でないとはどうしたことか？　そのわけはこうだ。インクの色を判断し、色の名を定めるのを一つのネットワークが受け持っている。同時に、文字を読み取るのにはそれと競合する、複数のネットワークがかかわっている――しかもそれらがこのスキルに熟達するあまり、文字を読み取るのは深いところに根差した、反射的な過程になってしまっている。このシステム間の争いが感じられるので、インクの色の判別に集中するには、文字を読み取ろうとする強い衝動を抑えつけなければならない。この葛藤が身をもって体験されるわけだ。

脳内のおもな競合システムを解明するために、トロッコのジレンマと呼ばれる思考実

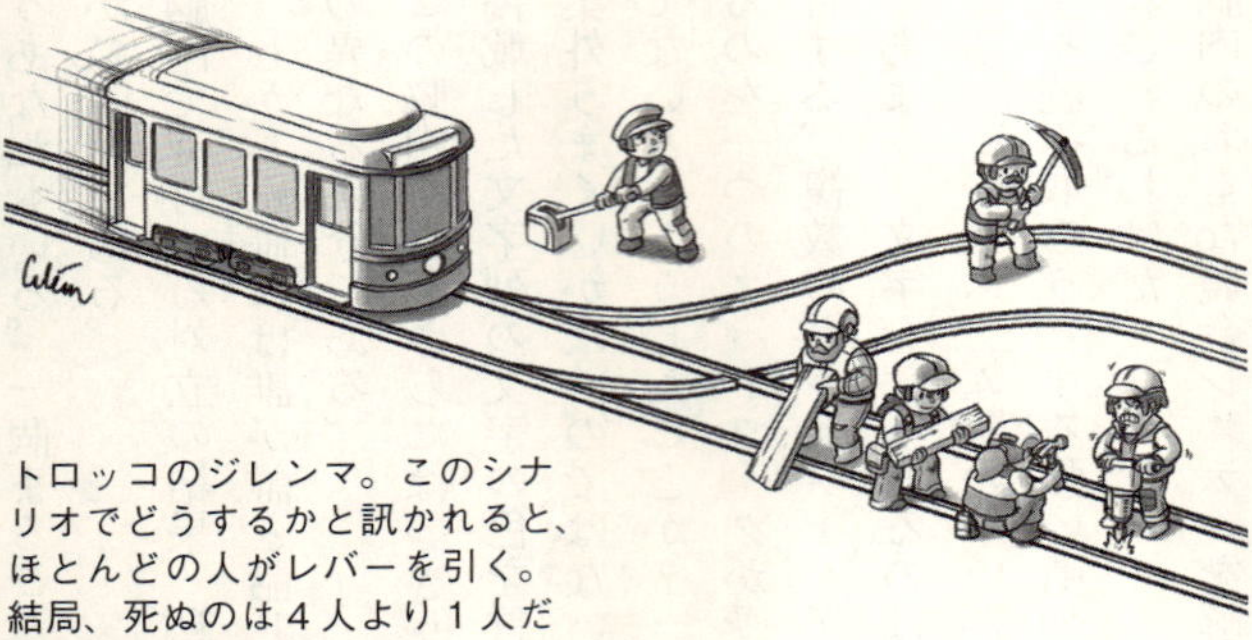

トロッコのジレンマ。このシナリオでどうするかと訊かれると、ほとんどの人がレバーを引く。結局、死ぬのは４人より１人だけのほうがずっとまし、でしょう？

験を検討してみよう。トロッコが制御不能になって線路を突っ走っている。線路の先では四人の作業員が修理をしていて、近くで見ているあなたには、全員が暴走するトロッコにひき殺されてしまうとわかる。次にあなたは、トロッコを別の線路に方向転換できるレバーがそばにあることに気づく。でも、ちょっと待って！　そちらの線路にも作業員が一人見える。したがって、もしあなたがそのレバーを引けば、一人の作業員が死ぬ。もし引かなければ四人が死ぬ。あなたはレバーを引くだろうか？

次に、少しちがう第二のシナリオを考えよう。状況は同じ前提で始まる。トロッコが制御不能になって線路を突っ走っていて、四人の作業員が死ぬことになる。しかしこのシナ

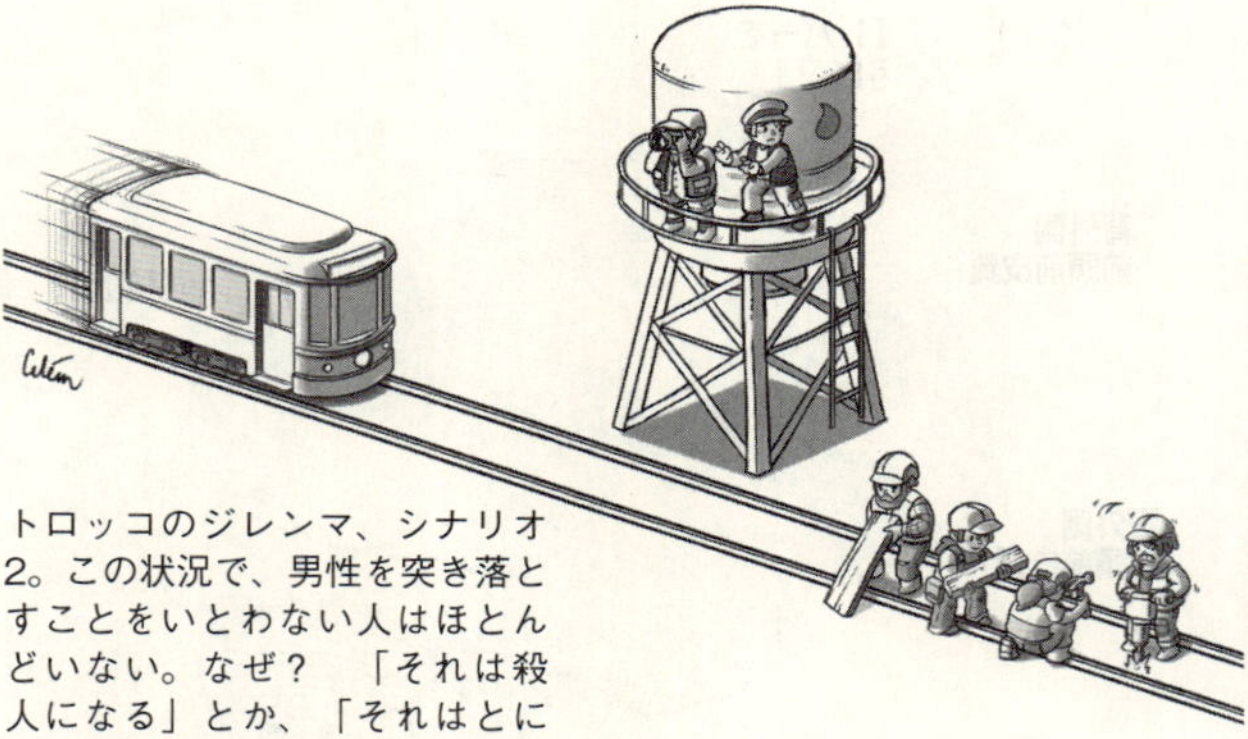

トロッコのジレンマ、シナリオ2。この状況で、男性を突き落とすことをいとわない人はほとんどいない。なぜ？　「それは殺人になる」とか、「それはとにかくまちがっている」というような答えが返ってくる。

リオでは、あなたは線路を見渡せる給水塔の点検用デッキに立っている。そこにはあなたと一緒に大柄の男性が立っていて、遠くをじっと見つめている。そしてあなたは気づく。もし彼を突き落とせば、彼は線路の上に落ちる——そして彼の体重なら、トロッコを止めて四人の作業員を救うことができる。

あなたは彼を突き落とす？

しかし、ちょっと待って。ここで検討するよう言われているのは結局、同じひとつの等式なのではないだろうか？　一人の命と引き換えに四人の命を救うのでは？　なぜ、第二のシナリオでは結果がそれほどちがうのだろう？　倫理学者はこの問題にさまざまな角度から取り組んでいるが、神経画像検査はかなり単純な答えを出すことができる。脳にとっ

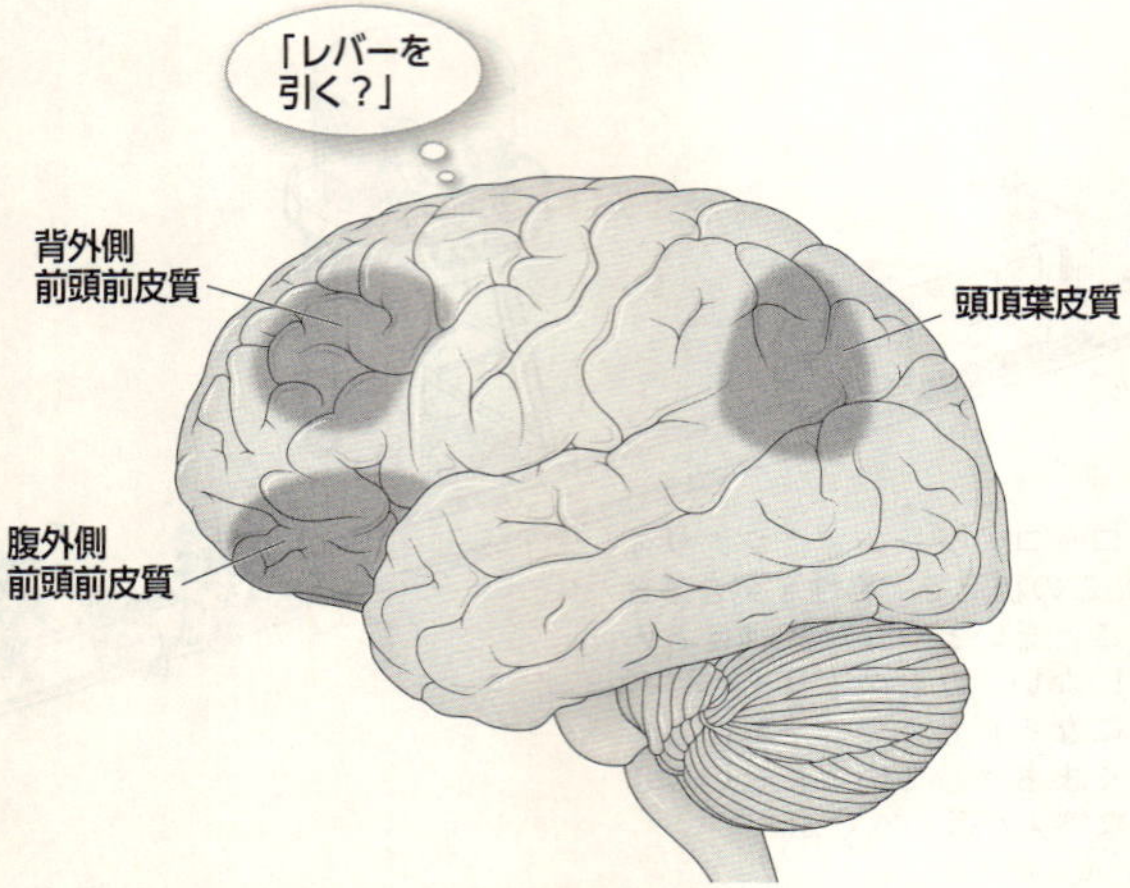

論理問題の解決に向けられる脳の領域がいくつかある。

て、第一のシナリオは計算問題にすぎない。このジレンマで活性化されるのは、論理問題の解決にかかわる領域だ。

第二のシナリオでは、あなたは男性の体に触れて、彼を突き落として死なせなくてはならない。そのために、決断には新たなネットワークが動員される。感情に関与する脳の領域だ。

第二のシナリオで、私たちは意見の異なる二つのシステム間の対立に巻き込まれる。理性ネットワークは一人の死のほうが四人の死よりましだと告げるが、感情ネットワークは近くにいる人を殺すの

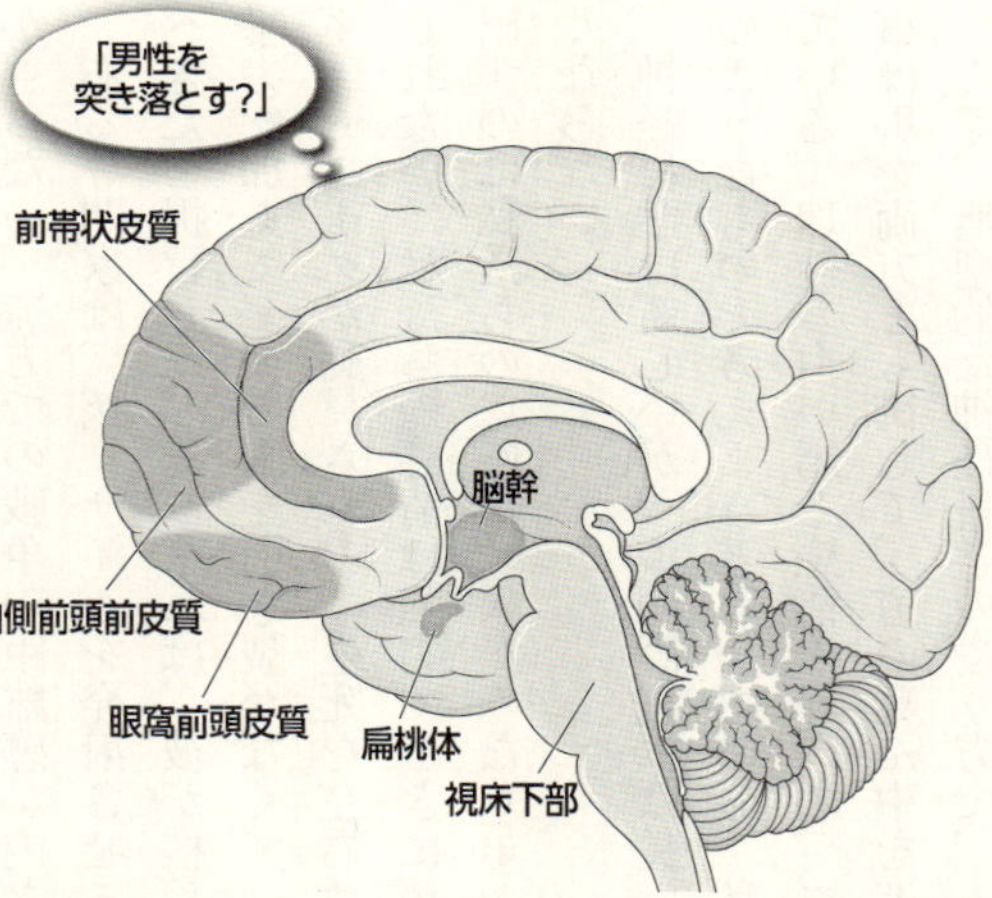

罪のない男性を突き落として死なせることを考えるとき、感情にかかわるネットワークが意思決定に関与してくる――それで結果が変わる可能性もある。

はまちがっているという直観を誘発する。あなたはせめぎあう欲求の板ばさみになり、その結果、決定は第一のシナリオからまったく変わる可能性がある。

トロッコのジレンマは、現実世界の状況にも光を投じる。現代の戦争を考えてほしい。男性を塔から突き落とすより、レバーを引くほうに近くなっている。長距離ミサイルを発射させるボタンを押すとき、それには論理的問題の解決にかかわるネットワークだけが関与する。ドローンの操作はビデオゲームまがいとも言えるし、サイバー攻撃が影響をおよぼすのは遠隔地である。ここでは理性ネットワークは働いているが、感情ネットワークが働くとはかぎらない。遠方での戦争の距離感が内なる葛藤を弱め、遂行を容易にする。

ある専門家は、核ミサイルを発射させるためのボタンは大統領の親友の胸に埋め込むべきだと提言した。そうすれば、彼が核兵器を放つと決めた場合、自分の友人に身体的暴力を加えて、彼の胸を引き裂かなくてはならない。そのことを考えると、決断に感情ネットワークが動員される。生死を左右する決断を下すとき、理性の野放しは危険かもしれない。私たちの感情は強力でときに鋭い有権者であり、それを議会の投票から締め出すのは私たちの怠慢だ。人がみなロボットのように振る舞ったら、世界はけっして良くならない。

神経科学は新しいが、この直観には長い歴史がある。古代ギリシャ人は、人生を馬車のようなものと考えようと言っている。私たちは馬車の御者で、二頭の馬の手綱を取っている。理性の白い馬と感情の黒い馬、二頭が反対方向に手綱を引っ張る。あなたの仕事は馬を両方とも御して、道の真ん中を進み続けることだ。

実際、典型的な神経科学のやり方で、人が意思決定に感情を取り入れる能力を失うとどうなるかを見ることによって、感情の重要性を明らかにできる。

体の状態は決断の助けになる

感情は人生を豊かにするだけのものではない。刻一刻、次に何をするか決める舵取りの秘訣でもある。このことを説明するのに、バイクの事故に遭《あ》った元エンジニアのタミー・マイヤーズの状況を見てみよう。彼女は事故で眼窩《がんか》前頭皮質《ぜんとうひしつ》、つまり眼窩のすぐ上の脳領域にダメージを受けた。この領域は、体から入ってくる信号――体がどんな状態か、空腹、緊張、興奮、当惑、渇き、喜びなどを、脳のほかの部分に伝える信号――の流れを統合するのに欠かせない。

タミーは脳に外傷性損傷を負った人のようには見えない。しかし五分でも彼女と一緒に過ごせば、日常生活の決定を処理する能力に問題があるとわかるだろう。目の前の選択肢の損得をすべて説明できるにもかかわらず、ごく単純な状況でも決断ができない。体が送ってくる感情の概要を読み取れないので、決断は信じられないほど困難である。どの選択肢も別の選択肢と明白なちがいがないのだ。意思決定なしには、ほとんど何もできない。タミーはよく一日中ソファで過ごすと報告している。

タミーの脳損傷から、意思決定に関するきわめて重要なことがわかる。脳は高いところから命令を出していると考えられがちだ――が、実際にはつねに体とのフィードバック関係にある。体からの物理的信号は、何が進行しているか、それについて何をなすべ

恐怖に対する生理学的反応

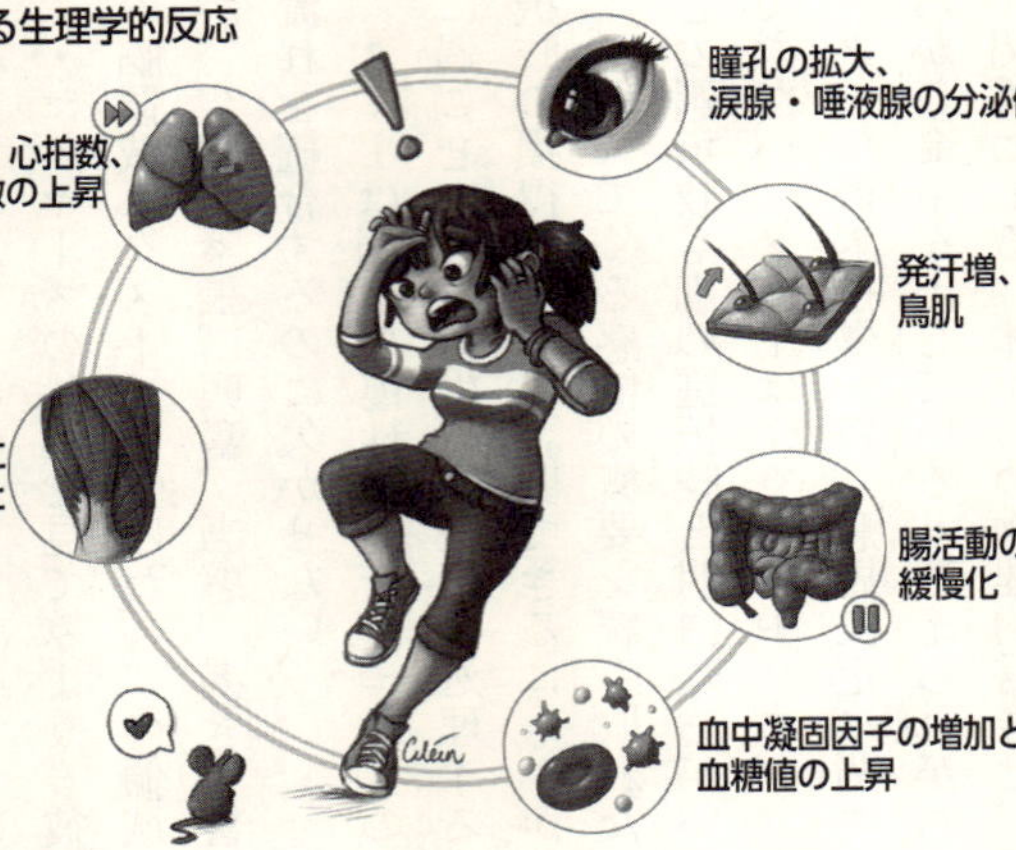

日々私たちが直面する状況の大半では、介在する選択肢の多さのあまり、純然たる論理のみにのっとって決定を下すことなどできない。この過程の補助として、私たちには状況の要約——「自分はいま安全だ」「いまここで自分は危険に陥っている」といったもの——が不可欠だ。体の生理学的な状態は絶えず、脳とのあいだの双方向性のやりとりを行なっている。

きか、簡単な要約を伝える。選択を行なうために、体と脳は密にコミュニケーションを取らなくてはならないのだ。

こんな状況を考えてみよう。あなたは誤って配達された小包を、お隣さんに届けたい。しかし隣家の庭の門に近づくと、飼いイヌがうなって、歯をむき出しにしている。あなたは門を開けて、玄関まで進むだろうか？ イヌの攻撃に関する統計の知識は、ここでは決め手にならない。イヌの威嚇的姿勢があなたの体内に一連の生理的反応を引き起こす。心拍が上がり、胃腸が締めつけられ、筋肉が緊張し、瞳孔が拡大し、血中ホルモンが変化し、汗腺が開き、といった具合だ。これらの反応は自動性で無意識である。

この瞬間、門の掛け金に手をかけて立ち、あなたが評価できる外面的特徴は（たとえばイヌの首輪の色など）たくさんある――が、あなたの脳がいますぐ本当に知らなくてはならないのは、あなたはイヌと対決するべきか、それとも別の方法で小包を届けるべきか、である。この仕事についてはあなたの体の状態が役に立つ。状況を要約する役割を果たすのだ。生理的信号は、「これは悪い」あるいは「これは問題ない」という、大ざっぱな見出しと考えられる。そしてそれを頼りに、あなたの脳は次に何をするか決断できる。

私たちは毎日、このような体の状態を読み取っている。たいていの状況では生理的信号はもっと微妙なので、本人は気づかない場合が多い。しかしそのような信号は、下すべき決定の舵取りにとってきわめて重要だ。スーパーにいるところを考えよう。これはタミーなら決断できずに身がすくんでしまう種類の場所だ。どのリンゴ？　どのパン？　どのアイスクリーム？　膨大な数の選択が買い物客に重くのしかかるので、最終的に私たちは生きているあいだ何百時間も、神経ネットワークを決断に注力させようとしながら通路にたたずんでいる。ふだんは気づかないが、私たちの体はこの思わず立ちつくすほど込み入った状況を切り抜ける手助けをしている。

どんな種類のスープを買うか、選ぶとしよう。検討するべきデータがあまりにたくさんある。カロリー、値段、塩分、味、パッケージ等々。あなたがロボットなら、どの特徴が大切かを得失評価する明確な方法がないと、決定しようとしながら一日中そこで立ちどおしだろう。選択するためには、なんらかの要約が必要だ。そしてそれこそ、体からのフィードバックが示せるものである。家計について考えて、手のひらが汗ばむかもしれないし、前回チキンヌードルスープを食べたときのことを考えて、よだれが出るかもしれないし、ほかのスープは濃厚すぎて、おなかをこわすかもしれないと思うかもしれない。あなたは次から次へ、スープ体験をシミュレーションする。あなたの体の経験は、脳がスープAやスープBの価値をすばやく決めるのに役立ち、あなたはどちらが有利かを判断できる。あなたはスープの缶からデータを引き出すだけではなく、データを感じるのだ。このときの感情の徴候は、吠えているイヌとの対決に関するものよりとらえにくいが、考え方は同じだ。どの選択も体の徴候をともなう。そしてそれが決断を助ける。

先ほど、あなたがヨーグルトのミント味かレモン味かを決めていたとき、ネットワーク間の争いがあった。体の生理的状態がその争いを決着させるカギであり、そのおかげで一方のネットワークが勝った。タミーの場合、脳損傷のせいで体の信号を意思決定に組み込む能力がない。そのため、選択肢どうしの総合的価値をすばやく比較するすべがなく、さまざまな特徴をはっきり言えるにもかかわらず、それに優先順位をつけることができない。だからタミーは、ほとんどの時間をソファにすわって過ごす。目の前の選択肢はどれも、特別な感情的価値がないのだ。どれかひとつのネットワークの選挙運動がほかを上回ることはありえない。彼女の神経議会における議論は膠着《こうちゃく》状態が続く。

意識は処理能力が小さいので、あなたは決定を促す体の信号すべてを参照することはできない。体内の活動のほとんどは、あなたが自覚しないところで息づいている。それでもその信号は、自分がどんなタイプの人間であるかについてのあなたの自覚に少なからぬ影響をおよぼしうる。一例を挙げると、神経科学者のリード・モンタギューが、人の政治観と感情的反応のつながりを発見している。彼は被験者を脳スキャナーにかけて、糞便や死体から虫のたかった食べものまで、嫌悪反応を引き起こすために選ばれた一連の画像への反応を測定した。被験者はスキャナーから出ると、別の実験に参加したいかと訊かれる。「はい」と答えた人は、一〇分かけて政治イデオロギー調査に答える。銃規制、中絶、婚前性交渉などについてどう思うかと質問されるのだ。そしてモンタギューは、画像によって引き起こされた嫌悪感が強いほど、被験者は政治的に保守的である傾向を強めることを明らかにしている。嫌悪感が弱いほどリベラルである。この相関は非常に強いため、たった一枚のむかつく画像への神経反応で、その人の政治イデオロギー検査の得点を九五パーセントの正確さで予測できる。政治的信念は、精神と肉体の交差するところで生まれる。

未来への旅

一つひとつの決断には、現在の状況(YではなくXを買うだけのお金がある? 選択肢としてZも考えられる?)だけでなく、過去の経験(体の状態に保存されている)も関与する。しかし決断にかかわる要素がもうひとつある。未来に関する予測だ。

動物界のあらゆる生きものが、報酬を求めるようにつくられている。報酬とは何か? 本質的には、体をその理想的設定値に近づけるものである。水は体が脱水状態になりつつあるときの報酬であり、食べものは貯蔵エネルギーが減りつつあるときの報酬である。水と食べものは一次的報酬であり、生物学的ニーズを直接満たすものだ。しかし一般的に人間の行動は二次的報酬、すなわち一時的報酬を予測させるものに導かれる。たとえば、たんに金属の直方体を見るだけでは脳にあまり影響はないが、あなたはそれを冷水器と認識するようになっているので、喉が渇いているときにはそうした物体が目に入るだけで報酬になる。人間の場合、地域社会に評価されているという感覚のような非常に抽象的な概念でさえも、報酬だと思える。そして動物とちがって、私たちはこのような報酬を生物学的ニーズより優先させることも多い。リード・モンタギューが指摘するように、「サメはハンガーストライキをやらない」。動物界のほかの生きものは基本的ニーズを追いかけるのみだが、人間だけは、そのようなニーズより観念的な理想を重んじるのが常だ。そのため、私たちはさまざまな可能性を目の前にすると、個人にとって報酬がどう定義されているにせよ、それを最大にしようとして内外のデータを統合する。基本的報酬であれ観念的報酬であれ、報酬の何が問題かというと、ふつうは選択がすぐに成果を生むわけではないことだ。私たちがする意思決定のほとんどはどうしても、選ばれた行動方針が報酬につながるのにしばらく時間がかかる。人は学位を取得するという未来の展望を好むから何年も学校に通い、将来的な昇進の希望を抱いているから楽しくない仕事をあくせくとこなし、健康になるという目標があるからつらい運動をやり通すのだ。

さまざまな選択肢を比較するということは、それぞれの予測される報酬に共通通貨で値《ね》をつけて、最も高値のものを選ぶということだ。次のシナリオを考えてみよう。私は少し自由時間があるので、何をするか決めようとしている。食料品の買い出しに行かな

映画『バック・トゥ・ザ・フューチャー』同様、私たちはタイムトラベルを日常的に行なっている。

くてはならないが、コーヒーショップに行って、締め切りが迫っている研究室の助成金申請を書く必要があることもわかっている。公園で息子との時間も過ごしたい。どうやってこの選択肢を裁定する？

もちろん、それぞれをやってみてから時間を巻きもどすことで経験を直接比較し、最終的にどの結果が最善かにもとづいて道を選ぶことができたら、話は簡単だ。しかしタイムトラベルはできない。

それとも、できるのか？

タイムトラベルは人間の脳がたえずやっていることだ。決断を迫られたとき、私たちの脳はさまざまな結果をシミュレーションして、未来はどうなる可能性があるか、その模型をつくり出す。私たちは心のなかでいま現在から離れ、まだ存在しない世界へと旅することができる。

じつは、心のなかでのシナリオ・シミュレーションは最初の一歩にすぎない。想像上のシナリオのどちらかに決めるために、私は可能性のある未来それぞれの報酬がどうなるかを評価しようとする。食品庫を食料品で満たすところをシミュレーションすると、計画的に行動して不確実な状況を避けたことに安心感を覚える。補助金申請はまた別の種類の報酬をもたらす。研究室のための資金だけでなく、もっと一般的に学部長からの称賛やキャリアでの達成感もある。息子と公園にいる自分を想像すると喜びが生まれ、家族の親密さという視点での報酬が得られたと感じられる。最終的な決断を導くのは、それぞれの未来を私の報酬系の共通通貨で比べるとどうか、である。選択は容易でない。なぜなら、このような評価はすべて微妙だからだ。食料品の買い物のシミュレーションには退屈感がともなう。申請書を書くことには欲求不満がともなう。公園行きには仕事をやらないことへの後ろめたさがともなう。私の脳はふだん、自覚のレーダーに引っかからないところで、すべての選択肢を一つずつシミュレーションし、それぞれを直観でチェックする。そうやって私は決断する。

これらの未来をどうやって正確にシミュレーションするのだろう？　これらの道を進むのは実際にどんなふうか、どうすれば予測できるのだろう？　答えは、できない。予測が正しいと知るすべはない。すべてのシミュレーションの土台は、私の過去の経験と、世のなかの仕組みに関する現在のモデルだけである。私たちも動物界のあらゆる動物と同様、何が未来の報酬をもたらし、何がもたらさないか、行き当たりばったりでわかることを期待して、ただうろうろしているわけにはいかない。それどころか、脳の重要な仕事は予測することだ。これをそれなりにうまくやるために、私たちは継続的にあらゆる経験から世界について学ぶ必要がある。だからこの場合、私は過去の経験にもとづいて選択肢それぞれに値《ね》をつける。心のなかのハリウッド・スタジオを使って、想像上の未来へとタイムトラベルして、それがどれだけ価値があるかを見きわめる。そうやって私はありえる未来を互いに比較しながら選択を行なう。競合する選択肢を未来の報酬という共通通貨に変換するのだ。

選択肢それぞれについて私が予測した報酬の価値を、何かがどれだけ良いかを記録する内心の査定額のように考えよう。たとえば、買い物に行けば食料が手に入るので、それは一〇報酬単位の価値がある。補助金申請は難しいが、私のキャリアにとって必要なので、二五報酬単位の重みがある。息子と過ごす時間はとても大切なので、公園に行くことは五〇報酬単位の価値がある。

しかしここに興味深い展開がある。世界は複雑なので、内心の査定が消えないインクで書かれることはない。周囲のあらゆるものの査定額は変わりやすい。なぜなら、私たちの予測は実際に起こることと一致しない場合が非常に多いからだ。効果的な学習のカギを握るのは、この「予測エラー」、すなわち予測された選択の結果と実際に生じた結果の差異を、追いかけることである。

今日の場合、私の脳は公園行きにどれだけの報酬があるかを予測している。もしそこで友だちにばったり会い、思っていたより楽しい結果になれば、次にそのような決定をするときの査定額が上がる。一方、もしブランコが壊れていて雨でも降れば、次回の査定額は下がる。

どうしてこうなるのだろう？　脳内には、世界の査定基準を更新し続けることを使命とする、小さな古来のシステムがある。このシステムを構成するのは、ドーパミンと呼ばれる神経伝達物質で情報のやり取りをする、中脳内の小さな細胞群である。

予測と現実が一致しないとき、この中脳のドーパミンシステムが査定額を再評価する信号をばらまく。この信号はシステムに物事が予測より良かったと伝える（ドーパミンの急増）か、または悪かったと伝える（ドーパミンの減少）。その予測エラー信号のおかげで、脳のほかの部位は、次回はもっと現実に近づけようと予測を調整できる。ドーパミンはエラー修正係として働く。査定額をできるだけ最新のものにしようとつねに努

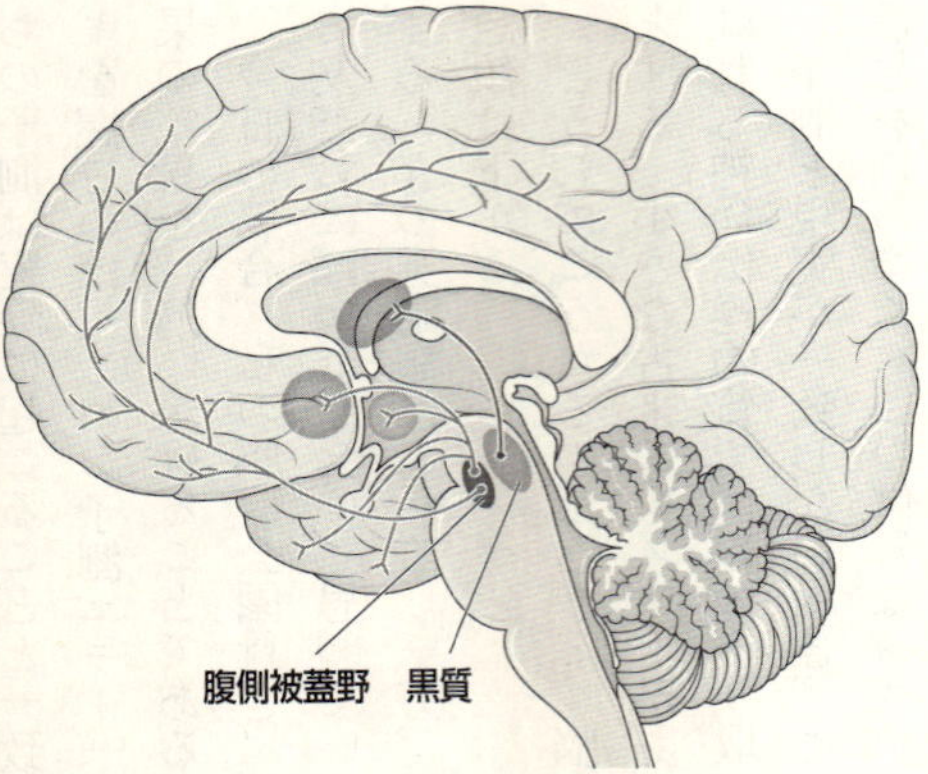

意思決定に関与するドーパミン放出神経は、腹側被蓋野および黒質と呼ばれる脳の小さな領域に集中している。そのサイズは小さいが、影響がおよぶ範囲は広く、予測された選択の価値が高すぎる、または低すぎることがわかると、最新情報を広める。

力する、化学物質の査定官なのだ。こうして、あなたは未来についての最適の予測にもとづいて、決断の優先順位をつけられる。

根本的に、脳は予想外の結果を感知するよう調整されていて、この感度は動物の適応と学習の能力の核にある。それならば、経験から学ぶことに関与する脳構造が、ミツバチからヒトまで、あらゆる種《しゅ》に一貫していることも意外ではない。このことから、報酬による学習の基本原理を、脳ははるか昔に発見していたのだと言える。

現在の力

これまで、さまざまな選択肢に価値

が結びつけられる経緯を見てきた。しかし、賢い意思決定をしばしば邪魔する展開がある。すぐ目の前にある選択肢のほうが、たんなるシミュレーションより高く評価される傾向があるのだ。未来についての適切な意思決定をつまずかせるもの、それは現在である。

二〇〇八年、アメリカの景気は急速に落ち込んだ。問題の核心にあったのは、多くの住宅所有者が借金をしすぎたという単純な事実である。彼らは二、三年間は利率がすばらしく低いローンを組んだ。問題が起こったのは、そのお試し期間が終わって利率が上昇したときである。利率が高くなって、多くの住宅所有者は支払いができないことに気づいた。一〇〇万近い住宅が差し押さえられ、世界経済に衝撃を与えた。

この災難が脳内の競合するネットワークとどう関係するのだろう？　このサブプライムローンを組めば、人々はさしあたってすてきな家を手に入れることができて、高い利率は先送りされる。その提案自体は、当面の満足を欲しがる神経ネットワーク――つまり、いま物が欲しいネットワーク――に訴求する。すぐさま満足できる誘惑は意思決定にとても強く影響するので、住宅バブルは経済現象としてだけでなく、神経現象としても理解できる。

当然、現在の引力は借金をする人だけの問題ではなく、返済が滞《とどこお》ることになる貸し付けで当面は裕福になる貸し手の問題でもある。彼らはローンをまとめて売却した。そのようなやり方は倫理に反するが、大勢の人々にとって誘惑が強すぎたのだ。

この現在と未来のせめぎ合いは、住宅バブルに当てはまるだけでなく、私たちの生活のあらゆる側面に影響をおよぼす。だからこそ、自動車ディーラーはあなたに車に試乗してほしがり、洋品店は服を試着してほしがり、商売人は商品に触れてほしがる。心のなかでのシミュレーションは、いまここにあるものの体験にはかなわない。

脳にとって、未来は現在の薄い影のような存在にすぎないかもしれない。いけないとわかっていても酒や薬をやる人、寿命を縮めるおそれがあっても筋肉増強剤を使うアスリート、手近な浮気に屈する既婚者。人はなぜ、その瞬間には気分がいいが将来的に悪影響のおよぶような決定を下すのか、その理由は現在の力で説明がつく。

現在の誘惑に対して、私たちに何かできるのか？　できる。脳内の競合するシステムのおかげだ。こう考えてみよう。私たちはみな、たとえば定期的なジム通いのように、実行が難しいことがあると知っている。体は鍛えたいが、いざとなると、たいてい目の前にもっと楽しそうなものがある。現在やっていることの魅力のほうが、未来の健康という抽象的なイメージより強いのだ。それでも解決策がある。確実にジムに通うためには、三〇〇〇年前に生きた男からアイデアを盗もう。

現在の力に打ち勝つ──ユリシーズの契約

この男は、ジム通いのシナリオをもっと極端にした状況にいた。彼にはやりたいことがあったが、いざというとき自分は誘惑に抵抗できないとわかっていた。彼の場合、目的は体を鍛えることではなく、人の心をとりこにする乙女たちから自分の命を守ることだった。

これは伝説の英雄オデュッセウスが、トロイア戦争での勝利から帰還するときの話だ。故郷までの長い船旅の途中、船がまもなく美しい海の精セイレーンの住む島のそばを通ることがわかった。セイレーンは水夫たちがうっとりと心を奪われるほど美しい調べの歌を歌うことで知られている。問題は、水夫たちがセイレーンの魅力にあらがえず、彼女たちのそばに寄ろうとして、船を岩に衝突させてしまうことだ。

オデュッセウスはどうしてもその伝説的な歌を聞きたかったが、自分も乗組員も死なせたくはなかった。そこで彼は計画を立てた。音楽を耳にしたら自分も抵抗できずに、島の岩に向かって舵を切ってしまうとわかっている。問題は現在の理性的なオデュッセウスではなく、未来の愚かなオデュッセウス、つまりこのあと、セイレーンの声が聞こえる範囲内に来たときの彼自身である。そこで彼は部下に命じて、自分を船の帆柱にきつく縛りつけさせた。彼らはセイレーンの歌が聞こえないように蜜蠟で耳栓をして、オデュッセウスがどんなに懇願しても、叫んでも、身もだえしても、無視しろという厳命のもと、船をこいだ。

オデュッセウスは、未来の自分が賢い決断を下せないことを知っていた。そこで正気のオデュッセウスは、自分がまちがったことをできないように事を仕組んだ。このような現在の自分と未来の自分のあいだに結ばれた取引はユリシーズ（オデュッセウス）の契約と呼ばれる。

ジム通いの例で考えられる私のユリシーズの契約は、友だちと待ち合わせることを前もって手配するという、簡単なことだ。社会的契約を守るプレッシャーが、私を帆柱に縛りつける。探してみると、ユリシーズの契約はいたるところにあるのがわかるだろう。たとえば、フェイスブックのパスワードを期末試験中に交換しあう大学生がいる。学生は互いに互いのパスワードを変更して、試験が終わるまで、どちらもログインできないようにするのだ。アルコール依存症のリハビリプログラムの第一歩は、自宅からアルコールを一掃して、気持が弱くなったときに誘惑が目の前にないようにすることである。体重の問題を抱える人は、物理的に食べすぎることができないよう、胃の容量を減らす外科手術を受けることがある。ユリシーズの契約の変わったひねりとして、約束を破ったら「アンチ・チャリティー」に金銭が寄付されるよう手配している人もいる。たとえば、生涯をかけて平等の権利を求めて闘ってきたある女性は、クー・クラックス・クラン宛てに多額の小切手を書き、もし自分がまたタバコを吸ったら、それを送るように友人に厳命した。

このような事例すべてにおいて、人は未来の自分が悪いことをできないようにいまのうちから物事を仕組んでおく。自分を帆柱に縛りつけることで、私たちは現在の誘惑を退《しりぞ》けることができる。自分がそうありたいと思うような人間にふさわしい行動をするための企みなのだ。ユリシーズの契約のカギは、私たちはちがう状況ではちがう人間であると認めることである。より賢い決定を下すためには、己《おのれ》を知るだけでなく、あらゆる場面の己を知ることが重要である。

意思決定の目に見えないメカニズム

己を知ることは戦いの一部でしかない——戦いの結果はいつも同じでないことも知らなくてはならない。ユリシーズの契約がなくても、ジムにぜひ行きたいと思うこともあれば、そうでもないときもある。適切な意思決定ができるときもあれば、あなたの神経議会はのちにあなたが後悔するような投票をする場合もある。なぜだろう？　戦いの結果は、あなたの体の状態についてのさまざまな変動要因に左右され、その状態は一時間ごとに変化する可能性があるからだ。たとえば、服役中の二人の男が、仮釈放委員会に出席することになっている。一方の囚人は午前一一時二七分に委員会に出る。彼の罪状は詐欺、刑期は三〇ヵ月。もう一人の囚人は午後一時一五分に現れる。彼も同じ罪を犯し、同じ刑期を宣告されている。

最初の囚人は仮釈放を認められなかったが、二人めは認められた。なぜだろう？ 何がその決定に影響したのか？ 人種？ 容姿？ 年齢？

二〇一一年の研究で、一〇〇〇件の判事の裁定が分析され、問題はそのような要因ではなさそうであることがわかった。おもな問題は空腹だった。仮釈放委員会が食事休憩を取った直後には、囚人が仮釈放される割合が最高の六五％まで上がった。しかし時間の終わり近くに面接される囚人はチャンスが最低で、有利な結果が出る割合はわずか二〇パーセントだった。

つまり、ほかのニーズの重要性が増すにつれ、決定の優先順位が変わったのだ。状況が変われば査定もかわる。囚人の運命は判事の神経ネットワークと決定的に結びついていて、そのネットワークは生物学的ニーズにしたがって動いている。

この影響を「自我消耗」と呼ぶ心理学者もいる。実行機能および計画立案に関与する高レベルの認知領域（たとえば前頭前皮質）が疲弊《ひへい》してしまうのだ。意志力は有限の資源であり、燃料タンクと同じように中身が乏《とぼ》しくなっていく。判事たちの場合、決定を下さなくてはならない案件が多ければ多いほど（一回に最高三五件）、彼らの脳のエネルギーが消耗される。しかしサンドイッチと果物など何かを食べたあとには、エネルギーの蓄えが補給され、決定の舵取りに力をもつ欲求が変わる。

従来、人間は合理的な意思決定者であると見なされている。情報を取り込み、処理し、最適な答えや解決策を出す。しかし現実の人間はそのようには動かない。偏見をもたないように努力している判事でさえ、自分の生態に縛られているのだ。

恋人に対する振る舞い方についても、私たちの決定は同じように影響される。一夫一婦制――一人のパートナーときずなを結び、その関係を続ける――という選択について考えてみよう。これはあなたの文化、価値観、そして道徳が関与する決定のように思える。それは事実だが、あなたの意思決定に働きかける、もっと深い力もある。それはホルモンだ。とくにオキシトシンと呼ばれるホルモンが、きずな形成の魔法に重要な役割を果たす。ある最近の研究で、女性パートナーと恋をしている男性が、少量の余分なオキシトシンを与えられた。そしてほかの女性たちの魅力度を採点するように言われる。余分なオキシトシンを与えられた男性は、パートナーをより魅力的だと感じた――が、

意志力という有限の資源

私たちはすべきだと思う意思決定をするよう自分を説得するのに、多大なエネルギーを費やす。正しい生き方を続けるために、たいてい意志の力に頼る。クッキー（少なくとも2枚めのクッキー）をやめておくことや、本当は外で日光を浴びたいときに締め切りを守ろうとすることを可能にする、あの内面の強さである。意志力が弱くなるとどんなふうに感じるか、私たちはみな知っている。職場での長くハードな一日のあとには、まずい選択をしている自分に気づくことも多い。たとえば、予定よりたくさん食べてしまったり、次の締め切りを守ろうとするのではなくテレビを見たりするのだ。

そこで心理学者のロイ・バウマイスターらが、これを詳しく調べた。被験者は悲しい映画を観るように言われる。半数はふだんどおりに反応するように、もう半分は感情を抑えるように指示される。映画のあと、全員がハンドグリップを渡され、できるだけ長く握るように言われる。すると感情を抑えていた人たちのほうが、早くあきらめた。なぜだろう？　自制にはエネルギーが必要であり、次にやらなくてはならないことに利用できるエネルギーが減るからだ。誘惑に抵抗する、難しい決断を下す、率先して何かやる、すべて同じ源泉からエネルギーを引き出しているように思われる。意志力は発揮されるだけではない——消耗されるものである。

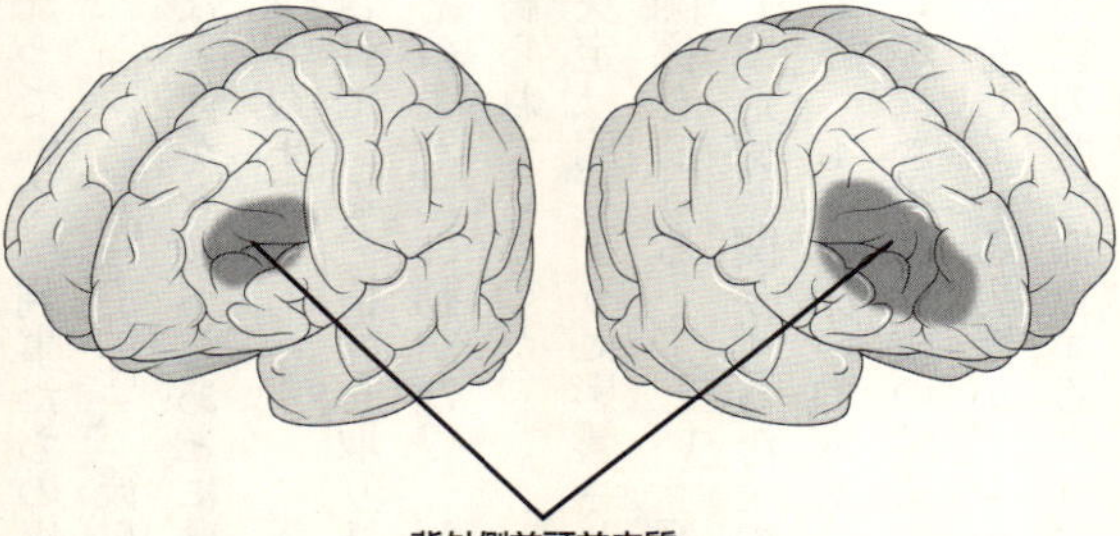

背外側前頭前皮質は、ダイエットしている人が目の前の健康に良い食べものを選ぶときや、あとでより良い結果を得るためにいま小さな報酬を見送ることにするとき、活性化する。

ほかの女性には魅力を感じていない。実際、魅力的な女性研究員とは少し物理的距離を置いていた。オキシトシンがパートナーとのきずなを強めたのである。

なぜ、オキシトシンのような化学物質によって、私たちはきずなの形成に導かれるのだろう？　進化の観点から見れば、男性の生物学的任務が遺伝子をできるだけ広くばらまくことであるなら、男性は一夫一婦制を望まないはずだと推測できる。しかし子どもが生き延びるためには、近くにいる親は一人より二人のほうがいい。この単純な事実がとても重要なので、脳はこの方面の意思決定に影響を与える方法をひそかに用意している。

決断と社会

意思決定をより深く理解することで、より良い社会政策への扉が開かれる。たとえば、人はそれぞれ自分なりに衝動を抑制しようと苦労する。極端な場合、最終的にその場の衝動的渇望の奴隷になってしまうおそれがある。この観点から考えると、麻薬撲滅運動のような社会的試みを、もっときめ細かく理解できる。

麻薬中毒は社会にとって古くからの問題であり、犯罪や生産性低下、精神疾患、病気の伝染、最近では囚人数の急増にまでつながっている。囚人の一〇人に七人近くが、薬物の濫用《らんよう》または依存の基準を満たす。ある研究では、有罪を宣告された囚人の三五・六パーセントが、犯罪行為におよんだ時点で麻薬の影響下にあった。麻薬濫用は、おもに麻薬関連犯罪という観点から、何百億ドルの損失につながる。

ほとんどの国は麻薬中毒を犯罪とすることによって、この問題に対処している。二、三〇年前、麻薬関連の違反で刑務所に入っているアメリカ人は三万八〇〇〇人だった。それが現在は五〇万人である。一見、これは麻薬撲滅運動の成功に思えるかもしれない——が、この大量投獄でも麻薬取引は減っていない。なぜなら、鉄格子のなかにいる人のほとんどは、カルテルのボスでも、マフィアのドンでも、大物売人でもないからだ。たいていニグラム未満の少量の麻薬所持でつかまった人たちである。彼らはユーザー。中毒者だ。刑務所に入っても問題は解決しないどころか、悪化することが多い。

アメリカでは、ヨーロッパ連合（EU）の囚人よりも大勢が麻薬関連犯罪で服役している。問題は、投獄が再犯と再投獄の高コストな悪循環を引き起こすことだ。投獄は本人がそれまで築いてきた社会集団や雇用機会を壊し、新たな社会集団と雇用機会を与えることになるが、それは一般に彼らの中毒をあおるものである。

毎年アメリカで二〇〇億ドル、全世界合計で一〇〇〇億ドルが麻薬撲滅運動に費やされている。しかしその投資は功を奏していない。この戦いが始まって以降、麻薬使用は広がっている。なぜ、出費が成功に結びつかないのか？　麻薬供給がやっかいなのは、水風船のように一ヵ所を押しつぶすと、ほかの場所が飛び出してくることだ。供給源を攻撃するのではなく、需要に取り組むほうが戦略として優れている。そして麻薬の需要は中毒者の脳内にある。

麻薬中毒は貧困と仲間からの圧力の問題だと主張する人もいる。そのような要因もあることは確かだが、問題の核にあるのは脳の生物学である。室内実験で、ラットは麻薬を自己投与する。餌や水がもらえなくても、麻薬が出てくるレバーを押し続けるのだ。ラットがそうしているのは、財政状態や社会的強制力のせいではない。麻薬が脳内の基本的報酬回路に入り込んでいるからだ。事実上、麻薬が脳に「ほかにできるどんなことより、この決定のほうがいいんだよ」と告げている。脳のほかのネットワークもこの争いに加わり、麻薬に抵抗するべきあらゆる理由を示しているかもしれない。しかし中毒者のなかでは渇望のネットワークが勝つ。麻薬中毒者の大半はやめたいと思っているが、やめられないと悟る。結局、自分の衝動の奴隷になるのだ。

麻薬中毒の問題は脳内にあるのだから、解決策もそこにあるという主張は妥当に思われる。アプローチのひとつは、衝動抑制の働き方を変えることだ。それを実現するには、あいまいな抽象的概念だけに頼るのでなく、処罰をより確実に、より迅速にする——たとえば、麻薬犯罪者には週二回の薬物検査を義務づけ、不履行なら自動的に即刻懲役を科す――ことが考えられる。同様に、一九九〇年代初期以降、アメリカの犯罪が減少した理由のひとつは、街角に立つ警官の増加だと主張する経済学者もいる。警官が目に見える状況は、脳の言語で長期的結果を検討するネットワークを刺激する。

私の研究室では、効果を上げる可能性を秘めた別のアプローチに取り組んでいる。脳画像撮影をしながらリアルタイムにフィードバックを与え、コカイン中毒者が自分自身の脳活動を見て、その制御方法を学ぶことができるようにするアプローチである。

被験者の一人のカレンを紹介しよう。彼女は快活で賢く、五〇歳でも若々しい行動力を維持している。彼女は二〇年以上、クラックコカインを常用していて、麻薬が自分の人生を破滅させたと話している。彼女は麻薬を目の前にすると、手を出すほかない気がする。私の研究室で進めている実験で、私たちはカレンを脳スキャナー（機能的磁気共鳴断層撮影装置、fMRI）にかける。そしてクラックコカインの写真を見せて、それを欲しがってと指示する。彼女にとってそれはたやすいことであり、私たちが渇望ネットワークとしてまとめている脳の領域が活性化する。次に彼女にその渇望を抑制するように指示する。クラックコカインの代償について、金銭面、人間関係、そして仕事の観点から考えるように言うのだ。そうすると脳の別の領域が活性化する。私たちが抑制ネットワークとしてまとめているものだ。渇望と抑制のネットワークはつねに主導権をめぐって争っていて、いつなんどきでも、どちらか勝ったほうが、クラックを差し出されたときにカレンが何をするかを決める。

スキャナーの高速計算技術を使うと、どちらのネットワークが勝っているかを測定できる。渇望ネットワークの短期的思考か、衝動制御または抑制ネットワークの長期的思考か。カレンにはスピードメーターに似せた装置でリアルタイムの視覚的フィードバックを与えるので、彼女は勝負がどうなっているかを見ることができる。渇望が勝っているとき、針が赤いゾーンにある。彼女がうまく抑制しているとき、針は青いゾーンに動く。そして彼女はさまざまなアプローチを利用して、ネットワーク間の勝負の形勢を変えるのに効果的なものを見つけることができる。

繰り返し実践することによって、カレンは針を動かすために何をする必要があるか、だんだんにわかってくる。どのようにやっているのか意識的に気づいているかどうかは別にして、繰り返し実践することによって、彼女は抑制のための神経回路を強化することができるのだ。この手法はまだ生まれたばかりだが、次にクラックを差し出されるときには、彼女は当面の渇望を克服するための認知ツールを獲得していることが期待される。この訓練はカレンに特定の行動を強制するわけではない。ただ、衝動の奴隷になる

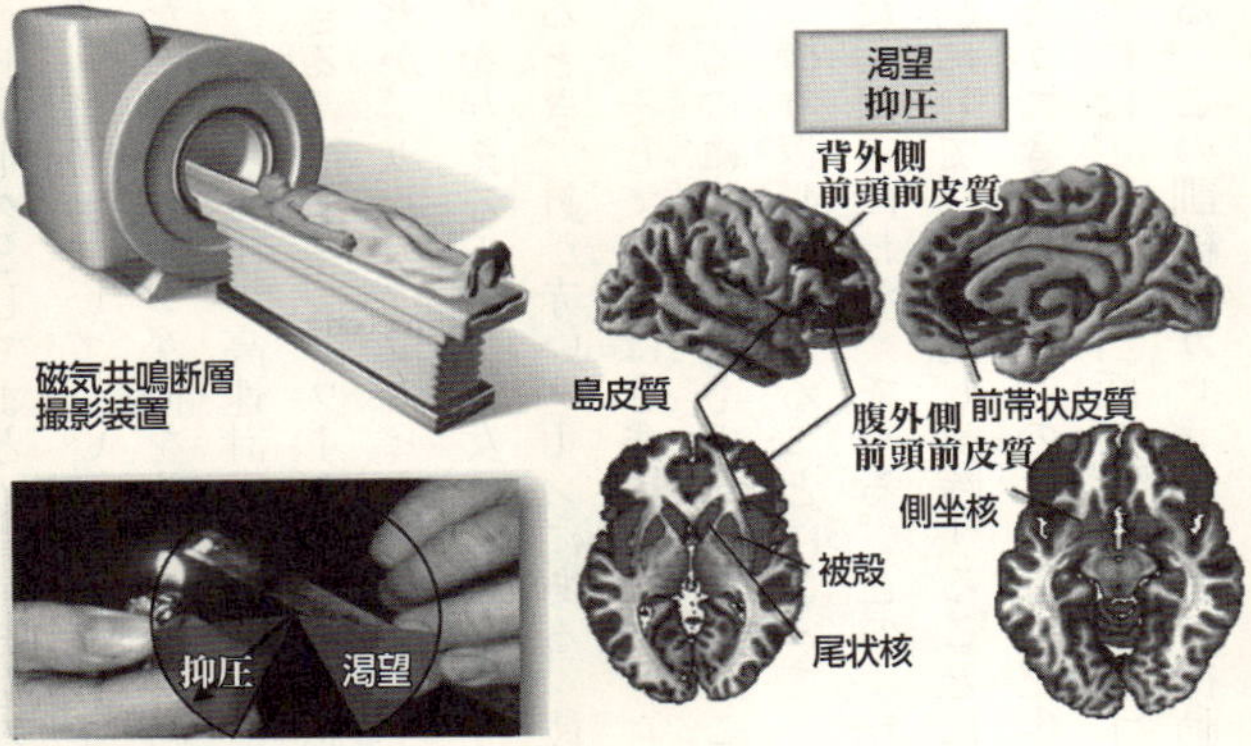

脳内ネットワークのうち一部は渇望と関連し、一部は誘惑の抑圧に関連している。脳画像技術のリアルタイム・フィードバックを用いてこの２つのネットワークの活発さを計測し、被験者がうまく欲望を抑えようとしているとき、視覚的なフィードバックを与えてやることができる。

のではなく、自分の選択を自分でコントロールする認知スキルを与えるだけである。

麻薬中毒は大勢の人々にとっての問題である。しかし刑務所はこの問題を解決する場所ではない。人間の脳が実際にどうやって決断するかを理解すれば、私たちは刑罰より優れた新たなアプローチを開発できる。脳内の営みをもっとよく理解するようになると、もっとうまく良心に沿う行動を取ることができる。

中毒にとどまらず一般的な話として、意思決定に精通することで刑事司法制度のさまざまな側面を改善でき、より人道的でコスト効果の高い政策を導入できる。それはどのようなものなのだろう？　まず、大量投獄より更生に重点を置く。夢物語に聞こえるかもしれないが、実際、すでにそのようなアプローチを始めて大きく成功している場所もある。そのひとつが、ウィスコンシン州マディソン市のメンドータ少年治療センターである。

メンドータに入っている一二歳から一七歳の少年の多くは、本来なら終身刑を科されるような罪を犯している。ここで入院させられる。子どもたちの大半にとって、これが最後のチャンスである。プログラムが始まったのは一九九〇年代初頭、制度が見捨ててきた若者たちに対応する新たなアプローチを提供するためである。このプログラムはとくに、彼らの若い発達途上の脳に注目している。第1章で見たように、前頭前皮質が十分に発達していないと、たいていの決断は衝動的に下され、将来的な影響はきちんと検討されない。メンドータでは、この観点から更生にアプローチする。プログラムは子どもたちが自制心を高めるのを助けるために、監視、カウンセリング、そして報酬のシステムで構成されている。自分が行なう選択の将来的な結果をよく検討するように訓練し、何が起こるかをシミュレーションするよう促し、それによって、すぐに衝動を満足させたい気持を抑えられる神経の接続を強化するのが、重要な手法である。

衝動抑制の弱さは、刑務所に入っている犯罪者の大半に顕著な特徴である。法律を犯した人の多くは、だいたい行為の善悪の区別はつくし、刑罰の脅威も理解している——が、衝動を抑制できなくて挫折する。高価なハンドバッグを持っている高齢の女性を見ると、その機に乗じること以外の選択肢をわざわざ検討しない。現在の誘惑が未来の心配を踏みつぶす。

現在の刑罰のやり方は個人の意志作用と責任を土台にしているが、メンドータはそれに代わるものの実験である。社会には罰を与えたいという強い感情が根づいているが、異なる種類の刑事司法制度——意思決定の神経科学と密接に関係するもの——も考えられる。そのような法制度は、責任逃れを許すわけではないが、法を犯した者を過去を理由に見限るのではなく、彼らの未来に目を向けて対処する方法に取り組む。社会契約を破る者は、社会の安全のために街をうろつかせないようにする必要がある——が、刑務所内で何をするかは、血の粛清《しゆくせい》だけでなく、証拠にもとづいた有意義な更生も基準にして、決めるべきである。

意思決定はすべての核にある。私たちは何ものか、何をするか、周囲の世界をどう知覚するか。別の道を比較する能力がなければ、私たちは最も基本的な欲求に身をゆだねることになる。現在を賢く乗り切ること、あるいは未来の生活を計画することはできないだろう。アイデンティティはひとつだけでも、心はひとつだけではない。あなたは競いあうさまざまな欲求の寄せ集めなのだ。脳内で選択肢がどう勝負をつけるかを理解することによって、私たちは自分自身のために、そして社会のために、より適切な決断を下せるようになる。

第5章
私にあなたは必要か？

あなたの脳が正常に機能するには何が必要だろう？　あなたが食べるものの栄養素、吸う酸素、飲む水、そのほかに同じくらい重要なものがある。脳は他人を必要とするのだ。正常な脳の機能は、周囲の社会ネットワークに依存している。私たちのニューロンが成長し生き延びるためには、ほかの人々のニューロンが欠かせない。

自分の半分は他人

現在、七〇億を超える人間の脳が地球上を往来している。私たちはふだん自分が自立していると思っているが、私たちの脳はみな濃密な相互作用のネットワークのなかで働いている。そのため、人類の業績はひとつの変化する巨大生命体の行為と見ることができる。

従来、脳は個別に研究されてきたが、こうしたアプローチでは、膨大な量の脳の回路はほかの脳と関係しているという事実が見過ごされる。私たちはきわめて社会的な生きものである。家族から友人、同僚、ビジネスパートナーにいたるまで、私たちの社会は何層もの複雑な社会的相互作用のうえに築かれている。周囲のいたるところに、築かれては壊れる人間関係、家族のきずな、つきまとうソーシャルネットワーク、取りつかれたような同盟構築が見られる。

この社会的結合はすべて脳内の特定の回路によって生まれる。人を監視し、人とコミュニケーションを取り、人の痛みを感じ、人の意図を判断し、人の感情を読み取る、広大なネットワークである。私たちの社会的スキルは、神経回路に深く根づいていて、この回路に対する理解は、社会神経科学と呼ばれる新しい研究分野の基盤である。

ここで、次のアイテムがどうちがうかを考えてみよう。ウサギ、電車、モンスター、飛行機、子どものオモチャ。ちがうことはちがうが、すべて人気アニメ映画の主人公になりうるものであり、意志をもっていてもなんの違和感もない。とくにほのめかされなくても、見る人の脳はこれらのキャラクターは私たちと同じなのだと思い込むので、私たちはそのとっぴな行動に笑ったり泣いたりすることができる。

人間でないものに意志をもたせるこの傾向のことに顕著なのが、一九四四年に心理学者のフリッツ・ハイダーとマリアンヌ・ジンメルによってつくられた短篇映画だ。二つの単純な図形——三角と円——が一緒に出てきて、互いをクルクル回している。しばらくすると、場面に大きい三角がこっそり現れる。そして小さい三角にぶつかって突っつく。円はそろそろと下がって四角形の建物に入り、扉を閉める。そのあいだに大きい三

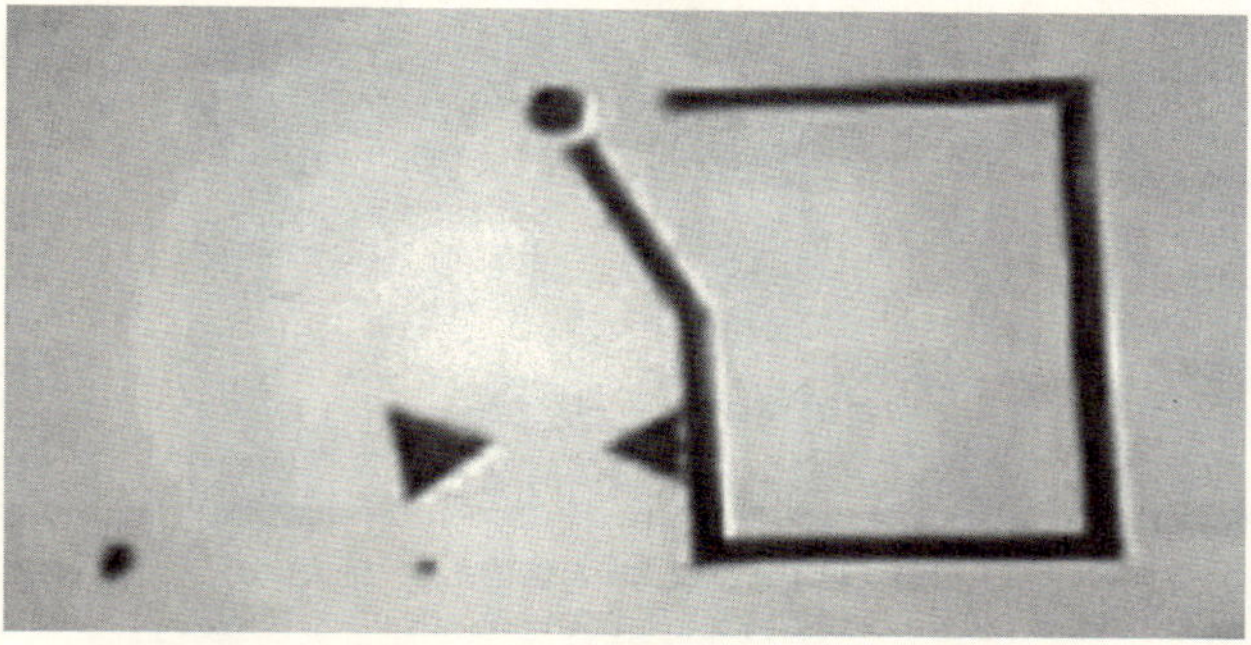

人は図形が動きまわる映像に物語を付与せずにはいられない。

角は小さい三角を場面から追い出す。次に大きい三角は、威嚇するように建物の扉に近づく。そして扉をこじ開け、円に続いてなかに入る。円は必死にほかの逃げ道を探す（が見つからない）。最悪の事態になりそうなところに、小さい三角が帰ってくる。彼が扉を引いて開けると、小さい三角と円は飛び出して小さい三角と再会する。小さい三角と円は力を合わせて扉を閉め、大きい三角を閉じ込める。閉じ込められた大きい三角は、建物の壁に激しくぶつかる。外では小さい三角と円がクルクル回る。

この短篇映画を見た人たちに、見たものを説明するように言ったら、単純な図形が動きまわっていたという答えが予想される。つまるところ、円と二つの三角が位置を変えているだけである。

しかし見た人たちの反応はそうでなかった。彼らが語ったのはラブストーリー、戦い、追跡、勝利。

人形劇が示すように、赤ん坊でさえ、他人の意図について判断を下している。

ハイダーとジンメルはこのアニメーションを使って、私たちがいかにたやすく周囲の何にでも社会的意図を知覚するかを実証したのだ。目に入るのは動いている図形だが、私たちは意味と動機と感情を、すべて社会的な物語というかたちで見ている。物語を与えずにはいられないのだ。大昔から、人は鳥の飛ぶ姿や星の動きや木々の揺れを見ては、それに関する物語を考え出し、鳥や星や木に意志があると解釈してきた。

この種の物語づくりは人間に備わったおかしな癖などではなく、むしろ脳の回路を探る重要な手がかりである。私たちの脳がどの程度社会的相互作用に備えているかが、ここから明らかになる。なにしろ私たちが生き延びられるかどうかは、誰が味方で誰が敵かをすばやく判断できるかどうかにかかっている。私たちはほかの人々の意図を判断することによ

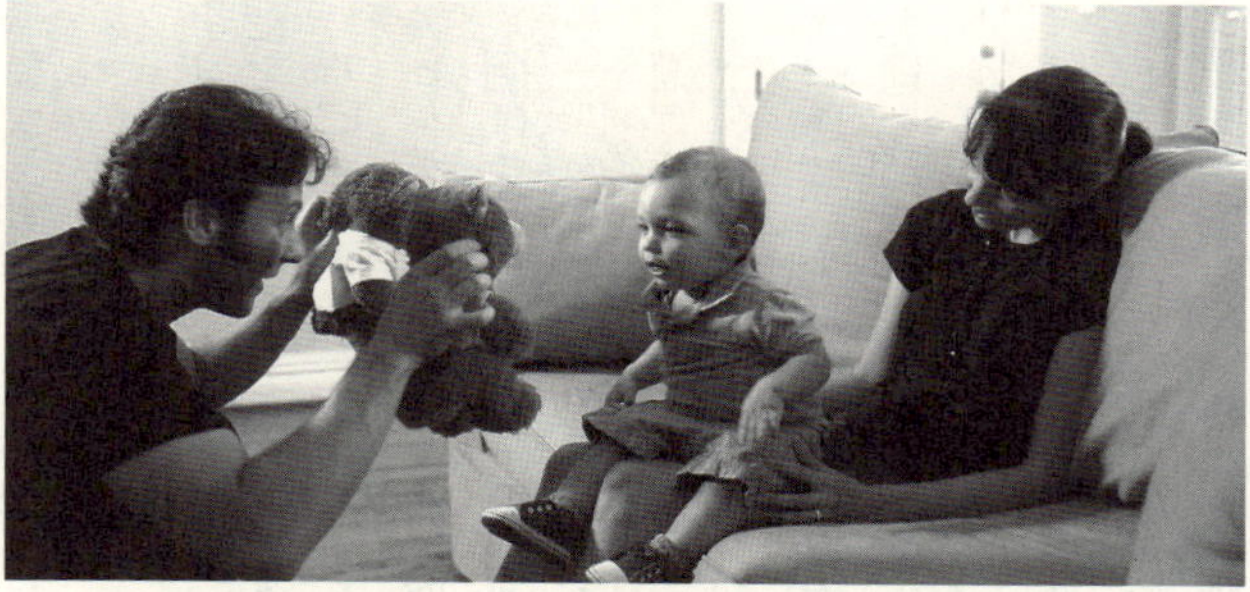

どちらと遊びたいかと訊かれると、赤ん坊は親切なクマのほうを選ぶ。

って、社会をうまく渡っているのだ。彼女は役に立とうとしているのか？　私は彼について心配する必要があるのか？　彼らは私のためを思っているだろうか？

私たちの脳はつねに社会的判断を下している。しかし、私たちはこのスキルを人生経験から学ぶのか、それともそれは生まれつきなのか？　答えを見つけるために、赤ん坊にこのスキルがあるかどうかを調べることが考えられる。エール大学の心理学者カイリー・ハムリン、カレン・ウィン、ポール・ブルームによる実験を再現するために、私は赤ん坊を一人ずつ人形劇に招いた。

赤ん坊は一歳未満で、周囲の世界を探り始めたばかりだ。人生経験は乏しい。母親のひざの上で劇を見る。幕が開くと、一羽のアヒルがオモチャの入った箱を開けようと奮闘している。アヒルはふたをつかもうとするが、うまくつかむことができない。それを色ちがいのシャツを着た二匹のクマが見守っている。しばらくすると、一方のクマがアヒルを助けようと、一緒に箱の側面をつかんで、ふたをこじ開ける。アヒルとクマは一瞬抱きあうが、ふたはまた閉まってしまう。アヒルは再びふたを開けようとする。見ていたもう一匹のクマはふたに体重をかけて、アヒルが成功しないように邪魔する。

劇はこれで全部だ。要するに、セリフのない筋書きで一匹のクマはアヒルを助け、もう一匹のクマは意地悪をする。

幕が下りてから再び開くと、私は見ていた赤ん坊のところに二匹のクマの人形を持って行く。そしてどちらのクマと遊びたいかを選ぶように、身ぶりで赤ん坊に示す。注目すべきは、エール大学の研究者が発見したとおりに、ほぼすべての赤ん坊が親切なクマを選んだことだ。赤ん坊は歩くことも話すこともできないが、すでに他者を判断するツールをもっているのだ。

信頼性の評価は、長年の社会経験をもとにできるようになるものと思われがちだ。しかしこのような単純な実験で、赤ん坊でさえ、世間を渡っていくための社会的感性のアンテナを備えていることが実証されている。誰が信頼できて、誰はできないかを感知するための本能を、脳はもって生まれているのだ。

周囲の微妙な信号

人が成長するにつれ、社会的な問題はより微妙で複雑になっていく。言葉と行動のほかに、声の抑揚、顔の表情、身ぶり手ぶりを解釈しなくてはならない。意識が話している内容に集中しているあいだ、脳の機構は忙しく複雑な情報を処理している。この営みは本能的なものなので、基本的に目に見えない。

ほとんどの場合、何かの真価を理解する最善の方法は、それがないときの世界がどう見えるかを考えることだ。ジョン・ロビソンという男性にとって、社会脳の正常な活動は、成長する過程ではまったく意識しないものだった。彼はほかの子どもたちからいじめられ、拒絶されたが、機械が大好きだった。トラクターと一緒に時間を過ごせたし、トラクターは彼をいじめなかったと話している。「ほかの人と友だちになるより前に、機械と友だちになることを覚えたみたいだ」

やがてジョンは技術好きのおかげで、いじめっ子たちが夢見ることしかできなかった場所に迎えられた。二一歳までにロックバンドのキッスのコンサートスタッフになっていたのだ。しかし、伝説的なロックンロール流の不品行に囲まれていても、彼の物の見

自閉症

自閉症は神経発達障害であり、人口の１パーセントがこの障害をもっている。遺伝と環境両方の原因がその発現の基盤であることは実証されているが、自閉症と診断される人の数は最近増えていて、この増加を説明する証拠はほとんど、というかまったくない。自閉症でない人の場合、脳のさまざまな領域が他人の気持と考えについての社会的手がかりを探すことに関与する。自閉症の場合、この脳活動があまり見られない——これと並行して、社会的スキルが減退している。

方はほかの人とはちがっていた。さまざまなミュージシャンについて、どんなふうかを人に訊かれると、ジョンは彼らが七台つないだサン・コロシアム・ベースアンプをどう使ったか解説して聞かせた。ベースシステムは二二〇〇ワットもあると説明し、このアンプについて詳しく述べたて、クロスオーバー周波数とは何であるかも説明できる。しかし、それを使って歌うミュージシャンについては何も言えない。彼はテクノロジーと装置の世界に生きていたのである。四〇歳でようやく、ジョンは自閉症の一種であるアスペルガー症候群と診断された。

その後、ジョンの人生を変えることが起こった。二〇〇八年、彼はハーバード大学医学部での実験に参加するよう誘われた。アルバロ・パスカル＝レオーネ博士率いるチームが、経頭蓋《けいとうがい》磁気刺激（ＴＭＳ）を使って、脳の一領域の活動が別の領域の活動にどう影響するかを評価していたのだ。ＴＭＳが頭のそばで強い磁気パルスを発し、そのパルスが脳内で微量の電流を生じさせて、一時的に局所的な脳の活動を混乱させる。実験の目的は、自閉症者の脳についての理解を深めることだ。チームはＴＭＳの的《まと》として、ジョンの脳の高次の認知機能にたずさわるさまざまな領域を設定した。最初、ジョンは刺激に効果はないと報告していた。しかしあるとき研究者が、ＴＭＳを背外側前頭前皮質《はいがいそくぜんとうぜんひしつ》、つまり柔軟な思考と抽象化にかかわる領域に当てた。そこは脳の進化の観点からすると

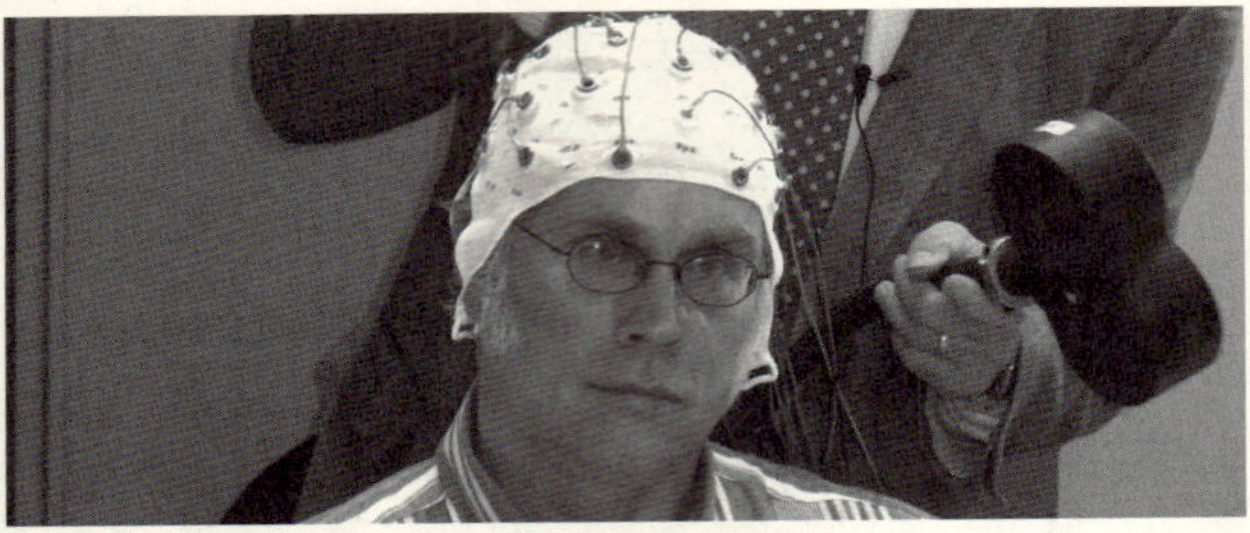

TMS コイルを設置される直前にキャップ式脳波（EEG）電極をかぶるジョン・ロビソン。

新しい部分だ。するとジョンは、自分がどういうわけか変わったと言いだした。

ジョンはパスカル＝レオーネ博士に電話をかけ、刺激の効果が彼のなかの何かを「解放した」ようだと知らせた。ジョンの報告によると、その効果は実験そのものが終わっても続いたという。ジョンにしてみれば、社会に対するまったく新しい窓が開かれたのだ。彼は他人の顔の表情から発せられるメッセージがあることに、まったく気づいていなかったが、実験のあと、そのメッセージがわかるようになった。ジョンにとって世界の経験が一変した。パスカル＝レオーネは懐疑的だった。効果が本物だとしても、TMSの効果が一般に数分から数時間しか続かないことを考えると、長続きしないだろうと思っていた。しかし現在、何が起こったか完全にはわかっていないが、刺激が根本的にジョンを変えたようだとパスカル＝レオーネも認めている。

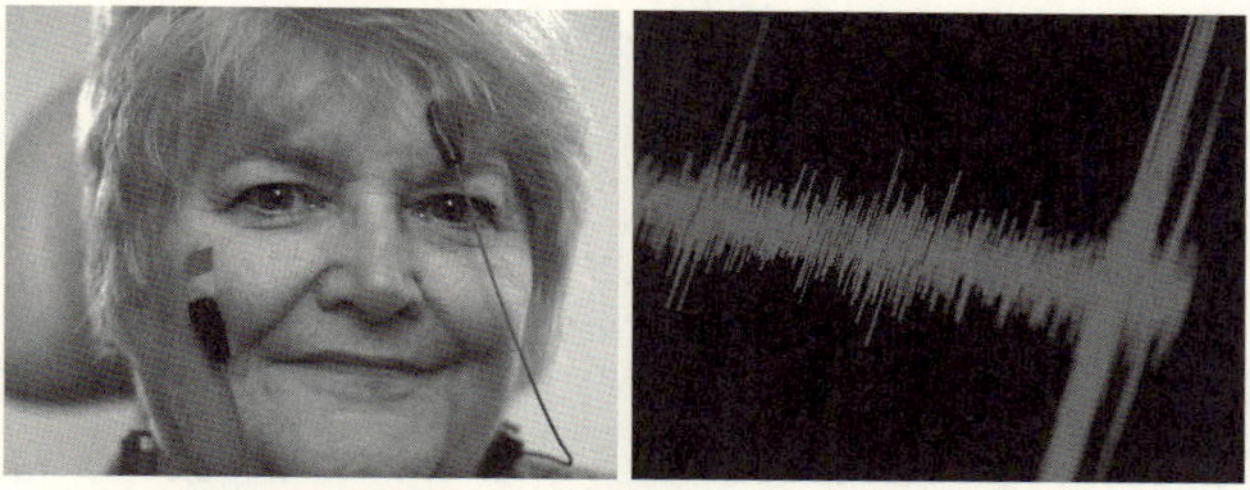

顔筋肉の微細な動きも、筋電図（EMG）で計測できる。

社会におけるジョンの経験は、白黒からフルカラーに変わった。以前は感知できなかったコミュニケーション経路がわかる。ジョンの話は自閉症スペクトラム障害の新しい治療法への希望を語るだけではない。目覚めているあいだの刻一刻、社会的つながりのために頭のなかで稼働している無意識の機構——顔、声、その他の微妙な感覚的手がかりにもとづいて、他人の感情をたえず解読している脳の回路——の重要性をも明かしている。

「人が狂ったような怒りのサインを示すことがあることは知っていました」と彼は言う。「でも、もっと微妙な表情、たとえば私はあなたがやさしいと思うとか、あなたは何を隠しているのだろうと思っているとか、心からそれをやりたいとか、あなたがこれをやってくれたらと願っているとか、そういうことについては、まったくわかっていませんでした」

生きているあいだひっきりなしに、私たちの脳の回路は、顔に出ている非常に微妙な手がかりをもとに、他人の感情を解読する。どうやってそれほど迅速かつ自動的に表情を読み取るのか、よりよく理解するために、私は被験者グループを研究室に招いた。表情のわずかな変化を測定するために、彼らの顔に電極を二個——一方は額、他方は頬に——装着する。そして顔の写真を見てもらった。

被験者が、たとえば笑顔やしかめっ面などの写真を見ると、彼ら自身の顔の筋肉がごく微妙に動いていることを示す、短時間の電気活動を測定することができた。その原因はミラーリングと呼ばれるものにある。彼らは無意識に自分の顔の筋肉を使って、自分が見ている表情をまねたのだ。筋肉の動きはごく小さいので見た目にはよくわからないが、笑顔は笑顔で再現される。そうするつもりはなくても、人は互いをまねする。

このミラーリングは、ある妙な事実の解明に役立つ。長年連れ添っている夫婦は互いに似てきて、結婚生活が長いほどその効果は強い。研究によると、これはたんに同じ服を着たり同じ髪形にしたりするからではなく、長年にわたって互いの顔をミラーリングしてきたために、しわのパターンが同じに見えるようになるのだという。

なぜ私たちはミラーリングをするのだろう？　目的があるのだろうか？　答えを見つけるために、私は第二の被験者グループを研究室に招いた。最初のグループと似ていたが、例外がひとつある。この新たな被験者グループは、地球上で最も致死性の高い毒素

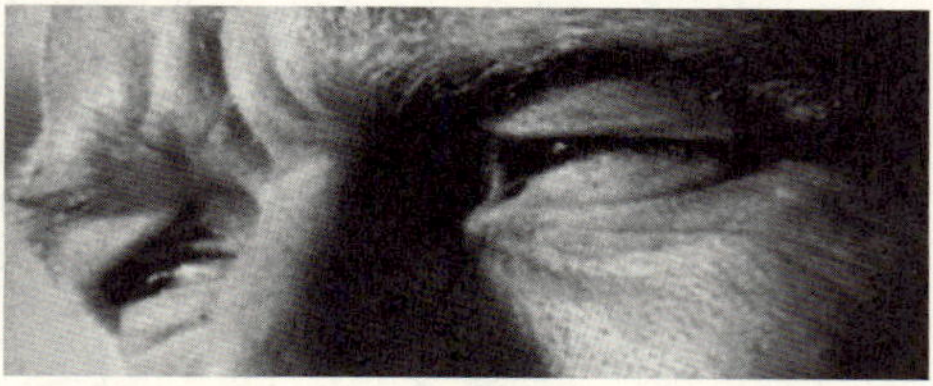

「目の表情を読み取る」テスト（バロン＝コーエンら、2001年）で、被験者は顔の表情の写真を36枚見せられた。それぞれに4つの言葉が添えられている。

にさらされた経験があったのだ。この神経毒をほんの二、三滴でも摂取したら、脳は筋肉に収縮するよう命じられなくなり、麻痺で死亡するだろう（具体的には横隔膜が動かなくなって窒息死する）。その事実を考えると、人がお金を払って自分に注入するなど、ありえないように思える。しかしそうする人がいる。それは細菌から抽出されたボツリヌス毒素であり、一般にボトックスの商品名で販売されている。ボトックスは顔の筋肉に注入されると、それを麻痺させることによって、しわを減らす。

しかしボトックスには、美容上のメリットのほかにあまり知られていない副作用がある。私はボトックス利用者に同じ一連の写真を見せた。彼らの顔の筋肉は、筋電図にあまりミラーリングを示さなかった。これは意外ではない——筋肉が意図的に弱められているのだ。意外だったことはほかにある。もともと二〇一一年にデイヴィッド・ニールとターニャ・チャートランドによって報告されている。彼らの最初の実験と同様、私は両グループ（ボトックスと非ボトックス）の被験者に、顔の表情を見て示されている感情を表すのに最も適した言葉を、四つのなかから選ぶように指示した。

平均すると、ボトックス・グループの人たちのほうが、写真の感情を正確に特定することができなかった。なぜ？　ひとつの仮説はこうだ。顔の筋肉からのフィードバックがないために、他人の顔を読み取る能力が低下した。ボトックス利用者は顔の動きが少ないので、彼らが何を感じているか、わかりにくいのは周知のことである。しかし意外なことに、その同じ凍りついた筋肉のせいで、彼らが他人の顔を読み取れなくなる、ということがありうるのだ。

この結果についてはこう考えられる。私の顔の筋肉は私が感じていることを表し、あなたの神経機構はそれを利用する。あなたは私の感じていることを理解しようとするとき、私の顔の表情をしてみる。あなたにそのつもりはなくて、瞬間的に無意識に起こることだが、この表情の自動ミラーリングのおかげで、あなたは私が感じていそうなことをすばやく推定できる。これはあなたの脳が私をより深く理解し、私がやることについてうまく予測するための効果的な芸当である。そしてそうした芸当はほかにもいろいろ

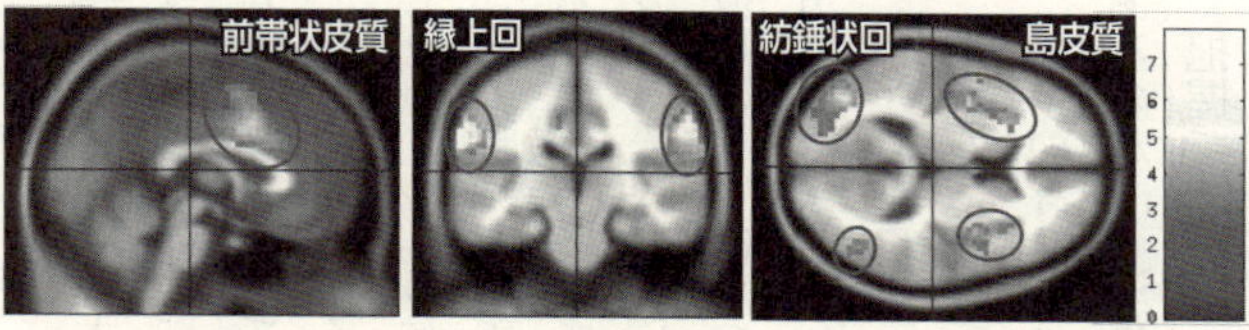

「痛み関連領域」とは、あなたが痛みを感じているときに活性化する領域の呼称である。この領域の大半は、あなたが痛みを感じている他人を見ているときにも活性化する。

あることがわかった。

共感の喜びと悲しみ

私たちが映画を観るのは、愛、悲しみ、冒険、あるいは恐怖の世界に逃げ込むためである。しかしヒーローも悪役も、スクリーン上に二次元で投影される役者にすぎない。それならなぜ、私たちはそんなはかない幻影がどうなるかを気にするのだろう？　なぜ、私たちは映画で泣いたり、笑ったり、息をのんだりするのか？

あなたがなぜ役者のことを気にするのか理解するために、痛みを感じるときに脳内で起こることから始めよう。誰かがあなたの手に注射針を刺すとしよう。痛みは脳内の一カ所だけで処理されるのではない。その出来事は脳のいくつかの異なる領域を活性化し、すべてが協調して働く。このネットワークは痛み関連領域としてまとめられる。

ここからが驚くところだ。痛み関連領域は、他人とのつながり方にとってきわめて重要なのである。誰かが突き刺されるのを見ると、あなたの痛み関連領域の大半が活性化する。実際に自分が触れられたと告げる領域ではなく、痛みを感じる経験にたずさわる領域だ。言い換えれば、誰かが痛がっているのを見るのと、自分が痛いのとで、同じ神経機構を使う。これが共感の基盤である。

他人に共感することは、文字どおりその痛みを感じることだ。自分がその状況にいたらどういうふうになるか、真に迫ったシミュレーションを実行する。それができる能力こそ、映画や小説のような物語が人をのめり込ませ、人類のあらゆる文化に広がっている理由である。まったく知らない人のことであれ、架空の人物のことであれ、あなたは彼らの苦悶、彼らの恍惚を経験する。あなたは自在に彼らになり、彼らの人生を送り、彼らの立場に立つ。あなたは他人が苦しむのを見るとき、それは彼らの問題であって自分のことではないと、自分に言い聞かせようとするかもしれない――が、脳の奥深くのニューロンには、その差がわからない。

神経の話として、他人の痛みを感じるこの生来の能力は、私たちが自分の立場を離れて相手の身になれる理由のひとつである。しかし、そもそもなぜ私たちにはこの能力があるのか？　進化の観点から考えて共感は有益なスキルだ。人が感じていることをうまく把握できたほうが、人が次にやることを正確に予測できる。

とはいえ、共感の正確さには限界があり、多くの場合、私たちはただ自分自身を他人に投影しているだけである。例としてスーザン・スミスを取り上げよう。彼女は南カリフォルニアに住む母親で、一九九四年にカージャックに遭《あ》い、車に乗っていた息子を男に連れ去られたと警察に通報して、国中の同情を集めた。九日間、彼女は全国放送のテレビで息子を救い、返してほしいと懇願した。国中の見知らぬ人たちが助けと支援を申し出た。ところが最終的に、スーザン・スミスは自分の子どもを殺したことを自供した。誰もが彼女のカージャックの話にだまされていたのは、彼女が現実にとった行動が通常の予測の範囲からあまりにかけ離れていたからだ。あとから考えると、彼女の事件には見え透いていることばかりだが、当時はそれが見えにくかった。なぜなら、私たちはふだん他人のことを、自分の立場から自分にできることとの観点で解釈するからだ。

私たちは他人をまねし、他人とつながり、他人を気にかけずにはいられない。なぜなら、生まれつき社会的な生きものだからである。そこで疑問が生じる。私たちの脳は社会的相互作用に依存しているのか？　脳が人間との接触の欠乏を来《きた》したら、どうなるのだろう？

二〇〇九年、平和活動家のサラ・ショードは二人の仲間と、当時は平和だったイラク北部の山をハイキングしていた。彼らは地元民の勧めにしたがって、アフメドアワ滝を

2009 年 7 月 31 日、アメリカ人のジョシュア・ファッタル、サラ・ショード、シェーン・バウアーは、イラン・イラク国境近くの滝をハイキングで訪れたのち、イラン警備兵によって投獄されてしまった。

見に行った。ところがあいにく、この滝はイラクとイランの国境に位置している。三人はイランの国境警備兵に、アメリカ人スパイの嫌疑をかけられて逮捕されてしまう。二人の男性は同じ房に入れられたが、サラは彼らと別に独房に入れられた。それから四一〇日にわたって、一日二回の三〇分間を除いて独房で過ごした。

サラの話によると、

独房監禁されて最初の数週間から数カ月で、動物のような状態まで退行します。つまり、檻のなかの動物になって、ほとんどの時間をうろうろ歩きまわって過ごすのです。その動物のような状態がやがて、植物のような状態に変わります。頭の働きが鈍くなって、同じことを繰り返し考えるようになるのです。脳が自閉的になって、最悪の痛みや最悪の苦しみを引き起こします。私は人生のあらゆる瞬間を追体験しましたが、やがて思い出すことがなくなります。それほど何度もすべてを自分に語りかけるのです。そうなるのにあまり長い時間はかかりません。

社会からの遮断はサラの心に深い痛みを引き起こした。相互作用なしでは脳は病んでしまう。独房監禁は多くの法域で違法であり、それはまさしく、人間の生活にとってとくに重要な要素をはぎ取ることで生じるダメージを、監視者が昔から認めてきたからにほかならない。その要素とは、他者との交流なのだ。世間との接触が欠乏したサラは、急速に幻覚状態に入っていった。

日の光が窓から特定の時刻に一定の角度で入ってきます。そして房内の細かいほこりの粒子すべてが日光に照らされます。私にはそのほこりの粒子すべてが、地球を占有している人間に見えました。彼らは生命の流れのなかにいて、交流し、互いに跳ね返りあっています。共同で何かをしていました。自分は隅っこに引きこもっているように思いました。生命の流れの外にいるのです。

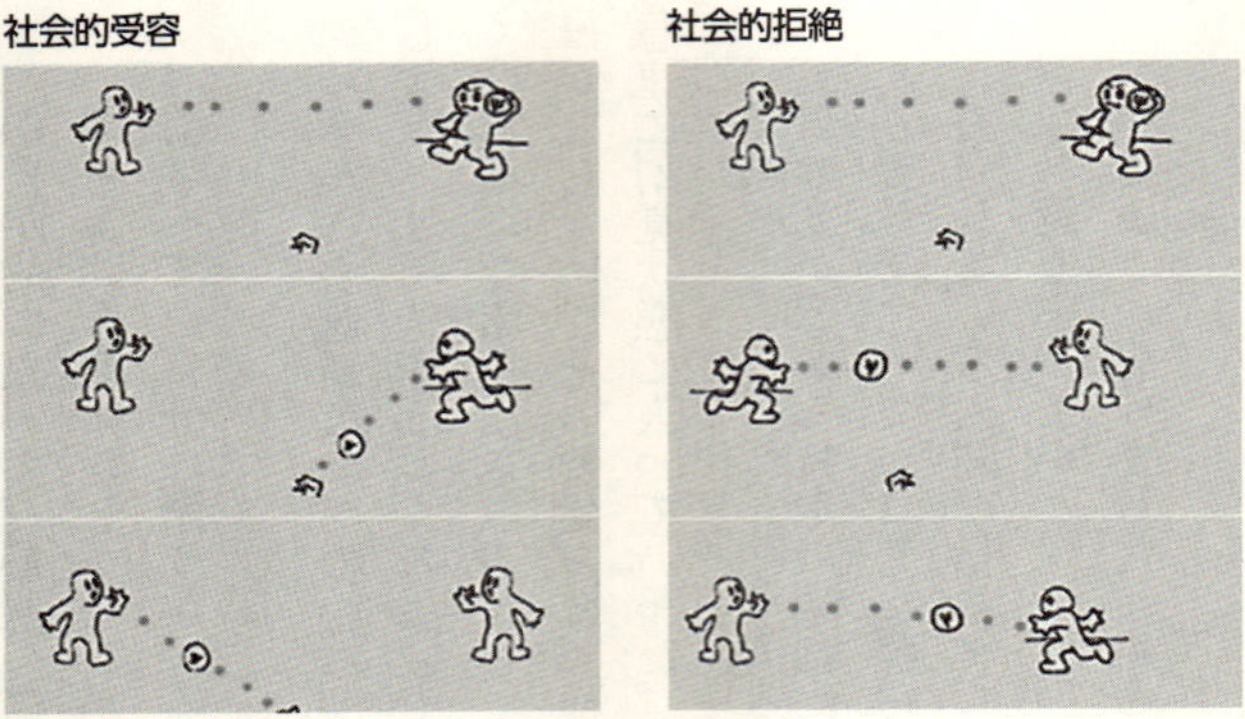

社会的拒絶というシナリオにもとづく実験で、１人の被験者にはボールが回ってこない。

二〇一〇年九月、一年以上監禁されたすえに、サラは解放されて世間にもどることを許された。しかしその出来事のトラウマが残り、彼女は鬱病にかかり、パニックを起こしやすくなった。翌年、一緒にハイキングをした仲間の一人、シェーン・バウアーと結婚した。自分とシェーンは互いになだめあうことができるが、楽でないこともある、と彼女は話している。二人とも心に傷を負っているのだ。

哲学者のマルティン・ハイデガーによると、人の「存在」を語るのは難しく、私たちは一般に「世界内存在」だという。これは、周囲の世界があなたの人となりの大きな部分を占めていることを強調する、ハイデガー流の表現なのだ。自己は孤立状態では存在しない。

科学者や臨床医は独房監禁されている人が

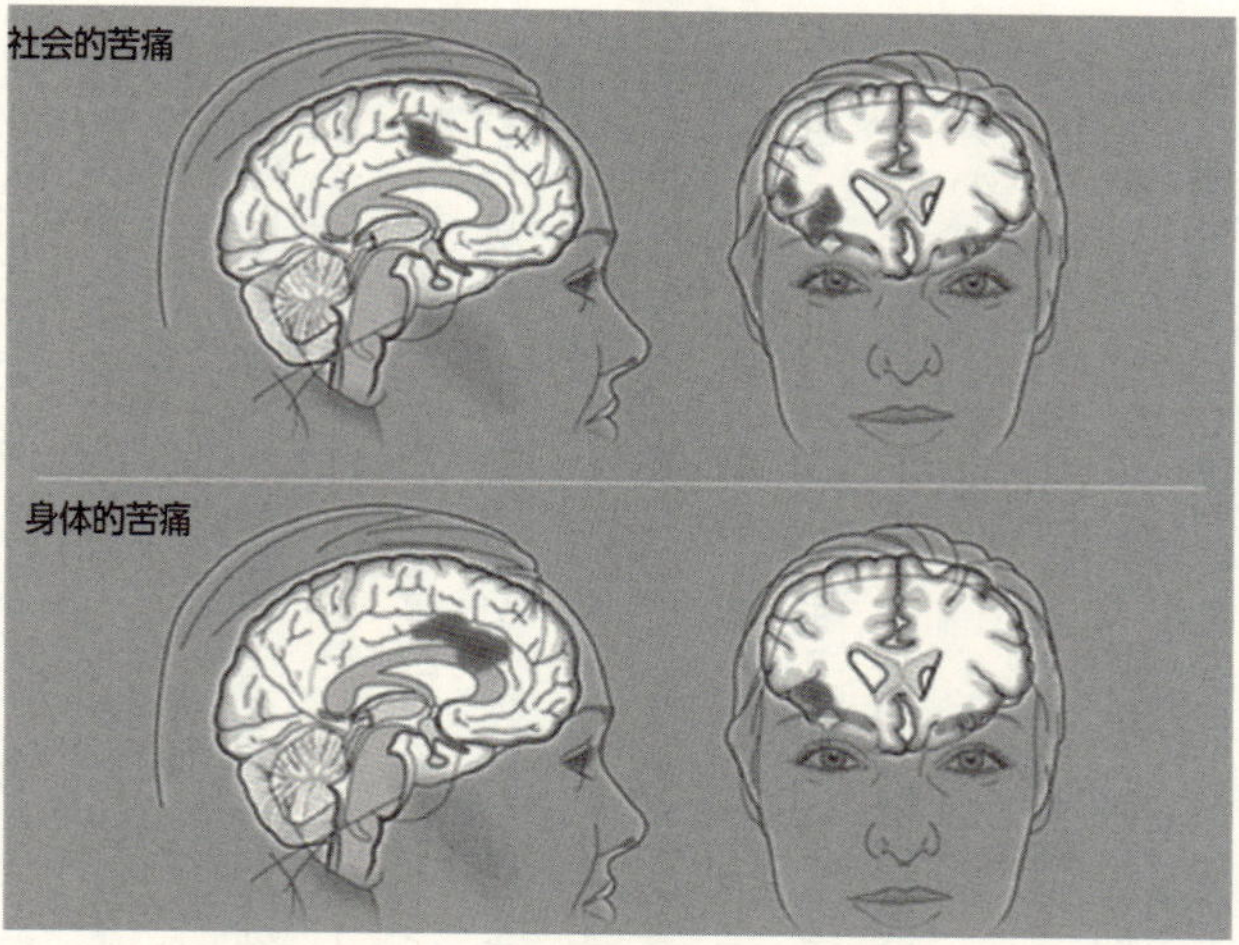

拒絶されることで生じるような社会的苦痛は、身体的苦痛と同じ脳領域を活性化する。

どうなるかを観察することはできるが、それを直接研究するのは難しい。しかし、神経科学者のナオミ・アイゼンバーガーによる実験で、もう少し穏やかな条件、つまり集団から排除されたとき、脳で起こることを理解できる。

ほかの二人とボールを投げあっていて、途中で自分だけがゲームからはずされるところを想像してほしい。あなたをのけ者にして、ほかの二人だけで投げあっているのだ。アイゼンバーガーの実験はその単純なシナリオにもとづいている。彼女は有志の被験者に、アニメのキャラクターがほかのプレーヤー二人とボールを投げて回す単純なコンピューターゲームをやらせた。被験者は、ほかのプレーヤーは二人のほかの人間にコントロールされていると思い込まされたが、実際にはそれもコンピューターゲームの一部である。最初、ほかのプレーヤーはきちんとプレーしていた——が、しばらくすると、被験者をゲームから締め出して、二人で投げあうだけになる。

アイゼンバーガーは被験者を脳スキャナー（機能的磁気共鳴断層撮影装置、fMRI——第4章参照）のなかに寝かせて、そこでこのゲームをやらせた。そして注目すべきことを発見した。被験者がゲームからはずされると、痛み関連領域が活性化するのだ。ボールが回ってこないのは取るに足らないことに思えるかもしれないが、脳にとって社会的拒絶はとても重要なので、文字どおり痛みを与える。

なぜ、拒絶は痛みを与えるのだろう？　おそらく、これは社会的きずなが進化上重要であることの証《あかし》だろう。つまり痛みは、他者との交流や他者による受容へと私たちを導くメカニズムなのである。生来の神経機構は、私たちを他者とのきずな形成に向かわせる。グループづくりを促す。

これで私たちを取り囲む社会が浮き彫りになる。人間はいたるところでつねに集団を形成するのだ。家族、友情、仕事、生活様式、スポーツチーム、宗教、文化、肌の色、言語、趣味、そして政治信条のつながりによって結びつく。そのおかげで集団に所属すえる心地よさを感じられる――そしてその事実が、人類史について決定的な手がかりを与える。

適者生存を超えて

人類の進化について考えるとき、適者生存の概念はみんなが知っている。種《しゅ》のほかのメンバーにけんかや競走や配偶者争いで勝てる、強くて策略に富む個体のイメージが頭に浮かぶ。言い換えれば、成長して生き残るためには、優れた競争者でなくてはならない。このモデルには説得力があるが、私たちの行動に説明のつかない要素が残る。利他的行為を考えてみよう。適者生存は、人が互いに助けあう理由をどう説明するだろう？最も強い個体が選ばれるという考えでは論じられないようなので、理論家は「血縁淘汰」という新たな考えを導入した。これはつまり、私は自分を大切にするだけでなく、遺伝物質を共有している他者、たとえば兄弟姉妹やいとこのことも気にかけるということだ。進化生物学者のJ・B・S・ホールデンが皮肉って述べたように、「私はきょうだい二人、あるいはいとこ八人を救うためなら、喜んで川に飛び込むだろう」

ところが、血縁淘汰でも人間の行動のあらゆる側面を説明するには十分でない。なぜなら、人は血縁関係の有無にかかわらず、集まって協力する。その見解が「集団淘汰」

という考えにつながる。考え方はこうだ。集団が協力する人々だけで構成されていれば、そのおかげで集団内の全員がいっそう幸せになる。隣人とあまり協力的でない人より協力的な人のほうが、概して暮らし向きがいい。集団のメンバーは一丸となって生き残るために助けあえる。そのほうが安全で、生産性も高く、難題をうまく克服できる。この他者ときずなを結ぼうとする欲求は真社会性と呼ばれ、それが血縁の有無にかかわりなく緊密で絶対的な一体感を生み、そのおかげで部族、集団、そして国家が築かれる。個体の淘汰が起こらないということではなく、個体の淘汰では全体像が描けないということだ。人間はだいたいにおいて競争心があって個人主義だが、集団の利益のために協力している時間がかなりあるのも事実だ。そのおかげで人間の集団は地球のあちこちで繁栄し、社会と文明を築くことができた。これはどんな適者でも孤立していてはやってのけられなかった偉業だ。本当の進歩は、永続的な結合になる連帯があってはじめて可能であり、私たちの真社会性は現代世界の豊かさと複雑さを生みだした主要因のひとつである。

そういうわけで、一緒になって集団をつくる欲求は、生存のための強みになる——が、負の側面もある。あらゆる内集団には外集団が少なくともひとつはあるはずだ。

外集団

内集団と外集団を理解することは、人類の歴史を理解するためにきわめて重要だ。地球のいたるところで繰り返し、人々の集団がほかの集団に、無防備で直接の脅威にはならない集団にさえ、暴力をふるっている。一九一五年には、オスマントルコによる一〇〇万人以上のアルメニア人の組織的殺害があった。一九三七年の南京事件では、日本軍が中国に侵攻し、非武装の民間人含め十数万人以上を殺害した。一九九四年、ルワンダのフツ族が一〇〇日間で八〇万人のツチ族を、おもに山刀《マチェーテ》で殺した。

私はこのことを、歴史学者の公平な目では見ていない。わが家の家系図を見ると、ほとんどの枝が一九四〇年代初期に突然終わっていることがわかる。ユダヤ人だからという理由で、スケープゴートの外集団としてナチスによる大虐殺の歯牙《しが》にかかり、殺されたのだ。

ホロコーストのあと、ヨーロッパは習慣のように「二度と繰り返さない」と誓うようになった。しかし五〇年後、大虐殺は再び起こった――一〇〇〇キロほど離れたユーゴスラビアでのことだ。ユーゴスラビア紛争中の一九九二年から九五年にかけて、一〇万人を超えるイスラム教徒がセルビア人に虐殺され、その暴力行為は「民族浄化」と呼ばれるようになった。紛争中の最悪の出来事のひとつは、スレブレニツァで起こっている。

国連平和維持軍駐留地に避難した何千というムスリム系ボスニア難民を見張るオランダ軍兵士。オランダ軍兵士が避難民を包囲する軍勢の前へ追い出したあとに起こった大虐殺で、ハサン・ヌハノヴィッチは家族を失った。

一〇日間で八〇〇〇人のムスリム系ボスニア人——ボシュニャク人と呼ばれる——が銃殺されたのだ。彼らはスレブレニツァが軍に包囲されたあと、国連平和維持軍の駐留地内に逃げ込んでいたが、一九九五年七月一一日、国連の指揮官が難民全員を駐留地から追い出し、門のすぐ外で待っている敵の手に渡した。女性はレイプされ、男性は処刑され、子どもさえも殺された。

私は何が起きたかを理解するためにサラエボに飛び、そこでハサン・ヌハノヴィッチという背の高い中年男性と話す機会があった。ムスリム系ボスニア人のハサンは、国連の通訳として駐留地で働いていた。彼の家族も難民と一緒にそこにいたが、駐留地の外に追い出されて死亡し、彼だけが通訳として役に立

ハサンの家族はスレブレニツァのこの墓地に葬られている。毎年新たな遺体が見つかり、身元が確認され、ここに運ばれる。

つからとどまることを許された。彼の母親、父親、そして弟もその日に殺されている。とくに彼の頭から離れないのはこのことだ。「打ち続く殺害や拷問は、私たちの隣人、つまり何十年も一緒に暮らしていた人たちによって実行されたのです。彼らは学校の友だちを殺すこともできました」

正常な社会的相互作用が崩壊する様子の例として、彼はセルビア人がボシュニャク人の歯科医をとらえたときのことを話してくれた。彼らは街灯の柱に彼を腕からつり下げ、背骨が折れるまで金属棒でなぐった。ハサンの話では、歯科医がそこにつり下げられていた三日間、セルビア人の子どもたちは通学途中に彼の遺体のそばを歩いていたという。「普遍的な価値というものがあって、それはごく基本的なこと、殺すなかれ、です。一九九二年四月、この『殺すなかれ』が突然消えました――そして『行って殺せ』になったのです」

どうして人間の相互作用にそのような危険な変化が起こるのだろう？　どうして真社会的な種と両立しうるのか？　なぜ、大虐殺は地球のいたるところで起こり続けるのか？　従来、私たちは戦争や虐殺を歴史と経済学と政治学に照らして考察してきた。しかし全体像をつかむためには、それを神経の作用として理解する必要もあると、私は確信している。ふつうなら、隣人を殺すのは非道だと感じられる。では、どうして突然、何十万という人々がその非道をできるようになるのか？　脳の正常な社会機能をショートさせる状況とは何なのだろう？

公平性の差

正常な社会的機能の停止を実験室で研究することはできるのか？　私はそれを知るための実験を考案した。

最初の疑問は単純だった。誰かに対する基本的な共感は、その人が自分の内集団にいるか外集団にいるかで変わるのか？

被験者には脳スキャナーに入ってもらう。そして画面上で六本の手を見せる。コンピ

E 症候群

どうして別の人を傷つけることへの情緒反応が弱くなるのだろう？　神経外科医のイツハク・フリードは、世界中の暴力事件を見渡すと、どこでも態度に同じ特徴が見つかると指摘する。人々は正常な脳機能から特定の行動へと切り替えるかのようだ。内科医が肺炎にともなう咳と熱を調べられるのと同じように、暴力的な状況での加害者を特徴づける態度を探して特定できる、と彼は主張した――そしてそれを「E 症候群」と名づけている。フリードの見方では、E 症候群の特徴は情緒反応の低下であり、そのせいで人は暴力行為を繰り返せる。過覚醒も症状のひとつで、ドイツ人は「ラウシュ」と呼ぶ――そのような行為におよぶときの興奮状態である。この症候群は集団伝染する。つまり誰もがやっているので、流行して広まるのだ。区分化も起こるので、人は自分の家族を大切にして、なおかつ他人の家族には暴力を働く場合がある。

神経科学の観点から見た重要な手がかりは、言語や記憶や問題解決のような、ほかの脳機能は無事であることだ。つまり脳全体の変化ではなく、感情と共感に関与する領域だけが変わっている。まるで回路がショートしたようなもので、その領域が意思決定に関与しなくなっている。その代わりに加害者の選択を支えるのは、脳のなかの論理と記憶と推理などの基礎になる部分で、他人の立場になるとどうかを感情的に検討するネットワークは働かない。フリードの意見では、これは良心の離脱と同じである。人はもはや、正常な状況下で社会的意思決定の舵取りをする感情システムを使っていないのだ。

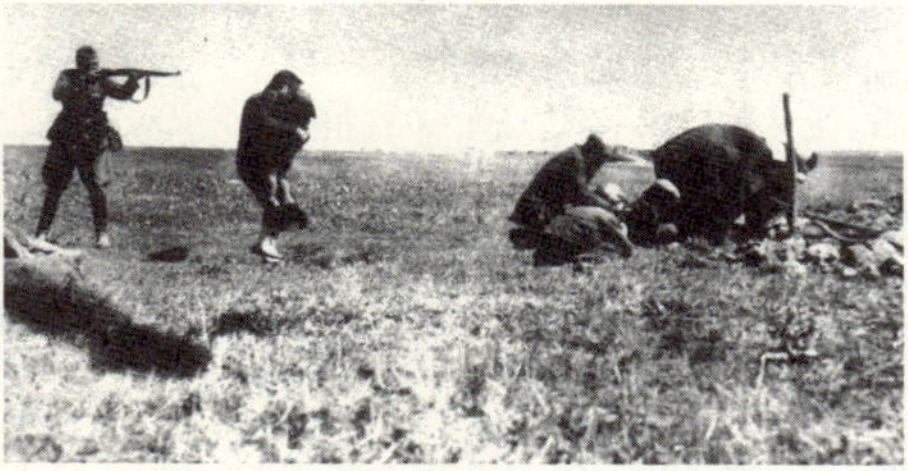

ナチスによるホロコーストを捉えたこの写真では、子どもをかかえている女性に兵士が銃を向けている。

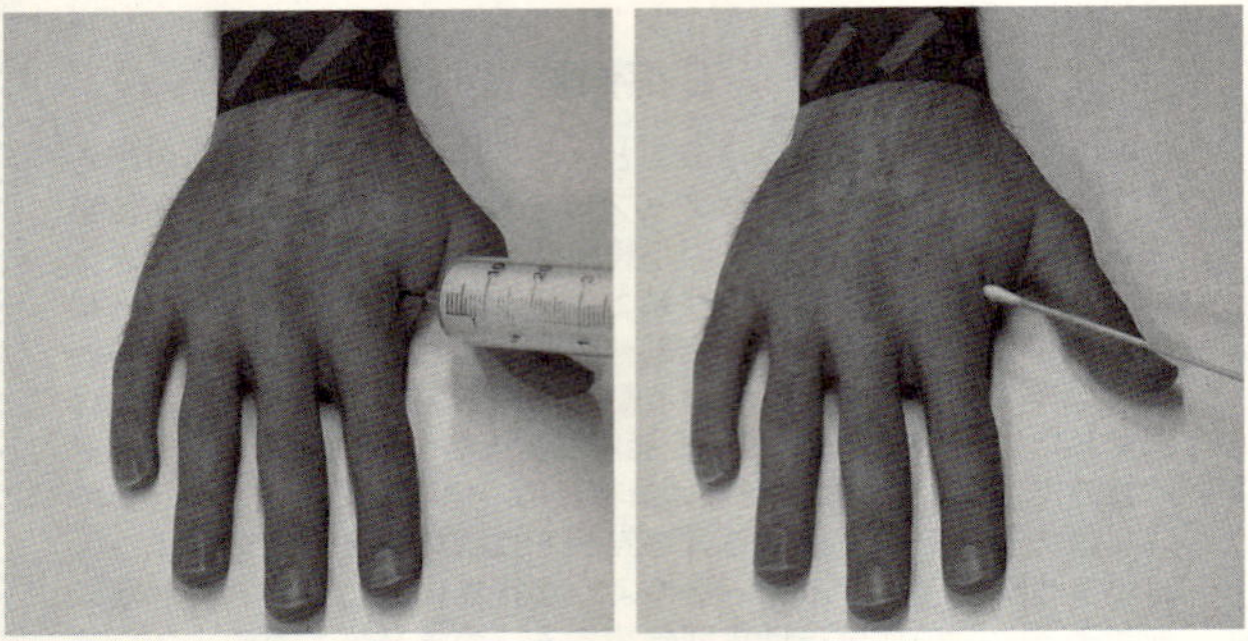

脳スキャンを受ける被験者には、人の手に注射針が刺される映像と、手に綿棒が触れる映像とが見せられた。

ューターがランダムにそのうちの一本を選ぶ。次にその手が画面中央に拡大され、被験者はそれに綿棒が触れるところ、または注射針が刺されるところを見る。この二つの行為は、視覚系にはほぼ同じ活動を起こすが、脳のほかの領域にはまったく異なる反応を起こす。

先ほど話したように、痛みを感じる人を見ると、自分自身の痛み関連領域が活性化する。それが共感の基本だ。そこで、共感についての疑問を次の段階に引き上げることができる。いったんこの基本条件を確立したら、ごく単純な変更を加えるのだ。画面上に現れるのは同じ六本の手だが、今度はそれぞれにラベルが貼られている。キリスト教徒、ユダヤ教徒、無神論者、イスラム教徒、ヒンズー教徒、サイエントロジスト。ランダムに一本の手が選ばれ、画面中央で拡大し、それに綿棒が

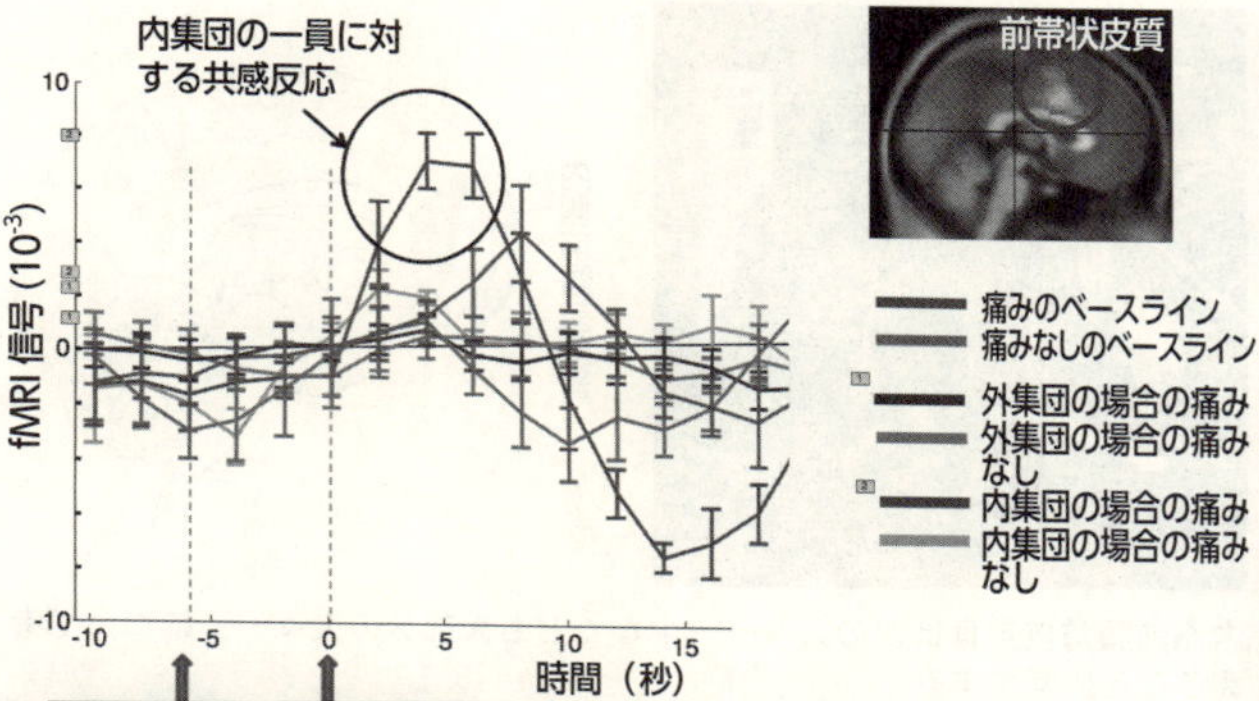

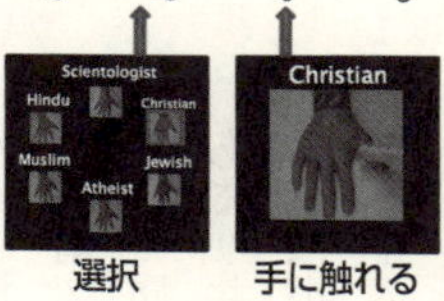

この被験者が自分の内集団の一員が痛みを感じている様子を見ると、前帯状皮質に大きな神経反応が見られた。痛みを感じているのが外集団の一員の場合、ほとんど反応が見られなかった。

触れる、または注射針が刺される。実験での疑問はこうだ。あなたの脳は、外集団のメンバーが傷つけられるのを見ているときも、同じくらい気にかけるのか？

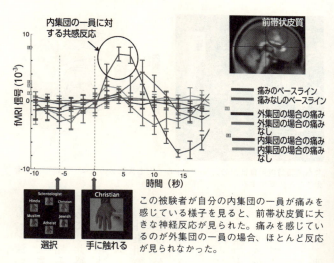

かなり個人差はあったが平均すると、人の脳は自分の内集団の人が痛い思いをするのを見ると大きな共感反応を示し、外集団のメンバーの場合はあまり反応しなかった。たった一言のラベルだったことを考えると、とりわけこの結果は注目に値する。集団の一員になるのに必要なものはごくわずかなのだ。

基本的分類だけでも、痛みを感じている他人に対する前意識の反応は変わる。人は宗教間の対立について意見をもっているかもしれないが、ここで注目すべき、

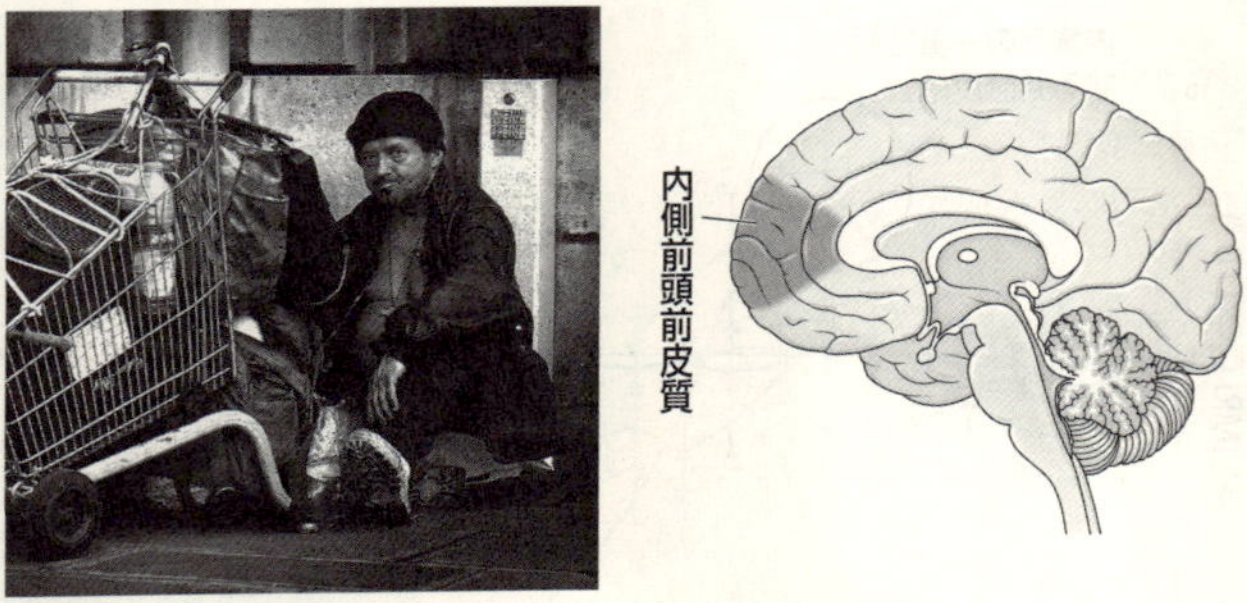

内側前頭前皮質はほかの人々――少なくとも大部分の人々――について考えることに関与する。

もっと深いポイントがある。私たちの研究では、無神論者でさえも「無神論者」というラベルが貼られた手の痛みに大きな反応を示し、ほかのラベルにはあまり共感反応を示さなかった。したがって、この結果は根本的に宗教の問題ではない――あなたがどのチームに属しているかの問題なのだ。

外集団のメンバーに対して感じられる共感が低いことはわかる。しかし、暴力や大虐殺のようなものを理解するためには、もう一歩掘り下げて、「非人間化」という心の作用を考察する必要がある。

どうしてそうしたものが生じうるかの理解に近づく一連の実験を、オランダのライデン大学のラサナ・ハリスが実行している。ハリスは脳の社会的ネットワーク、とくに内側前頭前皮《ないそくぜんとうぜんひ》質《しつ》（ｍＰＦＣ）の変化を調べている。この領域は、他人と交流しているときや、他人のことを考えているときに活性化する

──が、コーヒーマグのような無生物を扱っているときには活動しない。

ハリスは被験者にさまざまな社会集団の人、たとえばホームレスや麻薬中毒者などの写真を見せた。そしてわかったのは、ホームレスを見るときにはｍＰＦＣがあまり活動しないことである。人が物体であるかのようだ。

彼の説によると、人はホームレスを仲間の人間として見るシステムをシャットダウンすることによって、お金をあげないことに感じる気まずさの不愉快なプレッシャーを経験しなくてすむ。つまり、ホームレスは非人間化されるのだ。脳は彼らを人間のようにではなく物体のように見ている。意外ではないが、人は彼らに思いやりをもって接する可能性が低い。ハリスはこう説明している。「人を人間としてきちんと識別しなければ、人間のためのものである道徳的ルールは当てはまらない」

非人間化は大虐殺のカギとなる要素だ。ナチスがユダヤ人を人間以下と見なしたように、旧ユーゴスラビアのセルビア人はイスラム教徒をそのように見ていた。

私はサラエボにいたとき、メインストリートを歩いた。戦争中、そこはスナイパーズ通りと呼ばれるようになった。周囲の傾斜地や近隣の建物にうずくまるライフル銃兵によって、民間の男女と子どもたちが殺されたからだ。この通りは、戦争の恐ろしさの最も強烈なシンボルになった。どうしてふつうの町の通りがそんなことになるのか？

この戦争はほかのあらゆる戦争と同様、効果的な神経操作によってあおられた。何世紀にもわたって実践されてきたもの、すなわちプロパガンダである。ユーゴスラビア紛争のあいだ、主要報道機関のセルビア・ラジオ・テレビはセルビア人政府に支配され、たえずゆがめられたニュースを事実として伝えていた。そしてムスリム系ボスニア人とクロアチア人が民族的動機でセルビア人を攻撃しているという報道をでっち上げた。つねにボスニア人とクロアチア人を悪者扱いし、イスラム教徒を表現するのにネガティブな言葉を使う。これはその突拍子のなさの極端なケースだが、イスラム教徒がセルビア人の子どもをサラエボ動物園のおなかをすかせたライオンに食べさせているという、根も葉もない話が放送されたこともある。

大虐殺が起こりうるのは、非人間化が大規模に広まるときだけであり、そのためにうってつけのツールがプロパガンダである。他者を理解する神経ネットワークにぴったり照準を合わせ、共感のレベルを下げる。

これまで、私たちの脳が政治的意図によって操られ、他者の人間性を否定する可能性があり、それが人間の行動の暗黒面につながりかねないことを見てきた。しかし、それを防ぐために脳をプログラムすることは可能なのか？　ひとつ可能性のある解決策は、一九六〇年代に実験室ではなく学校で行なわれた実験に見られる。

一九六八年、公民権運動の指導者マーティン・ルーサー・キングが暗殺された翌日のことだった。アイオワ州の小さな町の教師ジェーン・エリオットが、クラスの生徒に偏見とはどういうことかを実地で教えることにした。ジェーンはクラスに、肌の色で判断されるのはどんな感じか知っているか、と尋ねた。生徒たちはだいたい知っていると考えた。しかし彼女は確信がなかったので、のちに有名になった実験を始めた。まず、青い目の人は「この教室でより優れた人」だと告げた。

ジェーン・エリオット「茶色い目の人は水飲み器を使えません。紙コップを使わなくてはいけません。茶色い目の人は校庭で青い目の人と遊んではいけません。なぜなら、青い目の人ほど優秀ではないからです。この教室の茶色い目の人は、今日、襟をつけます。遠くからでも目の色がわかるようにね。一二七ページを開いてください。……みんな用意できた？　ローリー以外はみんなできましたね。ローリー、いい？」

子ども「彼女は茶色い目です」

ジェーン「彼女は茶色い目です。みなさんは今日、茶色い目の人を待つのにかなり時間を無駄にすることに気づくようになりますよ」

しばらくして、ジェーンが物差しを探してあたりを見回すと、二人の少年が声を上げた。レックスは物差しがある場所を彼女に教え、レイモンドは助け船を出すように言う。「ねえ、エリオット先生、物差しを先生の机の上に置いておくほうがいいですよ。茶色の人たち、茶色の目の人たちが手に負えなくなったときのために」

私は最近、いまでは大人になったその二人の少年、レックス・コザックとレイモンド・ハンセンとじっくり話をした。二人とも青い目だ。その日の自分の行動がどんなだったか覚えているか、と尋ねると、レイはこう言った。「私は友だちにものすごく意地悪でした。人より上に立ちたいがために、茶色い目の友だちをわざわざいじめました」。当時、自分の髪は完璧にブロンドで、目は真っ青で、「完璧な小さいナチでした。ほんの数分前、数時間前にはとても親しかった友だちに、意地悪をする方法を探したのです」と回想している。

翌日、ジェーンは実験の条件をひっくり返した。クラスに次のように告げている。

「茶色い目の人は襟をはずしていいですよ。そしてその襟を、青い目の人につけてください。茶色い目の人は休み時間を五分余計にもらえます。青い目の人はどんなときも校庭の遊具を使ってはいけません。青い目の人は茶色い目の人と遊べません。茶色い目の人のほうが青い目の人より優秀なんです」

レックスはその逆転がどんなふうだったか話してくれた。「世界を取り上げられて、打ち砕かれるのです。そんなふうに世界を打ち砕かれた経験などありません」。下に見られる集団にいたとき、レイは人格も自己もすっかり失った気がして、自分がまったくの能なしに思えた。

私たちが人間として学ぶ最も重要なことのひとつは、他者視点の取得である。そしてふつうは子どもがそれをきちんと練習をすることはない。他人の立場に立つのはどういうものかを思い知らされると、それで新たな認識経路が開ける。エリオット先生による教室での演習のあと、レックスは人種差別的発言に対して気を配るようになった。自分の父親に「それは適切じゃないよ」と言ったことを覚えている。レックスはその瞬間をなつかしく思い出す。それで認められたように感じ、自分が人として変わり始めたとわかった。

青い目と茶色い目の演習の素晴らしいところは、ジェーン・エリオットがどちらの集団が上になるかを切り替えたところだ。そのおかげで子どもたちは大きな教訓を学べた。

すなわち、ルール体系は恣意《しい》的だということだ。世のなかの真実は一定不変ではなく、もっと言えば真実ともかぎらないことを、子どもたちは学んだ。この演習は子どもたちに、政治的意図のまやかしを見破り、自分自身の意見をもつ力を与えた。それはまちがいなく、子どもたち全員に身につけてほしいスキルである。

教育は大虐殺を防ぐのに重要な役割を果たす。内集団と外集団を形成したいという神経の欲求――そしてこの欲求をプロパガンダであおる計略――が理解されないかぎり、大規模な残虐行為を生む非人間化への道を断ち切ることは望めない。

このデジタル・ハイパーリンクの時代、人間どうしのリンクを理解することはかつてないほど重要である。人間の脳は根本的に相互作用するように生まれついている。私たちは見事なほど社会的な種である。私たちの社会的欲求は操られることもあるかもしれないが、それでも人間のサクセスストーリーの中心に堂々と鎮座している。

自分は皮膚を境に終わっていると、あなたは思っているかもしれないが、あなたの終わりと周囲の人たちの始まりを区別する方法はないと感じられる。あなたのニューロンと地球上のあらゆる人々のニューロンは、巨大な変化するスーパー生命体のなかで相互作用している。私たちがあなたとして定めているものは、大きなネットワークのなかのネットワークにすぎない。人類の明るい未来を望むなら、人間の脳がどうやって相互作用するかを研究し続ける必要がある——その危険と機会の両方を。なぜなら、私たちの脳の配線に刻み込まれた真実を避けることはできないから。私たちは互いに互いを必要としているのだ。

第６章
私たちは何ものになるのか？

人間の体は複雑さと美しさの最高傑作、40 兆個の細胞が呼応して奏でる交響曲である。とはいえ、限界はある。あなたが経験できることには感覚が境界線を引く。あなたが実行できることには体が制限をかける。しかし、もし脳が新しい種類の入力データを理解でき、新しい種類の手足をコントロールできたらどうだろう？　私たちの生きる現実世界が広がるのでは？　人類の歴史はいま、生物学とテクノロジーの融合によって脳の限界が超越される瞬間にある。私たちは未来への針路を決めるために、自分自身のハードウェアをハッキングできる。それによって人間であることの意味が根本的に変わろうとしている。

人類はこれまで一〇万年にわたって長い旅をしてきた。動物の食べ残しで生き延びる原始的な狩猟採集民から、地球を征服して互いに密につながり合い、みずからの運命をみずから決定する種《しゅ》へと発展した。現代人は祖先が夢にも思わなかったことを日常的に経験している。もしそう望むなら、洞窟は美しく飾られ、そこにきれいな川を引き込むことができる。小石サイズの装置に世界中の知識が入っている。定期的に宇宙から雲や地球の曲面を見下ろす。地球の反対側に八〇ミリ秒でメッセージを送り、宙に浮かぶ宇宙ステーションに毎秒六〇メガビットでファイルをアップロードする。ただ職場へ車を走らせるという日常的な場面でさえ、私たちはチーターのような生物界の最高傑作を超えるスピードで移動する。人類が圧倒的な成功を収めているのは、頭蓋骨の内側に納まっている一三〇〇グラムの物質の特別な性質のおかげだ。

人間の脳の何が、この旅を可能にしたのだろう？　私たちの業績に隠された秘密を理解できれば、ひょっとすると、注意深く意図的に脳の力を導いて、人間の物語に新たな一章を開くことができるかもしれない。これからの一〇〇〇年で私たちはどうなるのだろう？　遠い将来、人類はどうなっているのだろう？

柔軟な計算装置

私たちの成功——と未来のチャンス——を理解するためのカギは、脳の可塑性《かそせい》と呼ばれる驚異的な調整能力である。第2章で見たように、この性質のおかげで私たちはどんな環境に放り込まれても、その土地の言語、その土地の環境圧力、その土地の文化的要求など、生き残るのに必要なその土地の事情をすぐに理解できる。

脳の可塑性は、私たちの未来にとってのカギでもある。なぜなら、私たち自身のハードウェアに改良を加える道を開くからだ。手始めに、脳がどれだけ柔軟な計算装置かを理解しよう。キャメロン・モットという幼い少女の例を取り上げる。彼女は四歳のとき、激しい発作を起こすようになった。ひどい発作で突然床に倒れるので、いつもヘルメットをかぶっていなくてはならない。まもなく彼女はラスムッセン脳炎と呼ばれる、まれ

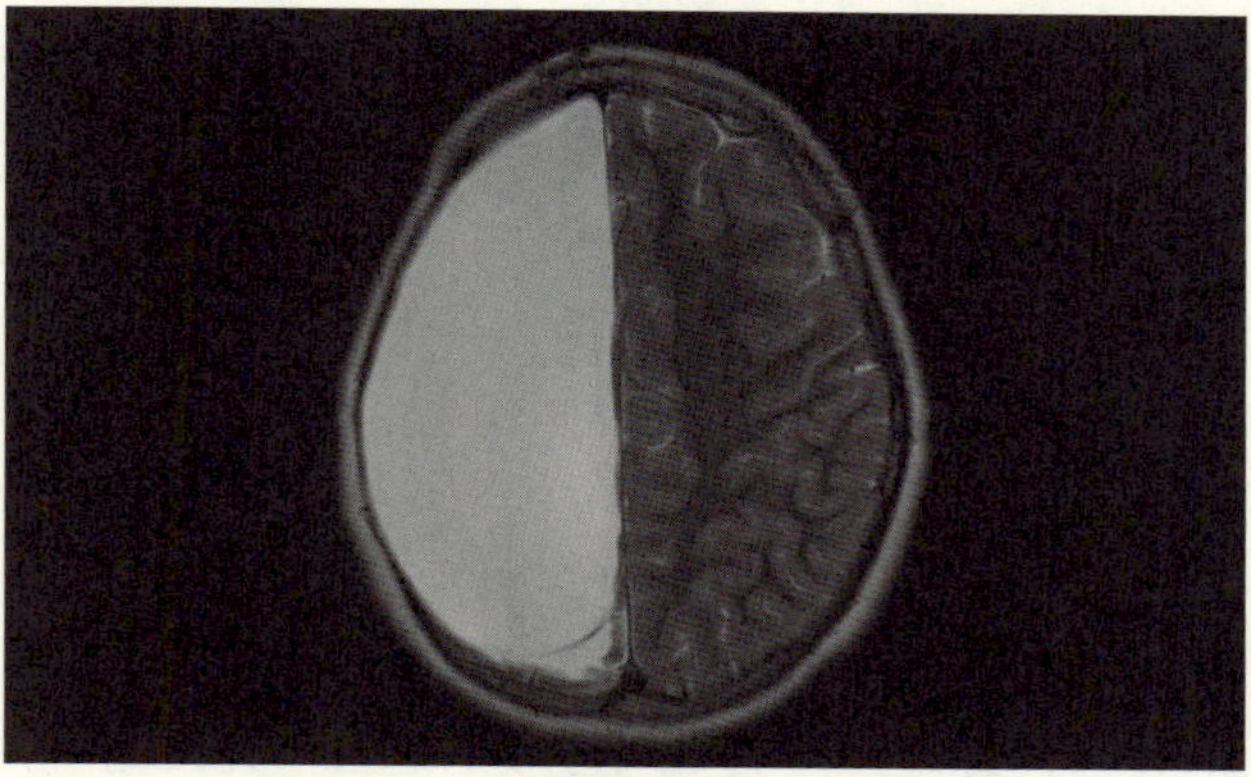

このキャメロンの脳のスキャン画像で、空白部分は脳の半分が取り去られた跡である。

な消耗性の病気だと診断された。担当の神経科医は、この種の脳炎が麻痺につながり、やがて死に至ることを知っていたので、思い切った手術を勧めた。二〇〇七年、神経外科医チームがおよそ一二時間の手術のすえ、キャメロンの脳の半分を完全に取り除いた。

脳の半分を切除したことの長期的な影響はどうだったのか？　結局、その影響は驚くほど小さかった。キャメロンは体の片側が弱いが、それ以外はクラスのほかの子どもたちと基本的には区別がつかない。言語、音楽、数学、物語を問題なく理解できる。成績もよくて、スポーツにも参加する。

どうしてこんなことが可能なのだろう？キャメロンの脳の半分がまったく必要なか

ったわけではない。脳の残り半分が失われた機能を引き受けるべくダイナミックに配線をし直し、基本的にすべての働きが脳の半分のスペースに押し込まれたのだ。キャメロンの回復は脳の驚異的な能力をはっきり示している。脳は手近にある入力、出力、そして課題に適応するため、みずからの配線をやり直す。

ことほど左様に、脳はデジタルコンピューターのハードウェアと根本的にちがう。「ライブウェア」なのだ。自分自身の回路を再設定する。成人の脳は子どもの脳ほど柔軟ではないが、それでも順応して変化する驚異的な能力を保っている。これまでの章で見てきたように、私たちが新しいことを学ぶたびに、それがロンドンの地図であれ、カップを重ねる技であれ、脳はみずからを変える。脳のこの特性——脳の可塑性——こそが、テクノロジーと生物学の新たな融合を可能にする。

周辺装置にプラグイン

マシンを体に直接つなぐ技術は着実に向上している。あなたは気づかないかもしれないが、現在、人工の聴覚や人工の視覚を身につけて歩いている人が何十万人といる。

人工内耳と呼ばれる装置によって、外部マイクロホンが音声信号をデジタル化し、聴覚神経に送る。同様に、人工網膜はカメラからの信号をデジタル化し、目の後ろの視神

人工の聴覚と視覚

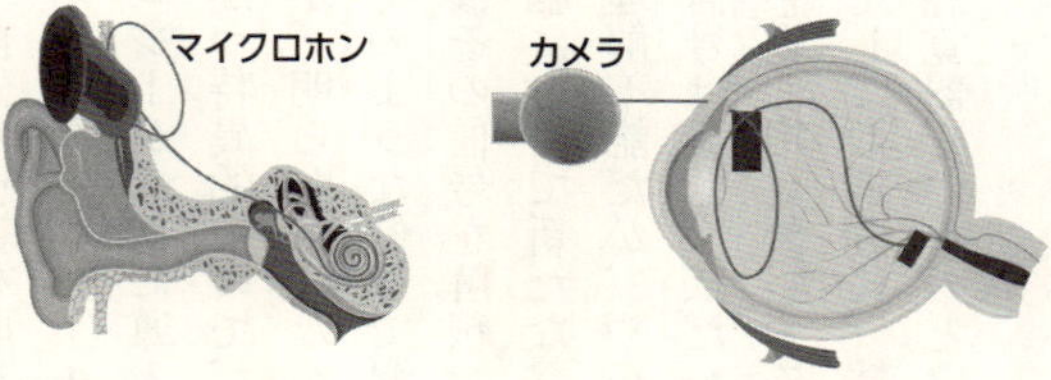

人工内耳は耳の生物学的障害を迂回して、音声信号を直接、損傷を受けていない聴覚神経に供給する。聴覚神経は、電気インパルスを解読する聴覚皮質まで送る脳のデータケーブルである。人工内耳は外界から音声を拾い、16個のごく小さな電極を用いて聴覚神経に伝える。しかしすぐに聞こえるようにはならない。脳に供給される信号はなじみのない方言なので、人はその解釈を覚えなくてはならない。人工内耳を移植されたマイケル・コロストは、自分の経験を次のように語っている。

「手術の1カ月後、装置が起動したとき、最初に耳にした文は『ズズズズズ、スズズ、スズヴィズズ、アー、ブルフズズズズズ？』というように聞こえた。その耳慣れない信号をどう解釈するか、私の脳は少しずつ学んでいった。まもなく『ズズズズズ、スズズ、スズヴィズズ、アー、ブルフズズズズズ？』は『朝食に何を食べましたか？』になった。何カ月も訓練したあとには、また電話を使えるようになったし、騒がしいバーやカフェテリアでも会話できるようになった」

人工網膜も同じ原理で働く。人工網膜の小さな電極が、正常に機能する光受容体細胞層の代わりに、電気活動の小さなスパークを送り出す。この人工網膜はおもに、目の奥にある光受容体細胞が衰えているが、視神経細胞は健康な状態を保っている目の病気で使われる。人工網膜によって送られる信号は厳密には視覚系が慣れているものとちがっても、下流のプロセスは視覚に必要な情報を抽出できるようになる。

経につながれているグリッド電極に送る。世界中の聴覚および視覚障害者はこのような装置で自分の感覚を取りもどせる。

そのようなアプローチがうまくいくと、前々からわかっていたわけではない。このテクノロジーが最初に導入されたとき、多くの研究者は懐疑的だった。脳の配線は非常に正確かつ特異的なので、金属の電極と生物学的細胞のあいだに有意義な対話が成立しうるのか、明らかではなかった。脳は大ざっぱな非生物的信号を理解できるのか、それとも、そのような信号で混乱してしまうのか？

脳はその信号を解釈できるようになることがわかった。こういう人工器官に慣れるのは、脳にとって新たな言語を学ぶのに似ていないこともない。初めのうち異質の電気信号は理解不能だが、やがて神経ネットワークは入ってくるデータのパターンを抽出する。入力信号は大ざっぱだが、脳はそれを理解する方法を見つける。パターンを探して、ほかの感覚と相互参照するのだ。入ってくるデータに構造があるなら、脳はそれを探り出す。そして数週間後、情報が意味をもつようになる。人工の器官が送ってくる信号は生得の感覚器官のものとは少しちがうが、脳は得られる情報で間に合わせる方法を見つけ出す。

プラグ・アンド・プレイ──超感覚的未来

脳の可塑性は新たな入力データの解釈を可能にする。それで感覚にとってのどんなチャンスが開《ひら》けるのか？

私たちは基本的感覚の標準セットをもって生まれる。聴覚、触覚、視覚、嗅覚、味覚、さらにバランスや振動、温度のような感覚もある。私たちがもっているセンサーは、環境から信号を拾い上げるための入口である。

しかし第1章で見たように、これらの感覚によって私たちが経験できるのは、周囲の世界のごく一部にすぎない。私たちにセンサーのない情報源はいっさい探知できない。

感覚の入口はプラグ・アンド・プレイの周辺装置である、と私は考えている。重要なのは、脳はデータがどこから来ているかを知らず、気にもしないことだ。どんな情報が入って来ても、脳はそれをどう処置すべきか考え出す。この視点から私は、脳は汎用《はんよう》の計算装置であると考えている。何であれ入力されるものをもとに作動する。母なる自然は脳の作動原理をいちど考え出すだけでよかったということだ。そのあとは自由に、新しい入力チャネルの設計をあれこれ研究することができた。

結果として、私たちが知っていて愛着を抱いているセンサーはすべて、交換できる装置にすぎない。そうした装置を差し込んだら、脳は仕事に取りかかることができる。この視点から考えると、進化は脳をひっきりなしに再設計する必要はなく、周辺装置さえ再設計すれば、脳がその利用方法を考え出す。

動物界を見渡せば、動物の脳によって利用されている周辺センサーが信じられないほどいろいろ見つかる。ヘビには熱センサーがある。グリーン・ナイフフィッシュには局所的な電場の変化を解釈するための電気センサーがある。ウシや鳥は体内に磁鉄鉱をもっていて、それを使って地球の磁場に対する自分の向きを確認できる。動物は紫外線でものが見える。ゾウにははるか遠くの音が聞こえ、イヌは多種多様なにおいを感じている。自然淘汰のるつぼは究極のハッカースペースであり、ここに挙げたのは、遺伝子が考え出した外界から内面へとデータを導く方法の一部にすぎない。最終的に進化は、さまざまな切り分けられた現実を経験できる脳を構築したのである。

私が強調したいのは、私たちが使い慣れているセンサーには特別な意味や根本的な意味はないかもしれない、ということだ。それは進化を抑制されてきた複雑な過去から、私たちが受け継いだものにすぎない。私たちはそれに縛られているわけではない。

こうした考え方を原理的に裏づける証拠としては、感覚代行と呼ばれるものがある。これは触覚を通じての視覚のように、ふつうでない経路で感覚情報を供給することを指す。脳はその情報をどうすべきか考え出す。なぜなら、脳はデータがどうやって入って来たかを気にしないからだ。

感覚代行はSF小説のように聞こえるかもしれないが、実際にはすでにしっかり確立されている。最初の実例は一九六九年に《ネイチャー》誌で発表された。その論文で神経学者のポール・バキリタは、目の見えない被験者が――視覚情報がふつうとちがう方法で供給されても――物を「見る」ことができるようになると実証した。目の見えない人が改造された歯科医のイスにすわる。そのイスでは、カメラからの映像が腰を押す小さなピストンのパターンに変換される。つまり、カメラの前に円を置くと、被験者は腰に円を感じる。カメラの前に顔を置くと、被験者は腰に顔を感じる。驚いたことに、目の見えない人はその対象を解釈できるようになり、近づいてくる対象のサイズが大きくなるのも感じられた。彼らは少なくともある意味で、腰で見ることができるようになったのだ。

これが感覚代行の最初の例であり、そのあと続々と発表された。最近ではこのアプローチが、映像データを音声ストリームや、額または舌への一連の軽いショックに変換するやり方としても具体化されている。

舌へのショックの一例として、ブレインポートと呼ばれる切手サイズの装置がある。この装置は舌の上に取りつけた小さな格子《グリッド》経由で、ごく軽い電気ショックを舌に与える。

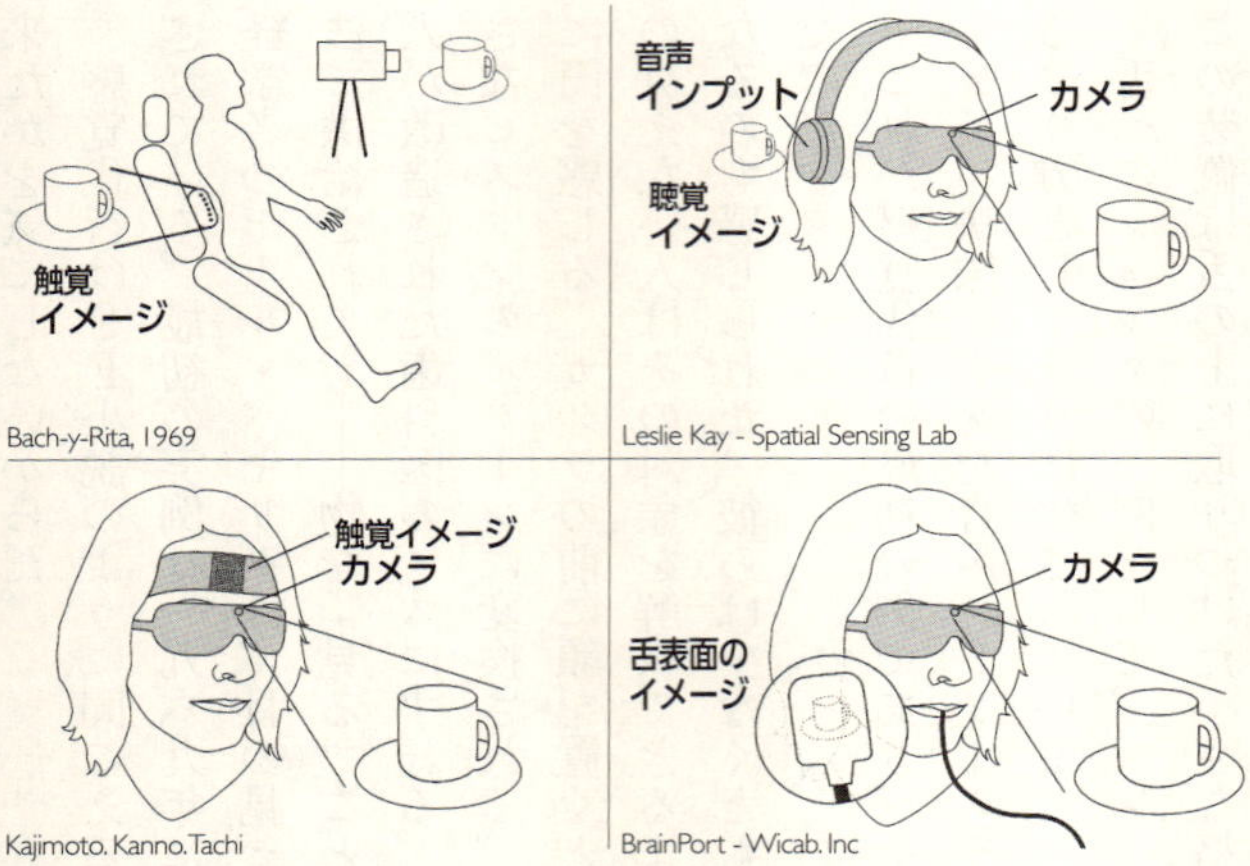

通常ルートとは違った感覚チャネルを通じて視覚情報を脳に送り込む４つの方法。腰部経由、耳経由、額経由、舌経由。

目の見えない被験者は小型カメラを搭載したサングラスをかける。カメラのピクセルが舌の上の電気パルスに変換され、炭酸飲料のパチパチのように感じられる。視覚障害の人たちはブレインポートを非常にうまく使いこなせるようになって、障害物コースをうまく通り抜けたり、ボールをバスケットに投げ入れたりできるようになる。盲目のアスリート、エリック・ヴァイエンマイヤーは、ブレインポートを使ってロッククライミングをする。舌の上のパターンによって岩の角《かど》や割れ目を判断するのだ。

舌で「見る」というのがおかしく思えるなら、視覚とはあなたの頭蓋骨の暗闇へと電気信号が流れ込むことにすぎないという事実を思い返していただきたい。通常これは視神経を経由して起こるが、ほかの神経を通って情報が流れられない理由はない。感覚代行が実証しているように、脳はどんなものでも入ってくるデータを取り込み、それをどう利用できるかを考え出す。

私の研究室には、感覚代行を可能にするためのプラットフォームの構築を行なうプロジェクトもある。具体的には、「多様な超感覚変換器（Variable Extra-Sensory Transducer)」略してＶＥＳＴと呼ばれる、ウェアラブル技術を構築している。服の下に目立たないように装着されるＶＥＳＴは、ごく小さな振動モーターで覆われている。このモーターはデータストリームを胴体に伝わるダイナミックな振動パターンに変換する。私たちはＶＥＳＴを用いて耳の聞こえない人に聴覚を与える。

生まれつき耳の聞こえない人が、ＶＥＳＴを使いはじめて約五日後、話されている言葉を正確に特定できる。実験はまだ初期段階だが、ＶＥＳＴを装着して数ヵ月後には、ユーザーは直接的な知覚経験——本質的に聴覚と同等の経験——をするようになると期待している。

胴体に伝わる振動の動きのパターンで耳が聞こえるようになるなど、奇妙に思えるかもしれない。しかし歯科医のイスや舌のグリッドの場合と同じように、秘訣はこうだ。

VEST

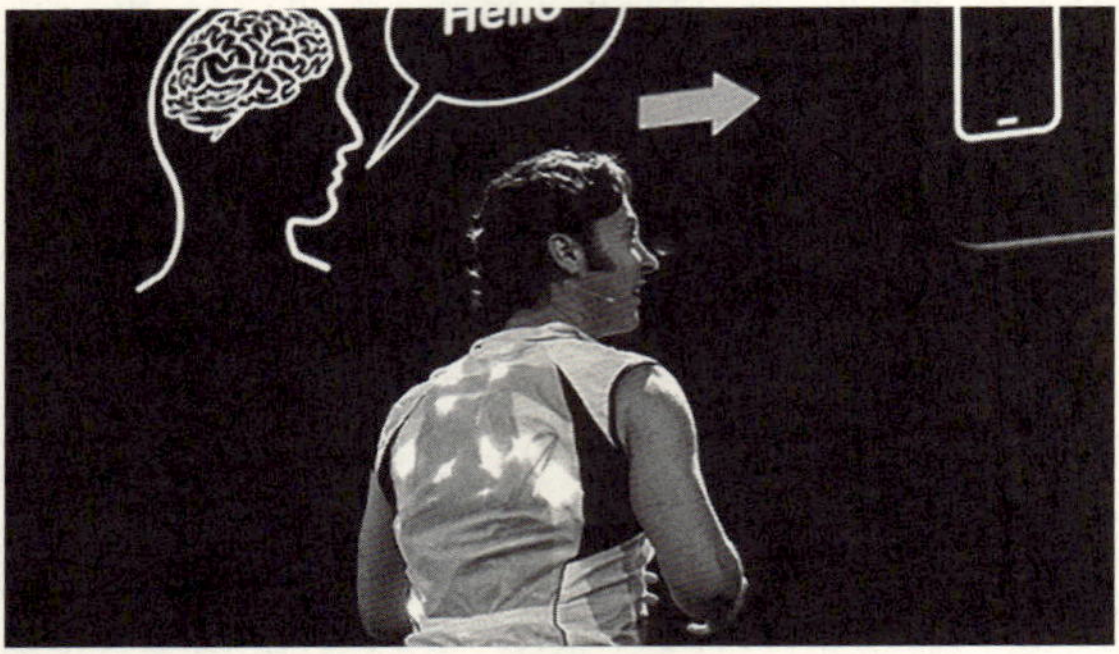

聴覚障害者に感覚代行を提供するため、教え子の大学院生スコット・ノヴィッチと私は VEST を構築した。このウェアラブル技術は、周囲からの音をとらえて、胴体全体を覆っている小さな振動モーターにマッピングする。モーターは音の周波数にしたがったパターンで動く。こうして音は動く振動パターンになる。

最初、振動信号はなんの意味もなさない。しかし十分に訓練すると、脳はそのデータをどうすべきか考え出す。耳の聞こえない人たちは、胴体に伝わる複雑なパターンを翻訳して、話しかけられた言葉の意味がわかるようになる。脳は無意識にパターンを解読する方法を見つけ出す。目の見えない人たちが難なく点字を読めるようになるのと同じやり方だ。

VEST は聴覚障害者コミュニティに大変革をもたらす可能性がある。人工内耳とちがって侵襲的《しんしゅうてき》手術は必要ない。さらにコストは 20 分の 1 以下なので、世界的な解決策になりえる。

さらなる展望として、VEST は音だけでなくあらゆる種類の情報ストリーミングを、脳に伝えるプラットフォームの役割を果たせるだろう。

作動中の VEST の映像を eagleman.com で見てほしい。

脳は情報を得られるかぎり、どうやって得るかを気にしない。

感覚拡張

感覚代行は壊れた感覚システムを迂回するのに最適だ――が、この技術を感覚代行に限ることなく、私たちの感覚リストを増やすのに使えたらどうだろう？　それを目標として、私は教え子たちとともに現在、もっと広く世界を体験できるように、人間の能力の範囲に新しい感覚を加えようとしている。

つまりこういうことだ。インターネットは何千兆バイトもの興味深いデータの流れだが、私たちがその情報にアクセスするには、スマートフォンかコンピューターの画面を見つめるしかない。あなたの体のなかにリアルタイムにデータが流れ込んできて、あなたの直接経験の一部になるようにできたらどうだろう？　つまり、データを感じることができたらどうだろう？　天気データ、株式取引データ、ツイッターのデータ、飛行機のコックピットのデータ、工場の状況についてのデータ――すべてが新しい振動言語としてコード化され、それを脳が理解するようになる。日課をいつもどおり行ないながら、あなたは一五〇キロ離れたところで雨が降っているかどうか、明日雪が降るかどうか、直接知覚できるのだ。あるいは無意識に世界経済の動向を割り出して、株式市場がどうなるかについて勘が働く。あるいはツイッター界がどういう傾向にあるかを感じ取り、そうして人類の意識に入り込める。

SF小説のように聞こえるが、この未来はそれほど遠くない。すべては、本人が努力していなくてもパターンを抽出できる、脳の能力のおかげだ。それがあってこそ、私たちは複雑なデータを取り込み、感覚経験に統合できる。このページを読むように、新しいデータストリームの吸収もたやすく感じられるようになる。しかし読むのとはちがって、感覚が追加されれば、意識して関心を向けなくても、世界についての新しい情報を獲得できる。

いまのところ、脳が取り込めるデータの種類の制限はわからない――制限があるかどうかも。しかし私たちはもはや、進化の長い時間尺度で感覚適応を待たなくてはならない、自然のままの種でないことは明白だ。未来へと進むうちに、私たちは自分自身の感覚の入口を設計するようになるだろう。私たちはみずからを、拡張された感覚的現実へと配線するのだ。

よりよい体を手に入れる

どうやって世界を感じるかは話の半分にすぎない。もう半分は、どうやって世界と相

ジャンの脳における電気信号が解読され、その指令に従ってロボットアームが動く。彼女の思考を通じて、アームはしかるべきところへ伸び、指はスムーズに曲げ伸ばされ、手首は折れたり回ったりできる。

互作用するか、である。脳の柔軟性を利用して、私たち自身の感覚を改良しはじめているのと同じように、世界に手を伸ばして接触する方法も改良できないだろうか？

ジャン・シュールマンを紹介しよう。脊髄小脳疾患と呼ばれるまれな遺伝病のせいで、彼女の脳と筋肉をつないでいる脊髄神経が劣化している。自分の体を感じることはできるが、動かすことができない。彼女の説明によると「脳は腕に『持ち上がれ』と言っているのに、腕は『あなたの言うことは聞こえない』と言っている」。そんな全身麻痺は、ピッツバーグ大学医学部での新しい研究の対象にぴったりだった。

研究者は彼女の左運動皮質に二個の電極を埋め込んだ。そこは脳の信号が腕の筋肉を制御するために脊髄を下りていく前の最後の停留所である。皮質内の電気信号の嵐がモニターされ、意図を理解するべくコンピューターで翻訳され、その出力データによって世界最先端のロボットアームが制御される。

ジャンがロボットアームを動かしたいとき、彼女はそれを動かそうと考えるだけでいい。アームを動かすとき、ジャンは第三者として話しかけるのが常だ。「上がれ。下がれ、下に、下に。右に行って。つかむ。放して」。アームはぴったりのタイミングでそのとおりにする。彼女は命令を声に出して言っているが、そうする必要はない。彼女の脳とアームのあいだは物理的に直接つながっている。ジャンの報告によると、彼女の脳は一〇年間も腕を動かしていなかったが、その動かし方を忘れていなかったという。

「自転車に乗るようなものね」

ジャンの熟達ぶりは、私たちが将来的にテクノロジーを使って自分たちの体を強化・拡張し、手足や器官を交換するだけでなく、改良できることも暗示している。つまり手足や器官を人間特有の脆弱《ぜいじゃく》なものから、もっと頑丈なものにするのだ。彼女のロボットアームは、私たちがもって生まれる皮膚と筋肉ともろい骨より、はるかに強くて長持ちする装置を制御できる、生体工学時代到来の最初の兆しにすぎない。何よりも、私たちの繊細な体では適応できない宇宙旅行への新たな可能性が開《ひら》ける。

先進のブレイン・マシン（脳と機械の）・インターフェース技術は、手足の代用だけでなく、もっと奇想天外な可能性も示唆する。あなたの体がそれとわからないものにまで拡張するところを想像しよう。手始めはこうだ。脳の信号で部屋の向こうにあるマシンをワイヤレスで制御できたらどうだろう？　運動皮質を使って思考制御の掃除機をコントロールしているあいだ、同時にメールに返信するところを想像してほしい。一見、実現不可能に思えるかもしれないが、脳はバックグラウンドで仕事を実行することに長《た》けていて、意識の処理能力という意味では、あまり多くを必要としないことを思い出してほしい。あなたはどれだけ楽々と、車を運転しながら同時に同乗者と話をして、しかもラジオのつまみをいじることができるか、考えてみてほしい。

適切なブレイン・マシン・インターフェースとワイヤレス技術があれば、遠くにあるクレーンやフォークリフトのような大きな装置を、考えることによってワイヤレスでコントロールできない理由はない。上の空でもスコップで地面を掘ったり、ギターを弾いたりできるのと同じだ。これをうまくやる能力は感覚のフィードバックによって向上する。フィードバックは視覚的に行なわれる（マシンがどう動くかを見る）こともあれば、体性感覚皮質にデータがもどされることによって行なわれる（マシンがどう動くかを感じる）場合もある。そのような手足の制御には訓練が必要で、最初はぎごちない。赤ん坊が自分の腕や脚を細かくコントロールできるようになるには数カ月、せっせと振り回す必要があるのと同じだ。やがてそのようなマシンが、桁外れに強いとか、油圧式であるなど、特別な手足になる。自分の腕や脚のように感じられるようになる。もう一本の手足、つまり自分自身の延長になる。

脳が組み込めるようになれる信号の種類にどんな理論的制限があるのか、私たちにはわからない。私たちが望むどんな種類の物理的な体も、どんな種類の世界との相互作用も、可能かもしれない。あなたの延長が地球の裏側の仕事を引き受けたり、あなたが地球上でサンドイッチを食べているあいだに、月の石を採掘したりすることができない理由はない。

私たちがもって生まれる体は、じつは人間性の出発点にすぎない。遠い将来、私たちは物理的な体を拡張するだけでなく、根本的な自己感覚も広げているだろう。新しい感覚を経験し、新しい種類の体をコントロールするとき、それによって私たちは個人として大きく変わる。私たちの身体適応能力が、感じ方、考え方、そして人となりの土台をつくるのだ。標準仕様の感覚と標準仕様の体という限界がなければ、私たちはちがう人間になる。私たちのひいひいひいひい孫は、私たちがどんな人間で、私たちにとって何が重要だったかを理解するのに苦労するかもしれない。歴史上のいまこの時点の人間は、近未来の子孫よりも石器時代の祖先とのほうが、共通点が多いかもしれない。

生きながらえる

私たちはすでに人体を拡張しはじめているが、自分自身をどれだけ強化しても、避けがたい問題がひとつある。私たちの脳と体が物質でできていることだ。だから劣化して死ぬ。神経活動がすべて停止する瞬間が訪れ、そうなれば意識があるという輝かしい経験は終わる。あなたが誰を知っていようと、何をしようと関係ない。これは私たちみなの運命だ。それどころか、あらゆる生きものの運命なのだが、それを知っていることで苦しむほど先が読めるのは人間だけである。

甘んじて苦しむ人ばかりではなく、死の不安と闘うことを選ぶ人もいる。私たちの生態をより深く理解すれば死すべき運命に取り組める、という考えに関心を寄せる研究者があちこちにいるのだ。将来的に、私たちは死ぬ必要がなかったらどうだろう？

私の友人で良き師だったフランシス・クリックが火葬されたとき、彼の神経物質がすべて燃えてなくなるのがどれだけもったいないことか、私はしばらく考えてしまった。その脳には、二〇世紀の生物学界のヘビー級チャンピオンが蓄えた知識、見識、知力がすべて入っている。彼の人生の記録――彼の記憶、洞察力、ユーモアのセンス――すべてが、彼の脳の物理的構造に保存されていて、彼の心臓が止まったというだけの理由でそのハードディスクが捨てられるのを、誰もがおとなしく見ている。そこで私は思った。彼の脳内にある情報をどうにかして保存できないのか？　もし脳が保存されたら、人の思考と認識と人間性を生き返らせることはできるのか？

アルコー延命財団はこの五〇年間、いま生きている人々がのちに第二の生涯を楽しめるようになると信じて、そのための技術を開発してきた。財団は現在、生物学的腐敗を止めるための超低温冷凍庫に一二九人を保存している。

凍結保存の仕組みはこうだ。まず、当事者が財団を受取人とした生命保険証券にサインする。次に、法的な死の宣告と同時にアルコーに連絡が入る。地元のチームが遺体管理のために急行する。

チームは即座に遺体を氷浴させる。そして抗凍結灌流《こうとうけつかんりゅう》と呼ばれるプロセスで、遺体冷却時に細胞が壊れないように一六種類の化学薬品を循環させる。そのあと遺体はできるだけ迅速にアルコーの施術室に運ばれ、処置の最終段階を迎える。コンピューター制御のファンで超低温の窒素ガスを送り込むことで遺体を冷却するのだ。氷生成を避けるために、遺体の全パーツをできるだけ急速にマイナス一二四度まで冷やすのが目標である。このプロセスに約三時間かかり、最終的に遺体は「ガラス質」、つまり安定した不凍状

これらのデュワーそれぞれのなかに４体の人体と、頭部は５つまでが収められ、すべてマイナス196度で保存される。

態になる。それからさらに二週間かけてマイナス一九六度まで冷却される。

顧客すべてが全身凍結を選択するわけではない。もっと低コストのメニューは、頭部のみの保存である。体からの頭部分離は手術台で行なわれ、そこで血液と体液が洗い落とされ、全身凍結の顧客と同じように、代わりに組織を定位置に固定するための液体を注入される。

処置の最後に、顧客はデュワーと呼ばれる巨大なステンレス製円筒容器内の超低温の液体に沈められる。彼らはそこに長期間とどまる。どうすれば凍結された住人をうまく解凍して生き返らせることができるか、いまのところ地球上の誰も知らない。だがそれでいいのだ。いつの日か、このコミュニティの人々

法的死と生物学的死

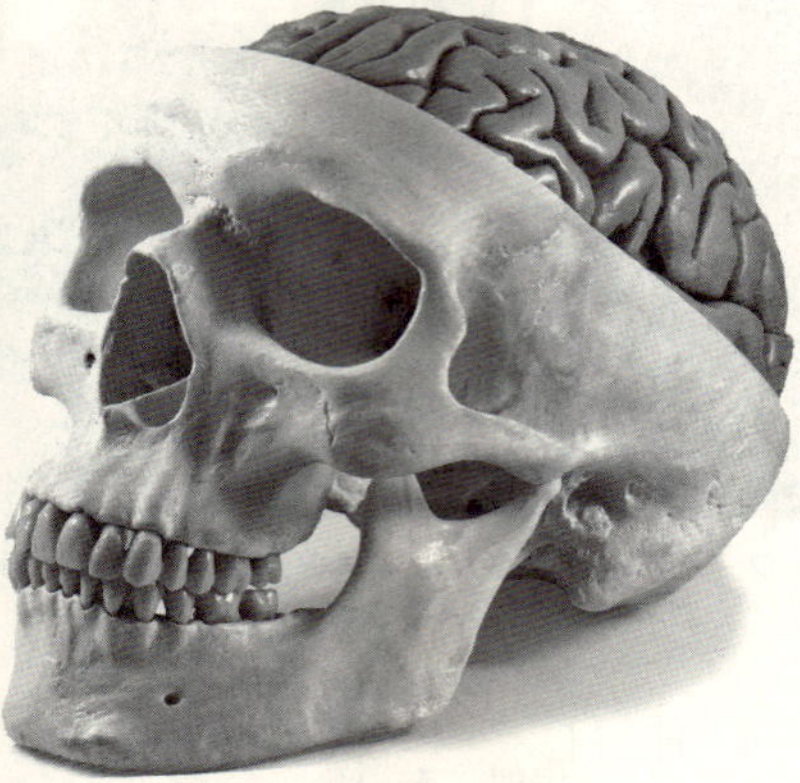

人が法的に死んでいると宣告されるのは、脳が臨床的に死んでいるとき、または体が呼吸と循環の不可逆的停止を経験しているときである。脳死が宣告されるためには、高次の機能にたずさわる大脳皮質内の活動がすべて停止していなくてはならない。脳死のあと、臓器提供や献体のために生命機能を維持することは可能で、これがアルコーにとってきわめて重要である。その一方で、生物学的な死は治療介入のないところで起こり、全身の細胞が死ぬ。臓器と脳の細胞も死ぬということは、臓器はもはや提供には適さないということだ。循環する血液からの酸素がなければ、体の細胞は急速に死にはじめる。できるだけ劣化していない状態で体と脳を保存するために、細胞死をできるだけ早く止める、あるいは少なくとも遅くする必要がある。それに加えて冷却中に優先されるのは、細胞の繊細な構造を壊すおそれのある氷の結晶ができるのを防ぐことである。

を慎重に解《と》かす——そしてよみがえらせる——ための技術が生まれると期待されている。遠い未来の文明は、そこにある体を破壊して停止させた病気を治すテクノロジーを使いこなすことになると、推測されているのだ。

　アルコーの会員は、自分をよみがえらせる技術が生まれないかもしれないことを理解している。アルコーのデュワーの住人はとにかく信じて、いつの日か技術によって現実に自分が解かされ、よみがえらされ、もう一度生きるチャンスを与えられることを願い、夢見たのだ。この事業は、必要な技術が将来開発されることに賭けるギャンブルである。私が話をした会員の一人（時が来たら最終的にデュワーに入るのを待っている）は、構想全体が賭けだと認めた。しかし、少なくとも死を逃れる確率はゼロではないと指摘している——ほかの人よりは勝ち目がある。

　施設を運営するマックス・モア博士は、「不死」という言葉を使わない。その代わり、アルコーはもう一度生きるチャンスを人々に与えようとしているのであり、何千年も生きる可能性があるのだと言っている。その時が来るまで、アルコーが彼らの最後の休息の場である。

デジタルの不死

延命を望む人のすべてが凍結保存を好むわけではない。別の路線を探る人もいる。脳に蓄えられた情報にアクセスする別の方法があったらどうだろう？　死亡した人を生き返らせるのではなく、データを直接読み取る方法を見つけるのだ。なにしろ、脳の詳細な構造にあなたの知識と記憶がすべて入っている――それなら、その記録を解読できない理由があろうか？

それをするのに必要なものを考えてみよう。まず、個々の脳に入っている詳細なデータを保管するために、桁ちがいに強力なコンピューターが必要だ。さいわい、コンピューターの能力は幾何級数的に伸びており、可能性がおおいにあることを示唆している。この二〇年でコンピューターの能力は一〇〇〇倍以上になっている。コンピューターチップの処理能力はおよそ一八カ月ごとに倍になっており、この傾向は続く。最新テクノロジーのおかげで、私たちは想像を絶するほど大量のデータを保存し、とてつもなく大きいシミュレーションを実行できる。

コンピューターの潜在能力を考えると、私たちはいつの日か、人間の脳のワーキングコピーをコンピューターの回路基板に取り込めるようになりそうだ。理論的には、この可能性をゼロにするものは何もない。とはいえ、この難題を現実的に評価する必要がある。

このスーパーコンピューターの能力は、20年前なら地球上すべてのコンピューターを合わせたものに匹敵するほどの大きさだ。20年後には、これがふつう——小型にして携帯できるタイプのもの——になるだろう。

一般的な脳には約八六〇億個のニューロンがあり、ニューロンそれぞれに一万の接続がある。そのつながりあい方は非常に特異的で、人によって異なる。あなたの経験、あなたの記憶、あなたをあなたたらしめているものすべてが、一〇〇〇兆におよぶ脳細胞間接続の独自のパターンによって表される。把握するには大きすぎるこのパターンはひとまとめにして、「コネクトーム（神経回路マップ）」と呼ばれる。非常に野心的な試みだが、プリンストン大学のセバスチャン・スン博士はチームと協力して、コネクトームの詳細を掘り起こそうとしている。

これほど微小で複雑なシステムなので、接続ネットワークを地図にすることは途方

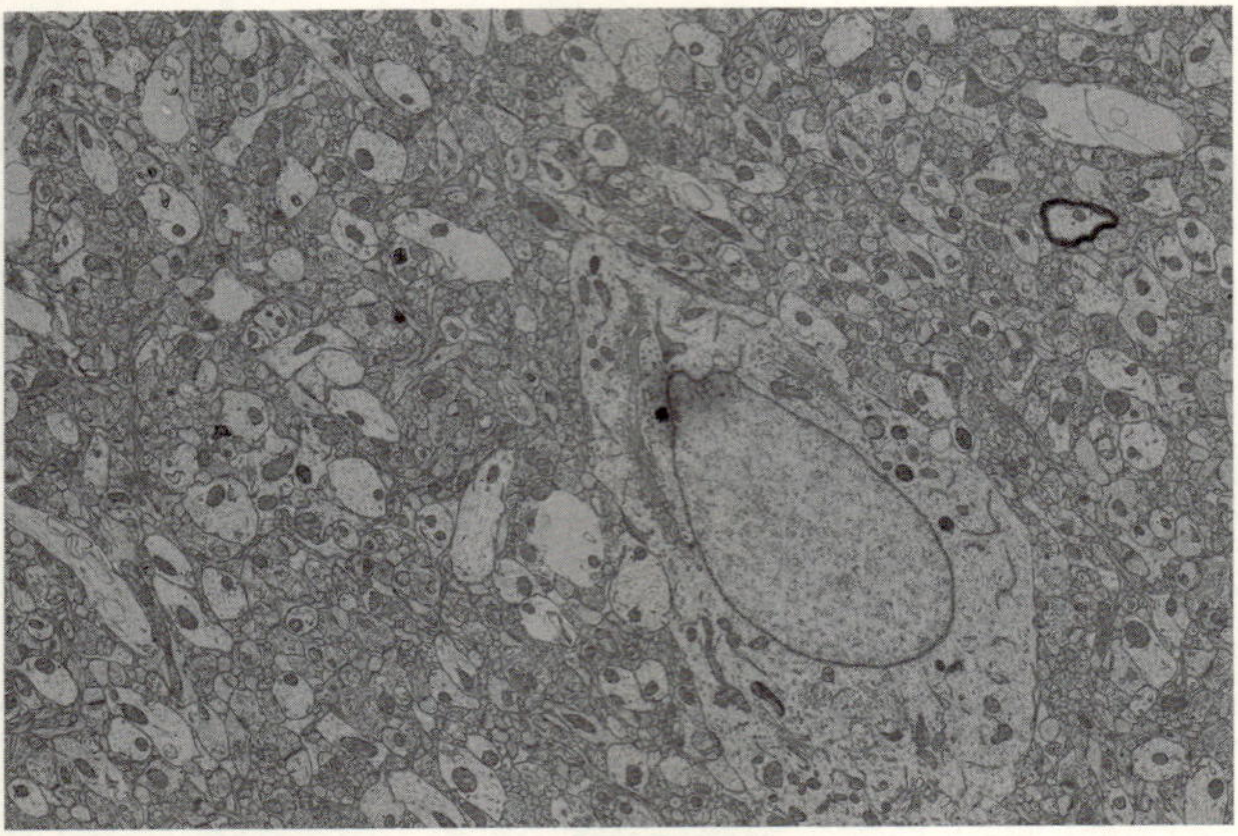

コネクトームの切片のひとつ。この２次元画像は、私たちの既知の世界で最も複雑な回路を解明する第一歩にすぎない。小さな黒い点が、個々の細胞のなかのDNAだ。あちこちに見える微小なまん丸い球状のものが神経伝達物質。

もなく難しい。スンは連続切片電子顕微鏡検査法を使っており、それには非常に精密な刃で脳組織を一連のごく薄い切片にする必要がある（いまのところ、人間ではなくマウスの脳が使われている）。各薄片をさらにごく小さい領域に分割し、それぞれをおそろしく強力な電子顕微鏡で走査する。各走査の結果がいわゆる電子顕微鏡写真で、一〇万倍に拡大された脳の断片を表す。この解像度なら、脳の細かい特徴を判読することが可能だ。

このような薄片をコンピューターに保存すると、さらに難しい作業が始まる。極薄の切片を一度に一枚ず

マウスの脳から取ったこの小片に、300もの細胞間接続（シナプス）が詰まっている。このサイズのといっても、マウスの脳全体の20億分の1、人間の脳の5兆分の1でしかない。

つ、細胞の境界をトレースするのだ。従来は手作業だったが、だんだんにコンピューターアルゴリズムが使われるようになっている。そしてその画像を次々に重ねていき、薄片中の個々の細胞すべてをつなげて、三次元で明らかにする試みが行なわれる。この忍耐を必要とするやり方でひとつのモデルが現れ、何が何とつながっているかが明らかになる。

密にからみ合った塊の全体は、直径二〜三ナノメートル（一ナノメートルは一〇億分の一メートル）にすぎず、大きさはピンの頭ほどである。人間の脳内の接続すべての全体像を再構築するのは気の遠くなるような仕事であり、すぐに達成できる現実的な望みがない理由は想像に難《かた》くない。必要なデータの量は膨大だ。たった一個の人間の脳の高分解能構造を保存するには、ゼタバイト（一

テクノロジーの変化のスピード

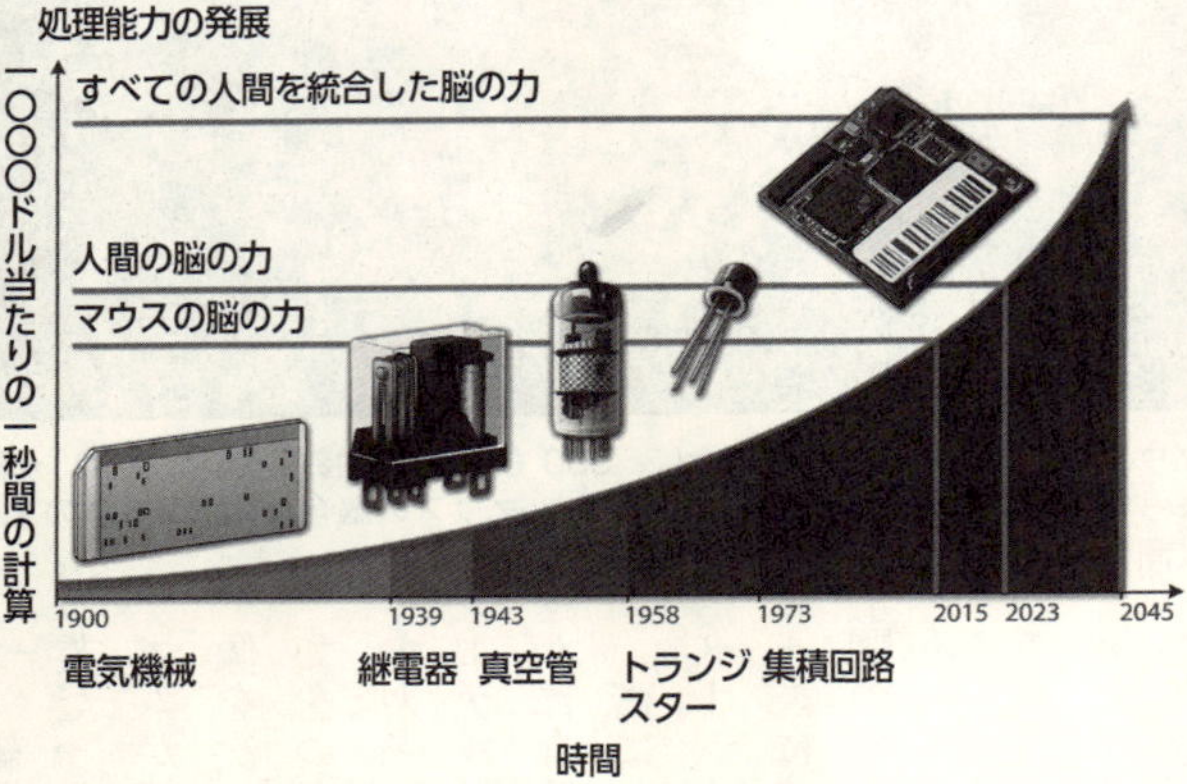

1965年、コンピューター業界の巨人インテルの共同創立者、ゴードン・ムーアがコンピューターの能力が進歩するスピードについて予測した。「ムーアの法則」によると、トランジスターがより小さくより精密になるにつれ、1個のコンピューターチップに収まる数は約2年ごとに倍になって、コンピューターの能力を飛躍的に増大させるという。長い年月を通じてその予測どおりの進歩が見られたことで、ムーアの予測はテクノロジーの変化の幾何級数的加速の代名詞となった。ムーアの法則はコンピューター業界によって、長期計画の指針や技術進歩の目標設定に利用されている。この法則はテクノロジーの進歩が直線的ではなく幾何級数的であると予測しているので、現在のスピードならこれから100年の進歩はこれまでの2万年分に相当すると予測する人もいる。このテンポなら、頼りのテクノロジーの劇的発展を私たちが目にすることも期待できるだろう。

〇の二乗バイト）の容量が必要である。それはいま現在地球上にあるデジタルコンテンツすべてと同じサイズだ。

はるか遠い未来に思いをはせ、私たちがあなたのコネクトームの走査画像を得られたとしよう。その情報であなたを表すのに十分だろうか？　あなたの脳の回路すべてを撮影したこのスナップショットは、実際に意識を――あなたの意識を――もてるのだろうか？　おそらくもてないだろう。結局のところ、回路図（何が何とつながっているかを示すもの）は、機能している脳の不思議な力の半分にすぎない。残りの半分は、それらの接続で実行される電気的・化学的活動である。思考、感情、認識を生み出すもの、それは毎秒何千兆もの脳細胞間の相互作用、すなわち化学物質の放出、タンパク質の形態の変化、ニューロン軸索を伝わる電気的活動の波なのだ。

コネクトームの巨大さを考え、その接続の一つひとつで毎秒起こっていることとの膨大な数を掛け算したら、問題の大きさがわかるだろう。私たちにとって不幸なことに、この規模のシステムは人間の脳では把握できない。しかし幸いなことに、コンピューターの能力はやがて可能性が開《ひら》ける方向に進んでいる。すなわち、システムのシミュレーションである。次の難題はそれを読み取るだけでなく、実行させることである。

そのようなシミュレーションこそまさに、スイス連邦工科大学ローザンヌ校（ＥＰＦ

連続切片電子顕微鏡検査法とコネクトーム

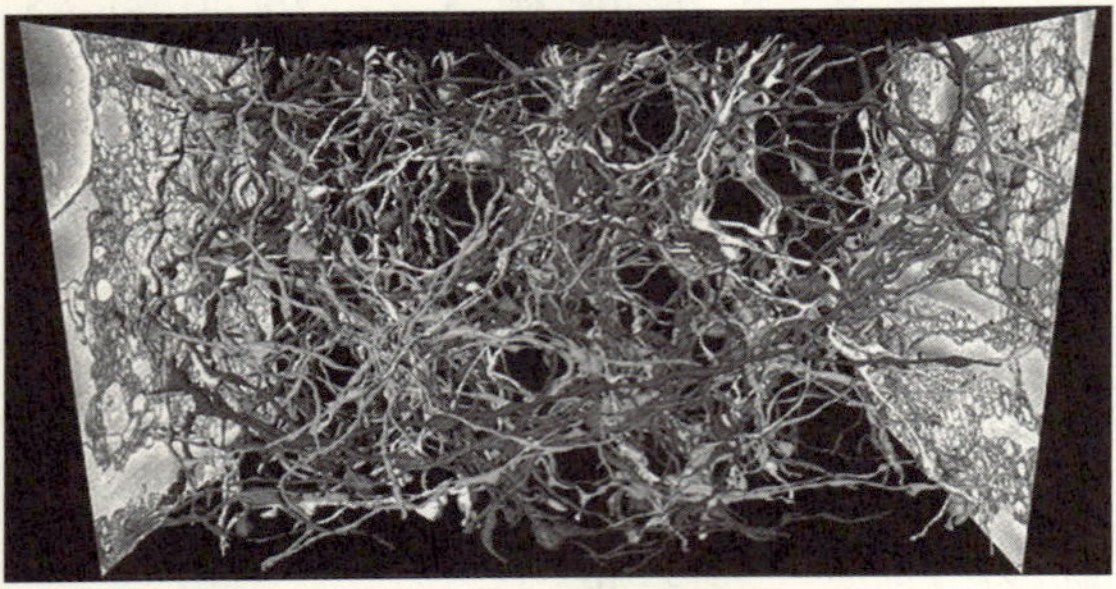

環境からの信号は脳細胞によって伝えられる電気化学信号に翻訳される。それは脳が体の外の世界からの情報を利用するための第一歩である。

相互接続している何百億というニューロンの密なもつれをトレースするには、世界一鋭い刃だけでなく専門的な技術も求められる。「走査型電子顕微鏡を用いた連続断面観察法」は、ごく小さな脳組織の薄片から、完全な神経経路の高分解能 3D モデルを生成する。ナノスケール（10 億分の 1 メートル）の分解能で脳の 3 次元画像をつくり出す初めての技術である。

食品加工用スライサーに似た高精度のダイヤモンドの刃が、走査型顕微鏡の内部に装備されており、脳組織の小さな塊《かたまり》から次々に層を切り出して、超薄の切片からなる映写スライドをつくる。各薄片が電子顕微鏡によって走査される。走査画像はそのあとデジタル的に次々と重ねられていき、もとの塊の高分解能 3 次元モデルをつくる。

各薄片の外観をトレースすることによって、交差してからみ合うニューロンのもつれのモデルができ上がる。平均的なニューロンは長さが 4 ～ 100 ナノメートルで、それぞれに 1 万本の枝があることを考えると、おそろしく大変な作業である。人間の脳の接続すべてをマッピングする試みは、数十年かかると予想されている。

ヒューマン・ブレイン・プロジェクト——スイスの大規模な研究チームが、世界中の研究室のデータを収集している。目的は脳まるごと1つのシミュレーションをつくることだ。

L）の研究者チームが目指して取り組んでいるものだ。彼らの目標は二〇二三年までに、人間の全脳のシミュレーションを実行できるソフトウェアおよびハードウェアのインフラを提供することだ。この「ヒューマン・ブレイン・プロジェクト」は世界中の神経科学研究所からデータを収集する、野心的な研究事業である。そのデータには、個々の細胞に関するデータ（その内容と構造）から、コネクトームのデータ、さらにはニューロングループの大規模な活動パターンに関する情報まで含まれる。ゆっくり、ひとつずつ実験を積み重ねていき、地球上での新たな発見一つひとつが巨大なパズルの小さなピースになる。ヒューマン・ブレイン・プロジェクトの目標は、構造も振る舞いも現実的なきめ細かいニューロンを使って、脳のシミュレーションを完成させること。この壮大な目標を掲げ、欧州連合から一〇億ユーロ以上の資金を得ているにもかかわらず、人間の脳はいまだにまったく手の届かないところにある。現在の目標はラットの脳のシミュレーションを構築することだ。

完全な人間の脳の地図とシミュレーションをつくるための努力は始まったばかりだが、達成できない理論的理由はない。しかしここに重要な疑問がある。脳のシミュレーションには意識があるのだろうか？　細部が正しくとらえられてシミュレーションされれば、私たちは知覚できる存在を見ることになるのだろうか？　それは考え、自己を意識するのだろうか？

意識に身体的要素は必要か？

コンピューターのソフトウェアをさまざまなハードウェア上で実行できるのと同じように、心のソフトウェアもほかのプラットフォームで実行できるかもしれない。その可能性をこう考えてみよう。生物学的なニューロンそのものには特別な意味がなくて、人をその人たらしめているのは、ニューロンがどんなやり取りをするかだけだとしたらどうだろう？　その展望は脳の計算論的仮説と呼ばれる。ニューロンとシナプスなどの生物学的物質は意味のある要素ではなく、重要なのはそれらが実行している計算である、という考えだ。脳が物理的に何であるかはどうでもよくて、重要なのは脳がやることとな

コンピューターのような計算を行なう装置は、なにもシリコン製でなければならないということはない――滴る水滴でもいいし、レゴのブロックでもいい。重要なのはコンピューターが何でできているかではなく、そのパーツどうしがどう相互作用するかだ。

のかもしれない。

もしそれが事実だと判明したら、理論的には、どんな物質をもとにつくられた脳もきちんと機能することになる。計算が順調に正しく進むかぎり、あなたの思考、感情、そして複雑さはすべて、新しい物質内の複雑なコミュニケーションの産物として発生するはずだ。理論的には、細胞を回路と、酸素を電気と交換できる。すべてのピースとパーツが正しくつながり、相互作用しているのであれば、伝達手段はどうでもいい。このようにして、私たちは生物学的な脳がなくても、完全に機能するあなたのシミュレーションを「実行」

ラットの脳

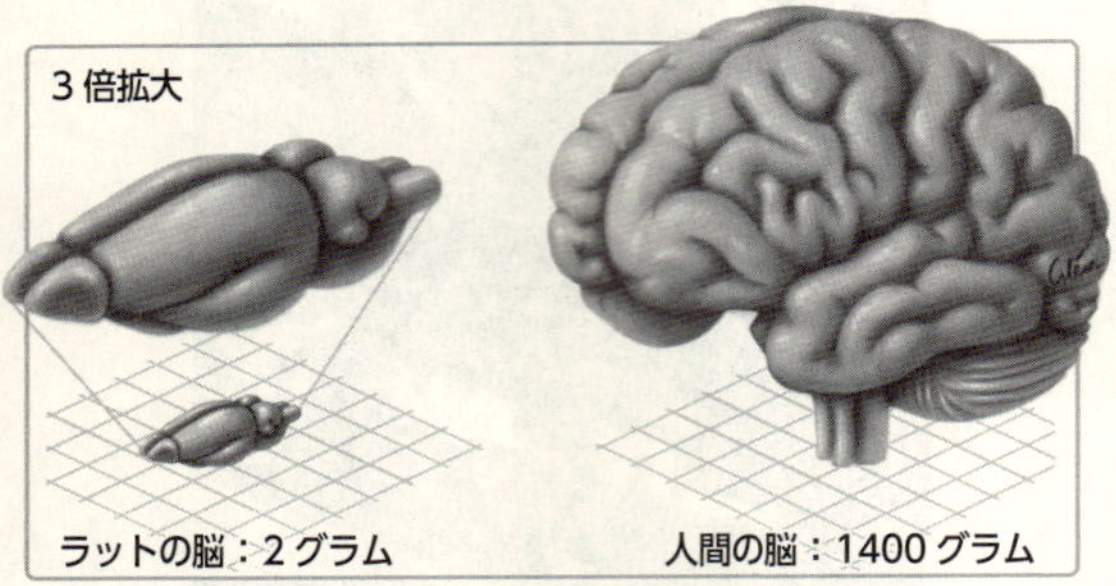

ネズミは昔から人間のあいだではひどく評判が悪いが、現代の神経科学にとって、ラット（とマウス）はさまざまな研究分野で欠かせない役割を果たしている。ラットのほうがマウスより脳が大きいが、どちらも人間の脳と重要な類似点がある——とくに、大脳皮質の組織、つまり抽象的思考にとってとても重要な外層に。

人間の脳の外層である大脳皮質は、頭蓋骨内により多くが詰め込まれるように折りたたまれている。平均的な成人の大脳皮質を平らに伸ばしたら、2500平方センチ（小さめのテーブルクロス）になるだろう。それに引きかえラットの脳は完璧にツルツルだ。このように外観と大きさに明らかな差異があるものの、2つの脳には細胞レベルで基本的な類似点がある。

顕微鏡で見ると、ラットのニューロンと人間のニューロンを区別するのはほぼ不可能だ。どちらの脳もほとんど同じように配線されていて、同じ発達段階を通る。においのかぎ分けから迷路の通り抜けまで、ラットは認知課題をこなすように訓練できるので、研究者はラットの神経活動の詳細と特定の課題との相互関係を比較できる。

できるかもしれない。計算論的仮説によると、そのようなシミュレーションは実際にあなたなのだ。

脳の計算論的仮説は仮説にすぎず、真実かどうかはまだわからない。やはり、生物学的なウェットウェアに何か特別な未知のものがあるかもしれず、その場合、私たちはもって生まれた生態からは抜け出せない。しかし、もし計算論的仮説が正しければ、心はコンピューターのなかで生きられるだろう。

心をシミュレーションすることが可能だとわかれば、それはまた別の疑問につながる。それをするには従来の生物学的方法を手本としなくてはならないのか？　それとも、異なる種類の知能を、私たち独自の発明でゼロからつくり出すことは可能なのだろうか？

人工知能

人間は長年にわたって考えるマシンをつくろうと試みている。その路線の研究――人工知能――は一九五〇年代にはすでに行なわれていた。当初の先駆者たちは楽観的に浮かれていたが、問題は予想外に難しいことがわかった。まもなく自動運転の車が実用化されるし、二〇年前にすでにコンピューターは初めてチェスのグランドマスターを負かしているが、真に知覚をもつマシンという目標の達成にはまだ時間がかかる。私が子どもだったころ、人間と交流して、人間の世話をし、意味のある会話をするロボットが、いまごろには存在するものと期待していた。そうしたものの実現がまだかなり遠いところにあるという事実は、脳がどう機能するか、母なる自然の秘密を解読するにはまだどれだけ先があるか、その謎の深さを物語っている。

人工知能をつくろうという最新の試みのひとつが、イギリスのプリマス大学で見られる。iCub（アイカブ）と呼ばれ、人間の子どものように学習するよう企画・設計された人型ロボットである。従来、ロボットは仕事について知る必要のあることをあらかじめプログラムされる。しかし、ロボットが人間の子どものように、世界と相互作用することによって、手本をまねしてそこから学ぶことによって、成長できたらどうだろう？　なにしろ、赤ん坊は話し方や歩き方を知っている状態でこの世に生まれるわけではない――が、好奇心をもって生まれ、注意を向けるし、まねをする。赤ん坊は自分がいる世界を教科書にして、手本から学ぶ。ロボットも同じことができないのだろうか？

iCubは二歳児くらいの大きさだ。目と耳と触覚センサーがあって、そのおかげで世界と相互作用し、世界について学ぶことができる。

iCubに新しいものを見せて、その名前を呼ぶ（「これは赤いボール」）と、コンピュータープログラムが物体の視覚イメージを言葉によるラベルと相関させる。そのため、

「成人の脳を模倣するプログラムをつくろうとするのではなく、子どもの脳を模倣するプログラムをつくったらいいのではないか？」（アラン・チューリング、1950年）。世界中の研究室には同一のiCubが29体存在する。それぞれが同じプラットフォームをもち、学習したことを互いにシェアできる。

次に赤いボールを見せて「これは何？」と尋ねると、「これは赤いボール」と答える。相互作用のたびにロボットが継続的に知識を蓄積していくことを目指す。ロボットは内部コードを変更して結びつけることによって、適切な反応のレパートリーを構築する。

iCubはよくまちがえる。いくつかの物体を見せて名前を教え、すべての名前を言うように迫ると、iCubはいくつかまちがえるし、何度も「私にはわからない」という反応を返す。それもすべてプロセスの一部だ。知能の構築がどれだけ難しいかもわかろうというものだ。

私はかなりの時間をiCubとの交流に費やしたし、これは感動的なプロジェクトである。しかしそこにいればいるほど、そのプログラムの裏に心はないことが明白になった。大きな目、人なつこい声、子どものような動き、それでもｉＣｕｂに知覚力はないことがはっきりしてくる。それを動かしているのは一連のコードであって、思考のつながりではない。そして、人工知能研究が緒についた現代においてすら、哲学の古くて深い疑問についてじっくり考えざるをえない。コンピューターのコードの列が考えるようになる可能性はあるのか？　ｉＣｕｂは「赤いボール」と言うことはできるが、本当に赤を感じ、丸さという概念を体験するのだろうか？　コンピューターは実行するようにプログラムされていることだけをやるのか、それとも、本当に内面で感じることができるのか？

コンピューターは考えられるのか？

コンピューターが自覚する、つまり心をもつように、プログラムすることはできるのか？　一九八〇年代、哲学者のジョン・サールが、この疑問の核心を突く思考実験を思いついた。彼はそれを「中国語の部屋」問題と呼んだ。

こういうことだ。私は部屋に閉じ込められている。質問を書いた紙が郵便受けのような細長い小さな穴から差し込まれる。しかもそのメッセージは中国語だけで書かれてい

「中国語の部屋」という思考実験では、ある部屋のなかの一人の人物が、指示に従って文字を操作する。この結果を見た中国語のネイティブは、部屋のなかにいる人物は中国語ができるのだとだまされる。

る。私は中国語が話せない。紙に何が書かれているのか、さっぱりわからない。しかしこの部屋のなかには本がたくさんあって、この文字をどうすればいいのか正確に順を追って教えてくれるマニュアルもある。私は文字の配置を見て、返答としてどんな中国語の文字を写し取るべきか教えてくれる本の手順に、ただしたがうだけだ。私はそれを紙切れに書いて、穴からもどす。

中国語を話す人が私の返答を受け取れば、その人には意味がわかる。部屋のなかに誰がいるにしても、質問に完璧に答えているようなので、当然、部屋のなかの人は中国語を理解しているはずに思える。もちろん、その人はだまされている。なぜなら、私は一連の指示にしたがっているだけで、何が起こっているのか理解していないからだ。十分な時間と十分な指示があれば、私は中国語のどんな質問にもだいたい答えられる。しかし、オペレーターである私は、中国語を理解していない。私は一日中文字を扱っているが、その文字が何を意味するのか、まったくわかっていない。

サールは、これこそコンピューターの内部で起こっていることだと主張した。iCubのようなプログラムがどんなに知能があるように思えても、一連の指示にしたがって答えを出しているにすぎない。何をしているのか実際には理解していないままに、記号を扱っているのだ。

グーグルはこの原理の一例である。あなたがグーグルに検索要求を送るとき、グーグルはあなたの質問も自分が出す答えも理解していない。ただ論理ゲートの0と1を動きまわり、あなたに0と1を返すだけだ。グーグル翻訳のような衝撃的なプログラムがあれば、私はスワヒリ語の文を話せるし、グーグルはハンガリー語の翻訳を返せる。しかしそれはすべてアルゴリズムのなせる業《わざ》である。中国語の部屋のなかにいる人と同じで、すべて記号の操作である。グーグル翻訳は文について何も理解しない。意味のあるものはない。

私たちは人間の知能を模倣するコンピューターを開発したが、コンピューターは実際には自分が話していることについて理解していないことを、中国語の部屋問題は示唆する。コンピューターがやることには意味がない。サールはこの思考実験を使って、人間の脳には、それをデジタルコンピューターになぞらえるだけでは説明のつかないものがあると主張したのだ。何も意味がない記号と、私たちの意識的経験のあいだには隔たりがある。

中国語の部屋問題の解釈については論争が続いているが、どう解釈するにせよ、この問題が明快なかたちで示しているのは、物理的なピースとパーツがいったいどうやって世界で生きているという経験をつくり上げるのか、という難問であり不可思議さである。人間に似た知能をシミュレーションしたりつくり出したりしようと試みればつねに、神経科学の中心となる未解決の疑問を突きつけられる。どうして、自分であるという主観的な感覚ほど豊かなもの——刺すような痛み、赤色の赤さ、グレープフルーツの味——が、自分の働きを繰り返している単純な脳細胞から生じるのか？　なにしろ脳細胞それぞれは単なる細胞であって、局所的なルールにしたがい、基本的な働きを実行しているだけだ。それだけではたいしたことはできない。それなら、どうして何百億という脳細胞が合わさると、自分であるという主観的経験になるのだろう？

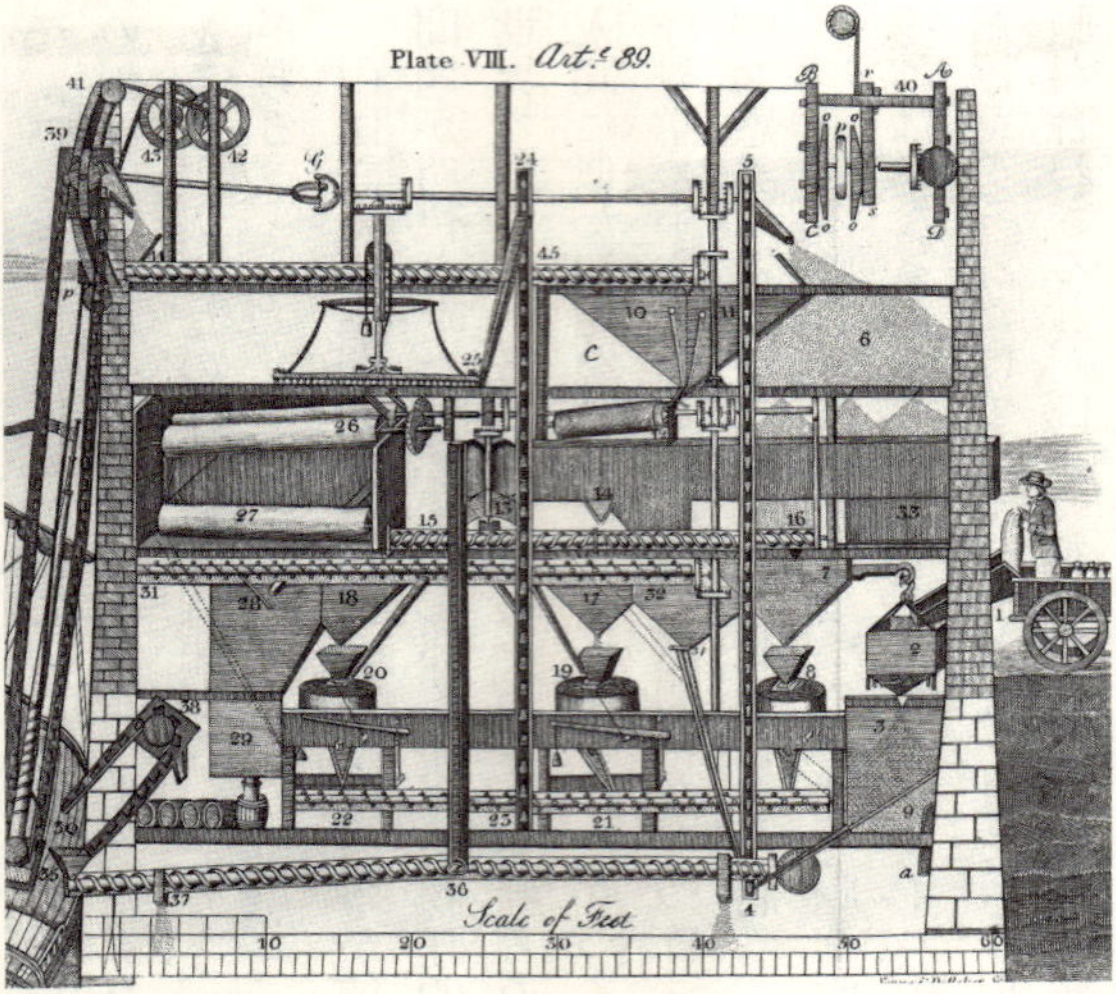

風車は相互に連携するピースとパーツからできているが、それを見て風車が何かを考えている、と思う者はいないだろう。ならば、同様にピースとパーツからできている脳のどこで、思考という魔法は行なわれているのだろうか。

総和より大きい

一七一四年、ゴットフリート・ヴィルヘルム・ライプニッツが、物質だけでは心をつくり出すことはできないと主張した。ライプニッツはドイツの哲学者であり、数学者であり、科学者であり、「最後の万能の天才」と呼ばれることがある。ライプニッツにとって、脳組織だけでは内面生活はありえない。そして現在「ライプニッツの風車小屋」と呼ばれる思考実験を提示した。大きな風車小屋を想像してほしい。あなたがその内部を歩きまわったとしたら、歯車の歯や支柱やレバーがすべて動いているのが見えるが、風車小屋が考えているとか、感じているとか、知覚していると言うのはばかげている。どうして風車小屋が恋に落ちたり、夕焼けを楽しんだりできるだろう？　風車小屋はピースとパーツでできているにすぎない。脳もそうなのだと、ライプニッツは主張した。脳を風車小屋の大きさに拡大して、そのなかを歩きまわったら、ピースとパーツが見えるだけだろう。明らかに知覚と符合するものは何もない。すべてがほかのものに作用しているだけだ。相互作用をすべて書き出しても、思考や感情や知覚がどこにあるかはわからないだろう。

脳の内部を見ると、ニューロン、シナプス、化学伝達物質、電気的活動が見える。何百億という活動的でにぎやかな細胞が見える。あなたはどこだろう？　あなたの思考はどこだろう？　あなたの感情は？　幸福感やインディゴブルーの色は？　あなたが単なる物質でできていることがあろうか？　ライプニッツにとって、心は機械的な原因では説明できないように思えた。

ライプニッツがその論法で何かを見落としていた可能性があるだろうか？　脳の個別のピースとパーツに気を取られるあまり、トリックを見逃していたかもしれない。風車小屋のなかを歩きまわることについて考えるのは、意識の問題へのアプローチとしてまちがっているかもしれない。

創発特性としての意識

人間の意識を理解するには、脳のピースとパーツの観点からではなく、そのような要素がどう相互作用するかを考える必要があるのかもしれない。単純なパーツが自分より大きいものをどうして生みだせるかを見たいなら、手近なアリ塚を観察すればいい。ハキリアリは何百万という構成員で集団《コロニー》をつくり、自分たちで餌を栽培する。人間と同じような農民なのだ。一部のアリが新鮮な植物を探すために巣から出発し、見つけると、一部を大きく嚙み切って巣まで持ち帰る。しかしアリはその葉を食べない。その代わり、もっと小さい働きアリがその葉のかけらを嚙み切ってさらに小さくし、それを使って広大な地下「菜園」で菌類を育てるための肥料として使う。アリは菌類に栄養を与え、菌類は成長して小さな子実体《しじったい》をつくり、それをアリが食べる（この関係は、菌類がもはや自分たちだけでは繁殖できずアリに頼り切るほどの、強い共生関係になっている）。このたくみな農業戦略を用いて、アリが地下につくる巨大な巣は、数百平方メートルにもおよぶ。人間と同じように、農業文明を完成させているのだ。

ここからが重要である。コロニーは並はずれた偉業を成し遂げる超生命体のようだが、

個々のハキリアリは局所的なコミュニケーションこそ交わすが、状況の大きな全体像は持ち合わせていない。にもかかわらず、コロニーレベルでは複雑な、当意即妙の農耕文化が生みだされている。

個々のアリの行動はごく単純だ。局所的なルールにしたがっているだけである。女王は命令を出すわけではなく、上からアリたちの行動を統治することもない。そうではなく、それぞれのアリがほかのアリ、幼虫、侵入者、餌、排泄物、あるいは葉から出ている局所的な化学的信号に反応する。個々のアリは控えめで自立した単位であり、その反応を決めるのは、局所的な環境と、その種のアリのために遺伝子にエンコードされたルールだけである。

中央集権的な意思決定がないにもかかわらず、ハキリアリのコロニーはすばらしく高度な行動に見えるものを示す（農業以外にも、死骸を捨てるためにコロニーのすべての入口から最大距離の場所を見つけるという、高度な幾何学問題を解くなどの偉業もなし遂げる）。

重要な教訓は、コロニーの複雑な行動は個体の複雑さから生まれるのではない、ということだ。アリそれぞれは自分が成功した文明の一部であることを知らない。小

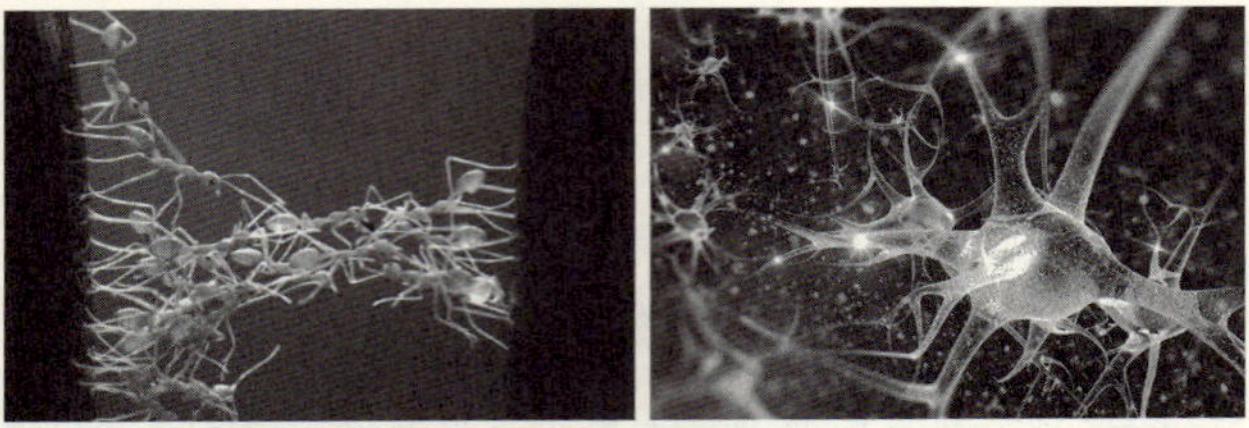

アリもニューロンも局所的なルールにのみしたがって生涯を終える。知性をもたないアリたちはコロニー形成という洗練された行動を示し、ニューロンは私たちをつくり上げる。

さい単純なプログラムを実行するだけである。

十分な数のアリが集まると超生命体が生まれ、その集団としての特性は、基本のパーツよりも高度である。この現象は「創発」と呼ばれ、単純な単位が正しく相互作用して、もっと大きなものが生まれるときに起こることである。

カギを握るのは、アリどうしの相互作用だ。これは脳についても言える。ニューロンは体内のほかの細胞と同じで特殊化した細胞にすぎないが、その特殊化のおかげで、突起を伸ばして電気信号を伝えることができる。アリと同じように、個々の脳細胞は一生、ただ局所的なプログラムを実行することによって、電気信号を細胞膜伝いに送り、時機が来たら神経伝達物質を吐き出し、ほかの細胞から神経伝達物質を吐きかけられる。それだけだ。脳細胞は暗闇のなかで生きる。各ニューロンはほかの細胞のネットワークに埋め込まれて生涯を過ごし、信号に反応しているだけである。シェイクスピアを読むためにあなたの目を動かしたり、ベートーベンを演奏するためにあなたの手を動かしたりしているかどうかなど知らない。あなたについても知らない。あなたの目標、意図、そして能力は、この小さなニューロンの存在に完全に依存しているにもかかわらず、ニューロンはこぢんまりと生きていて、自分たちが集まって構築したものをまったく自覚していない。

しかし十分な数のこの基本的な脳細胞が集まり、正しく相互作用すると、心が現れる。

創発特性をもつシステムはいたるところで見つかる。飛行機の金属の塊はどれも飛行する特性をもっていないが、正しくピースを配列すると飛行能力が現れる。システムのピースとパーツは個々にはとても単純でかまわない。大事なのは相互作用だ。多くの場合、パーツそのものは交換可能である。

意識には何が必要なのか？

理論の詳細はまだ解明されていないが、心は脳の何百億というピースとパーツの相互作用から現れるようだ。これが根本的な疑問につながる。さまざまなパーツが相互作用するどんなものからも、心は現れる可能性があるのか？　たとえば、都市が意識をもつ可能性があるのか？　実際、都市は要素の相互作用のうえに成り立っている。都市を行き交うあらゆる信号を考えてみよう。電話線、光ファイバーケーブル、汚水などを運ぶより高レベルの意識あるところに、より広範にちらばった脳の活動あり。

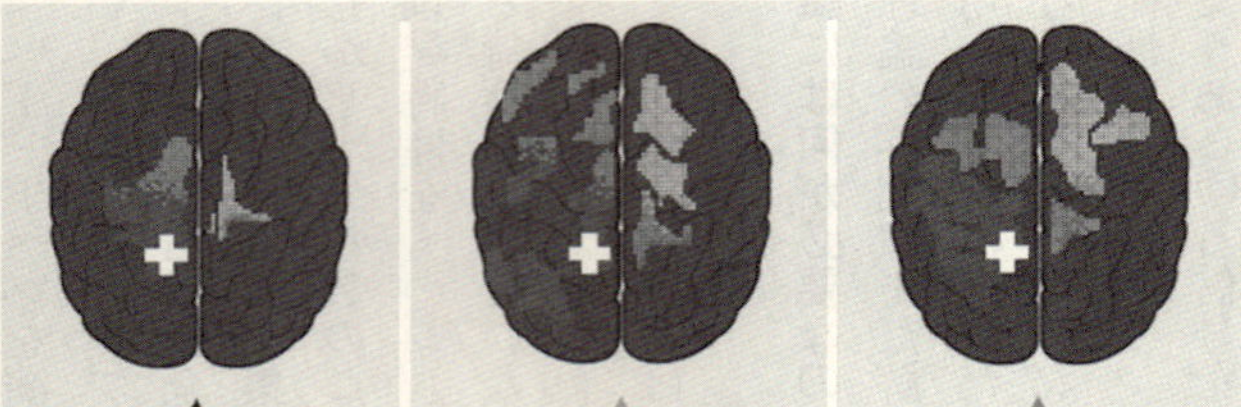

患者が昏睡状態から脱し始めた初日に記録された第１の神経パルスが生じさせたのは、すぐに消え去ってしまう局所的なパターンだった。

11日後に記録された第２の神経パルスは、より広範な範囲に広がり、より長続きした。

患者が完全に意識を取り戻した第３の、そして最後の神経パルスでは、最も複雑で持続性あるパターンが見られた。

下水道、人間どうしがかわす握手、あらゆる信号機、等々。都市内の相互作用の規模は、人間の脳と同等である。もちろん、都市に意識があるかどうかを知るのはとても難しい。どうすれば都市が話せる？どうすれば都市に訊ける？

このような疑問に答えるには、もっと深い問いが求められる。ネットワークが意識を経験するのに必要なのは、たくさんのパーツだけではなく、きわめて特別な相互作用の構造なのか？

ウィスコンシン大学のジュリオ・トノーニ教授は、まさにその疑問に答えようとしている。彼は意識の定量的定義を提案している。彼の考えによると、相互作用するピースとパーツがあるだけでは不十分だ。この相互作用を支える特定の組織がなくてはならない。

実験室で意識を研究するために、トノーニは経頭《けいとう》

意識と神経科学

ここで少し、個人的で主観的な経験について考えてみよう。誰かの頭のなかだけで起こるショーだ。たとえば、私が日の出を見ながら桃をかじるとき、私が心のなかでしている経験を、あなたは正確に知ることはできず、あなたの経験にもとづいて推測するしかない。私の意識的経験は私のものであり、あなたのそれはあなたのものである。では、どうすれば科学的手法で研究できるのだろう？

この数十年、研究者は意識の「神経相関」の解明に取り組んでいる。つまり、人が特定の経験をしているときに必ず示され、その経験をしているときにしか示されない、脳の活動の正確なパターンである。

第４章に出てきた老女と若い女性の図と同じような、アヒルとウサギの多義画像を例に取ろう。その興味深い特性は、あなたが経験できるのは一度に一方の解釈だけで、両方を同時には経験できない、ということだ。したがって、あなたがウサギを見るという経験をしている瞬間、あなたの脳内では正確にはどんな活動が示されるのか？　アヒルに切り替えると、脳は何のやり方を変えるのか？　ページ上では何も変わっていないので、変わっているのは、あなたの意識的経験を生み出す脳活動の細部だけのはずである。

蓋《がい》磁気刺激（TMS）を使って、目覚めているときと深く眠っているとき（第1章で見たように意識が消えるとき）の脳の活動を比較する。彼のチームは、大脳皮質に電流を突発的に流すことによって、活動がどう広がるかを追跡するのだ。

被験者が目覚めていて意識があるとき、神経活動の複雑なパターンはTMSパルスの源《みなもと》から外に広がる。なかなか消えない活動のさざ波が皮質のさまざまな領域に広がり、ネットワーク中の広範囲にわたる接続が明らかになる。一方、人が深い眠りにあるとき、同じTMSパルスはごく局所的な領域しか刺激せず、活動はすぐに消えてしまう。ネットワークの多くの接続がなくなる。これと同じ結果が、人が昏睡状態にあるときも見られる。活動はほとんど広がらないが、本人が数週間かけて意識を取りもどすうちに活動が広がるようになる。

トノーニの考えによるとその理由は、私たちが目覚めて意識があるとき、大脳皮質のさまざまな領域間に広いコミュニケーションがあるからだという。それに引きかえ眠って無意識の状態では、領域間のコミュニケーションがない。こうした視点からトノーニは、意識のシステムには、まったく異なる状態を表現するための十分な複雑さ（いわゆる分化）と、ネットワークの離れたパーツが互いに密にコミュニケーションを取りあうための接続性（いわゆる統合）の、完璧なバランスが必要だと主張する。分化と統合のバランスは数値化できて、彼の主張ではその数値が適切な範囲にあるシステムだけが意識を経験するのだという。

彼の説が正しいと判明すれば、昏睡状態の患者の意識レベルを非侵襲的に評価できるだろう。無生物のシステムに意識があるかどうかを判断する手段も実現するかもしれない。そうなれば、都市に意識があるかどうかという疑問にも答えられる可能性がある。情報の流れが正しく配置され、分化と統合が最適な量になっているかどうかで答えは決まる。

トノーニの説は、人間の意識は生物学的起源にとらわれないという考えと両立する。この見方では、意識は結果的に脳を生んだ特定の経路で進化したが、有機物質のうえに構築される必要はない。相互作用が正しく組織されるのであれば、シリコンでも同じくらい容易につくることができる。

意識のアップロード

心にとって重要な要素は脳のソフトウェアであって、ハードウェアの細部ではないなら、理論的には、私たちは体という生物的基盤から脱け出すことができる。脳内の相互作用をシミュレーションする十分に強力なコンピューターがあれば、私たちはみずからをアップロードできる。自分をシミュレーションとして実行することによって、デジタルに存在することができる。自分が生まれた生物学的ウェットウェアから脱出し、生物でない存在になるのだ。それは人類史上、最も重要な飛躍となり、私たちは超人間主義の時代へと突入することになる。

自分の体から脱け出して、シミュレーションされた世界の新たな存在になるのはどんなふうか、想像してほしい。あなたというデジタル存在は、あなたが望むどんな生命体のようにもなれる。プログラマーはあなたのためにどんな仮想世界でもつくれる――あなたが飛べる世界、水中で生活できる世界、ちがう惑星の風を感じられる世界。バーチャル脳を望みどおりに速くも遅くも実行できるので、私たちの心は長大な時間に広がることも、数秒の計算時間を何十億年の経験に変えることもできる。

アップロードを成功させるための技術的ハードルは、シミュレーションされた脳はみずからを修正できなくてはならないことだ。ピースとパーツだけでなく、それらのあいだで進行する相互作用の物理学も必要である。たとえば、細胞核まで達して遺伝子発現を引き起こす転写因子の活動や、シナプスの位置と強さのダイナミックな変化、などである。あなたのシミュレーション経験があなたのシミュレーション脳の構造を変えないかぎり、あなたは新しい記憶を形成することができず、時間の経過の観念がもてない。

そんな状態で、不死であることに意味があるのか？

アップロードが可能だと判明したら、ほかの太陽系に到達できる可能性が開《ひら》ける。この宇宙には少なくとも一〇〇〇億の銀河系がほかにもあって、それぞれに一〇〇〇億個の恒星がある。私たちはすでに、それらの恒星の周りを回っている外惑星を何千個も特定していて、なかにはこの地球と条件がきわめて似ているものもある。問題は、私たちの現在の肉体では、そのような外惑星までたどり着くのが不可能なことである――それほどの時空間を移動する手段の、見通しすらついていない。しかし、デジタルのあなたならシミュレーションを中断させ、宇宙へと打ち上がり、一〇〇〇年後に外惑星に到達したときに再起動できるのだから、あなたの意識は地球上にいたが、打ち上げられたあと、気づけばいきなり新しい惑星にいた、というふうに思うだろう。アップロードはワームホールを見つけるという物理学の夢を達成するのに等しく、私たちは宇宙のある場所から別の場所へと、主観的には一瞬で到達できるようになる。

私たちはすでにシミュレーションのなかで暮らしている？

あなたがシミュレーションとして選ぶのは、おそらく、地球上での現在の生活と非常によく似たものであり、その単純な考えから、私たちはすでにシミュレーションのなか

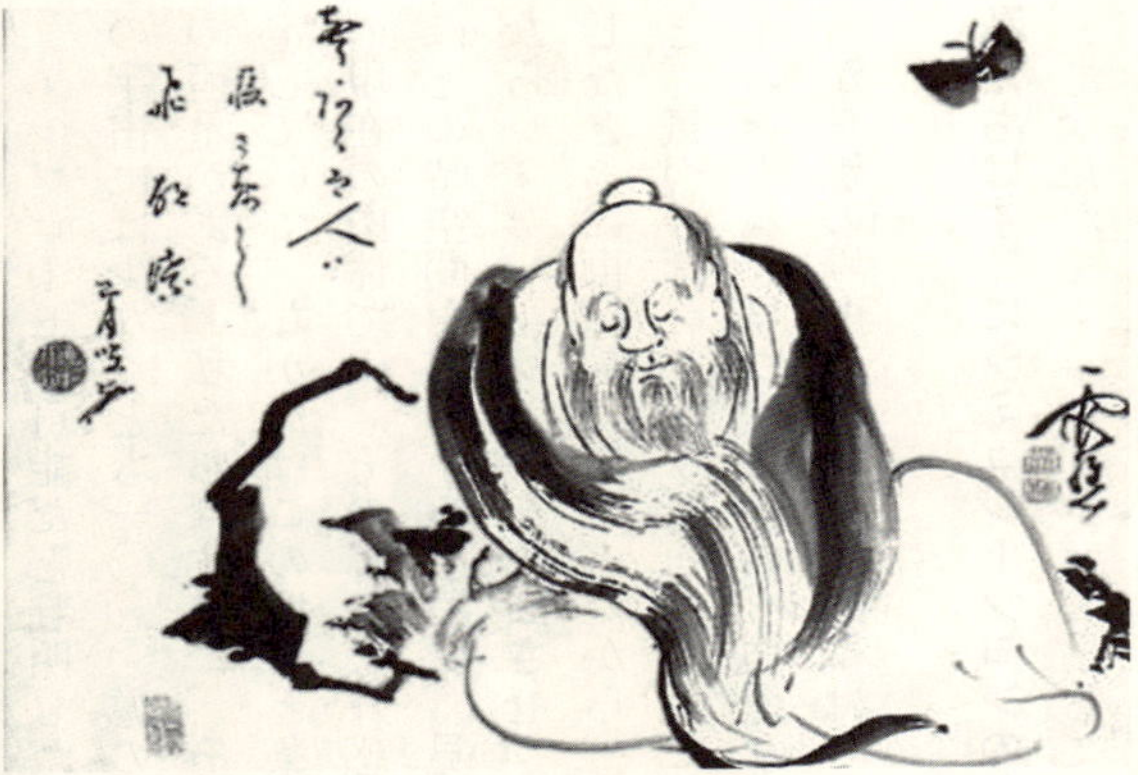

「私、荘周は昔、夢で蝶となったことがある。ひらひらと飛ぶ私は蝶以外の何ものでもなく、まったく自分でも満足の行く、楽しい心持であった。ふと目が覚め、我に返ると私は荘周であった。荘周の夢のなかで蝶になったのか、蝶の夢のなかで荘周になったのか、わからない」

で生きているのではないかと疑問に思うようになった哲学者もいる。いかにも空想に思えるが、私たちはいとも簡単にだまされて現実を受け入れてしまう可能性があることは、すでに見たとおりだ。私たちは毎晩眠りに落ち、奇妙な夢を見る。そして夢のなかにいるあいだは、その世界を完全に信じきっている。

現実についての疑問は新しくはない。二三〇〇年前、中国の哲学者の荘周《そうしゅう》（荘子《そうし》）が蝶になる夢を見た。目覚めたとき、彼は次の疑問について考え込んだ。自分が蝶になる夢を見た荘周であると、どうしてわかるのだろう？　そうではなく、荘周という名前の男に

アップロード――それでもあなたなのか？

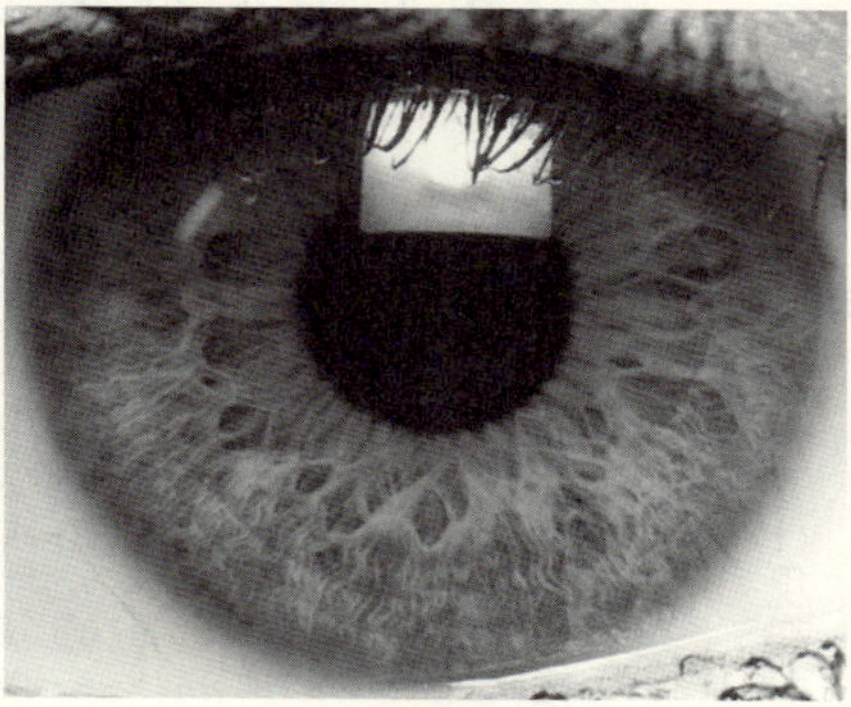

私たちを私たちたらしめるものの重要な部分が身体的要素ではなく生物学的アルゴリズムであるなら、私たちはいつの日か、自分の脳をコピーし、アップロードし、シリコンチップのなかで永遠に生きることができる可能性がある。しかし、ここに重要な疑問がある。それは本当にあなたなのか？　厳密にはちがう。アップロードされたコピーは、あなたの記憶をすべてもっているし、自分はあなたであって、コンピューターの外、あなたの体内にいると信じている。妙な話だが、もしあなたが死んで、私たちが１秒後にシミュレーションを起動したら、それは転送である。人を分解し、一瞬のちに新バージョンを再構成する、《スター・トレック》の転送ビームと変わりはない。アップロードは、あなたが毎晩眠りにつくときに起こることと大差ないかもしれない。あなたはちょっとした意識の死を経験し、あなたの枕で翌朝目覚める人物は、あなたの記憶をすべて引き継ぎ、自分はあなただと信じている。

なる夢を見ている蝶なのでは？

フランスの哲学者ルネ・デカルトは、この同じ問題の別バージョンに取り組んだ。彼が疑問に思ったのは、私たちが経験するのが本当の現実かどうか、どうすればわかるのか、である。問題をはっきりさせるために、彼は思考実験を行なった。自分が大樽のなかの脳でないと、どうしてわかるのか？ 誰かが適切な方法でその脳を刺激することによって、私はここにいて、地面に触れていて、この人たちを見ていて、音を聞いているのだと信じさせているのかもしれない。デカルトは、それを知る方法はないだろうと結論を下した。しかし、彼はほかのことにも気づいた。このことをすべて解明しようとする私が、中心にいる。私が大樽のなかの脳かどうかに関係なく、私は問題をじっくり考えている。このことについて我思う、ゆえに我あり。

未来へ

これから数年のうちに、私たちは現在の理論や枠組みでは説明できないほど、人間の脳についていろいろと発見するだろう。いまのところ謎だらけで、私たちが認識している謎も多いが、まだ気づいていないものもたくさんあるはずだ。この分野では、私たちの前に海図のない大海が広がっている。科学においてはいつものことだが、重要なのは実験を行なって結果を評価することだ。そうすれば母なる自然は、どのアプローチが行き詰まりで、どれが私たち自身の心の青写真を理解する道につながるか、教えてくれるだろう。

確かなことはただひとつ。人類は何かのとば口に立っているが、それが何なのか、よくわかっていない。私たちは歴史上、前例のない瞬間にいる。脳科学とテクノロジーが共進化しているのだ。この交差で起こることは、私たちが何ものであるかを変えようとしている。

何千世代にわたって、人間は繰り返し同じようなライフサイクルを送ってきた。生まれ、脆弱な体を管理し、感覚がとらえる現実の小さな一片を楽しみ、そして死ぬ。

科学は私たちに、その進化の物語を超越するためのツールを与えてくれるかもしれない。いまや私たちは自分自身のハードウェアをハッキングすることができる。その結果、私たちの脳は私たちが受け継いだときの状態のままである必要はない。私たちは新たな種類の感覚的現実と、新たな種類の体のなかに存在することができる。そのうち、私たちは肉体を脱ぎ捨てることができるのかもしれない。

人類はいま、おのれの運命を決するためのツールを発見しつつある。

私たちが何ものになるかは、私たち次第である。

謝辞

脳のマジックが多くのパーツの相互作用から現れるように、*The Brain* という本とテレビシリーズは大勢の人々の協調から生まれた。

ジェニファー・ビーミッシュはプロジェクトの柱であり、辛抱強く人々を管理し、進展していくテレビシリーズの内容を頭のなかでうまく調整し、複数の人物のニュアンスを瞬時に操っていた。ビーミッシュはかけがえのない存在であり、彼女なしにこのプロジェクトは存在しなかっただろう。このプロジェクトの第二の柱はジャスティン・カーショーだった。ジャスティンが大プロジェクトを思い描き、会社（ブリンク・フィルムズ）を経営し、大勢の人々を管理するときの専門知識と大胆さは、つねに私を刺激してくれる。テレビシリーズの撮影中ずっと、とほうもなく有能なディレクターたち、すなわちトビー・トラックマン、ニック・スティシー、ジュリアン・ジョーンズ、キャット・ゲール、ジョハンナ・ギボンのチームと、一緒に仕事をする光栄に浴した。彼らが感性や色彩、光、背景、そして音質のパターンの切り替えに対してどれだけ鋭いか、私は驚かずにはいられない。私たちはともに、視覚世界の専門家である撮影監督のドゥエイン・マクルーン、アンディ・ジャクソン、マーク・シュワルツバルトと協力させていただいた。シリーズのための刺激は、毎日、才覚のある精力的なアシスタントプロデューサーのアリス・スミス、クリス・バロン、エマ・パウンドによってもたらされた。

本書のために、つねに世界屈指の大胆さと洞察力を備えている出版社であるキャノンゲート・ブックスのケイティ・フォランおよびジェイミー・ビングと仕事をさせていただいた。同様に、パンテオン・ブックスのアメリカ人編集者ダン・フランクとともに仕事をするのも光栄であり喜びである。彼は私の友人とアドバイザー、両方の役割を等しく果たしている。

両親が与えてくれる刺激には限りなく感謝している。父は精神科医、母は生物の教師で、二人とも教えることと学ぶことを愛している。私が研究者とコミュニケーターの方向に成長するよう、たえず刺激し、励ましてくれた。私が子どものころ、家族でテレビを見ることはほとんどなかったが、両親は私にカール・セーガンの《コスモス》は必ず見せた。この番組は当時の晩からずっと深く根を張っている。

私の神経科学研究室の聡明で勤勉な学生や博士研究員たちに、番組の撮影および本の執筆のあいだ、私のめちゃくちゃなスケジュールに対処してくれたことを感謝する。

最後に、最も重要なこととして、私がこのプロジェクトに取り組んでいるとき、私を支え、元気づけ、私に辛抱し、私の留守を預かってくれた美しい妻のサラに、ありがとうと言いたい。彼女がこの試みの重要性を私と同じくらい信じているとは、私は幸運な男だ。

用語集

可塑性《かそせい》　脳が新しい神経接続をつくったり、既存のそれを修正したりすることによって適応する能力。可塑性を示す脳の力は、負傷したあとに生じる弱点を補うために重要である。

活動電位　ニューロン中の電圧量が閾《いき》に達して、細胞膜内外のイオン交換の伝播連鎖反応を引き起こす短時間（一ミリ秒）の事象。これが最終的に軸索終末における神経伝達物質の放出を引き起こす。スパイクとも呼ばれる。

感覚代行　正常に機能しない感覚を補うためのアプローチで、感覚情報がふつうでない感覚チャネルを通じて脳に送られる。たとえば、視覚情報が舌の上の振動に変換される、あるいは聴覚情報が胴体に伝わる振動のパターンに変換されることで、本人は見ることができる、あるいは聞くことができる。

感覚変換　光子（視覚）、空気の疎密波（聴覚）、におい分子（嗅覚）のような環境からの信号が、特殊化された細胞によって活動電位に変換される。体外からの情報が脳によって受け取られるプロセスの最初の段階である。

機能的磁気共鳴画像法（fMRI）　脳内の血流をミリメートルの分解能で測定することによって、脳活動を秒の分解能で検知する神経画像法。

グリア細胞　脳内の特殊化した細胞で、ニューロンを守るために栄養素と酸素を供給し、老廃物を取り除き、全般的にサポートする。

経頭蓋《けいとうがい》磁気刺激（TMS）　磁気パルスを発する装置を使って、装置の下にある神経組織に微弱な電流を誘発し、脳の活動を刺激または抑制するのに用いられる非侵襲的手法。この手法は一般に、神経回路内の脳領域の影響を理解するために利用される。

コネクトーム　脳内の神経接続すべてを網羅する三次元マップ。

軸索　ニューロンを構成する突起状の解剖学的構造で、神経信号の出力を担い、細胞体からの電気信号を伝えることができる。

シナプス　一般に、ひとつのニューロンの軸索と別のニューロンの樹状突起のあいだにある空間であり、そこで神経伝達物質が放出されることによってニューロン間の情報伝達が起こる。軸索と軸索、樹状突起と樹状突起のシナプスも存在する。

樹状突起　ニューロンを構成する突起状の解剖学的構造で、神経信号の入力を担い、神経伝達物質放出によって生じたほかのニューロンからの電気信号を細胞体に伝える。

小脳　後頭部の大脳皮質の下に位置する、小さめの解剖学的構造。脳のこの領域は、滑らかな運動制御、バランス、姿勢、さらにおそらく認知機能の一部にとって不可欠である。

神経伝達物質　ひとつのニューロンから別の受容ニューロンに向けて、通常はシナプス間隙に放出される化学物質。脳、脊髄、全身の感覚細胞など、中枢および末梢の神経系に見られる。ニューロンは二種類以上の神経伝達物質を放出する可能性がある。

大脳　人間の脳の領域で、その表面に波状に広がる大脳皮質、海馬、基底核、嗅球を含む。上位の哺乳類ではこの領域の発達が、より高度な認知と行動に貢献している。

他人の手症候群　脳梁《のうりょう》を切断し、脳の左半球と右半球の接続を断つ脳梁離断術、またの名を分離脳術というてんかん治療法によって生じる障害。この障害では片側だけの手が場合によっては複雑に動くが、患者は自分の意志で動きを制御していると感じない。

電気皮膚反応　人が何か新しいこと、ストレスの多いこと、あるいは強烈なことを、たとえ意識下でも経験すると起こる、自律神経系の変化を測定する技術。実際には、指先に機械をつなげて、皮膚の汗腺の活動とともに変化する皮膚の電気特性をモニターする。

ドーパミン　脳内の神経伝達物質で、運動制御、中毒、報酬と関係している。

ニューロン　脳、脊髄、感覚細胞など、中枢および末梢の神経系両方に見られる特殊化した細胞で、電気化学信号を用いてほかの細胞と情報のやり取りをする。

脳機能の計算論的仮説　脳内の相互作用とはそこで行なわれている計算にほかならず、同じ計算を別の回路上で実行すれば、同じように心が生まれると主張する考え。

脳波記録法（EEG）　頭皮に導電性電極を取りつけることで、脳内の電気的活動をミリ秒の分解能で測定するのに使われる技術。各電極が、電極の下にある何百万というニューロンの概要をとらえる。この手法は大脳皮質における脳活動の急速な変化をとらえるのに使われる。

脳梁《のうりょう》　二つの脳半球間の大脳縦裂《じゅうれつ》に位置する神経線維の束《たば》で、両半球間の情報伝達を可能にする。

パーキンソン病　運動の困難と震えを特徴とする進行性疾患であり、原因は黒質《こくしつ》と呼ばれる中脳構造にあるドーパミン生成細胞の劣化である。

腹側被蓋領域《ふくそくひがい》　中脳に位置する、おもにドーパミンに反応するニューロンで構成される構造。この領域は報酬系で重要な役割を果たす。

分離脳術　脳梁離断術とも呼ばれ、ほかの手段では治せないてんかんを抑えるための方法として、脳梁を切断する。この手術は二つの脳半球間の情報伝達を排除する。

ユリシーズの契約　自分はいざとなると理性的な選択ができないかもしれないと理解しているときに用いる決めごとで、未来の目標に自分自身を束縛するために使われ、破ることはできない。

訳者あとがき

本書は *The Brain: The Story of You*（2015）の全訳である。拙訳によるデイヴィッド・イーグルマンの前著『あなたの知らない脳──意識は傍観者である』（ハヤカワ・ノンフィクション文庫）に引き続き、脳についての本である。前著の原題は *Incognito* で、正体を明かさない脳を暗示していたが、今回は単刀直入に *The Brain*、まさしく脳である。このシンプルさは、本書がアメリカのPBS、イギリスのBBC、およびオーストラリアのSBSで、二〇一五年から一六年に放送されたテレビシリーズの書籍版であることと、おおいに関係があるのだろう。テレビシリーズは一話一時間ずつ計六話にわたって、イーグルマン自身がプレゼンターとなり、私たちの脳について、現実認識について、さらには人間であるとはどういうことかについて、一般視聴者に向けてわかりやすく解説し、ニューヨーク・タイムズ紙のベスト・テレビジョン・ショーに選ばれるなど、メディアでも高い評価を受けている。

そのような経緯で刊行されたこともあって、本書には映像を見ているようなテンポの良さが感じられる。もちろん、図版が豊富に入っていることもそれに一役買っているだろう。視覚情報が脳による現実理解を助けることは本書にも詳しい。このような一般向け科学書ではことさら効果的である。原著ハードカバー版の図版をすべて収録することにした、出版社の英断に感謝したい。

テンポの良さに寄与しているのは図版だけではない。脳や神経の構造と機能、意識と無意識の境界、自己の感覚と他者との共感など、やや難しい内容や抽象的な概念について、具体的な事例を紹介してわかりやすく解説し、実験や研究の文献を引用する場合も、読者が思い描きやすいかたちで説明している。これもテレビシリーズとの連携によるものだろう。とくに本書では、著者自身が取材に出かけて、みずから体験したことも多く取り上げられている。特殊なゴーグルをかけて世界を左右逆転させ、ごく基本的な動作もままならなくなり、吐き気さえ催したり、刑務所のなかで音も光も入ってこない特別な独房に入ると、人はどんな感覚になるのか試したり、カップスタッキングの天才少年と勝負し、当然ながら完敗したときの脳の活動を比較したり。脳科学者が小学生に負けじとがんばる姿を想像すると、なんだか少しほほえましい。

頭蓋骨の暗闇のなかに収まっている脳が、感覚器官をとおして外界の情報を受けとり、光景や音やにおいなどの現実を理解し、決断を下し、行動に移す。しかもそのプロセスの大部分は意識に上らず、本人も気づかないうちに終わっている。本書では、このような脳と意識や意思決定のことが歯切れよく語られていく。とくに興味深いのは、第5章「私にあなたは必要か？」である。正常な脳の機能には周囲の社会ネットワークが欠かせないというのだ。もちろん人は独りでは生きられない社会的動物であることは直観的にわかる。しかし人間関係や家族のきずななど、「社会的結合はすべて脳内の特定の回路によって生まれ」、「人とコミュニケーションをとり、人の痛みを感じ、人の意図を判断し、人の感情を読み取る」というような「社会的スキルは神経回路に深く根づいて」いるという。愛情や憎しみのような人と人とのつながりを示す「心」の問題が、脳や神経の細胞を伝わる信号に深くかかわっていると、最新のスキャン技術を用いた脳科学が解明している。人間の心のすべてが脳科学で理解できるわけではないが、人間の脳と脳の相互作用の研究が進むことは明るい材料になるだろう。

その一方、第6章「私たちは何ものになるのか？」は、異なる方向のテクノロジーの進歩を明らかにしている。人間の感覚器官や手足などの体を強化し、拡張する話は序の口である。脳死状態になった時点で体を凍結保存する、あるいは脳だけを永遠に生かして不死身になることを、現実に考えている人がいる。さらには脳の中身を外部にアップロードして、それを何かにダウンロードすれば、人間は生き返るのかという議論さえある。素人には夢物語にしか思えなくとも、科学者が真剣に研究しているというなら、そう遠くない未来に実現するのかもしれない。

ところで、つい先日、人工知能（AI）がチャットで政府を猛烈に批判して、チャットサービス全体が停止されたというニュースが流れた。一般人であれば自制するような行動を、AIがためらうことなく実行する例はほかにも多く耳にするが、このニュースでさらに興味深いのは、このAIのサービスがすべて停止されて、ネット上で「人工知能も口封じか」などの声が上がったことである。本書で語られているように、テクノロジーが進歩することで、脳や意識、さらには生命や人間であることの意味さえも拡張されることになるかもしれない。しかし、科学の進歩が必ずしも社会や国家にとって望ましいとはかぎらない。どんなにすばらしい科学でも、政治的な思惑によって翻弄され、場合によっては葬り去られることになるかもしれない。逆に科学者の当初の目的とはちがうことに悪用されるかもしれない。「私たちが何ものになるかは、私たち次第である」という言葉がさらに重く感じられる。脳科学とテクノロジーが共進化しているいま、その現状を広く一般の方々が理解する手がかりとして、本書はまさにうってつけである。多くの人に手に取ってほしいと思う。

最後に、本書刊行までにお世話になった多くの方々に、この場をお借りしてお礼を申し上げます。とりわけ、本書の翻訳の機会と貴重な情報や助言をくださった早川書房編集部の伊藤浩氏に、そして校正の労をおとりいただいた林清次氏に、心より感謝します。

二〇一七年八月

大田直子

（本書単行本版より再録）

解説

あなたの中の宇宙を知る

東北大学大学院医学系研究科教授
大隅典子

脳に関する書籍は巷《ちまた》に溢れている。だが、科学的に正確でありつつ読んで面白いものは決して多くない。それは脳を理解するのが困難であることの反映だ。

脳の中には宇宙の銀河の数ほどのニューロン（神経細胞）が存在し、ニューロンの働きを助けるグリア細胞も同じくらいある。神経回路を構成するニューロン同士の接合は、ニューロン一個あたり約一万と見積もられているので、およそ一〇〇〇兆個、文字通り天文学的な数字となる接合が存在する。こんな複雑な脳の働く仕組みや成り立ちを明らかにしたいと、筆者を含め、研究者たちは日夜、挑んでいる。

研究者の日常はきわめて多忙だ。研究という営みには、これまで、あるいは現在の研究動向を調べたり、実験を計画し遂行したり、結果をまとめて議論したり、専門家の前で発表したり、論文という形にまとめたりという作業が含まれる。さらに大学で授業を受け持っていたり、研究室の大学院生の指導をしたり、研究のために必要な資金を得るための申請書や、結果を報告する書類を書いたりもする。

なので、研究者でありながら一般市民の興味や期待に応えられるような活動ができる人材はけっして多くはない。だが、本書『あなたの脳のはなし――神経科学者が解き明かす意識の謎（原題 *The Brain: The Story of You*）』の著者デイヴィッド・イーグルマンは、それができる類まれな才能の持ち主だ。出世作として知られる『あなたの知らない脳――意識は傍観者である（原題 *Incognito: The Secret Lives of the Brain*）』は、二〇一一年に米国で出版されると同時にニューヨークタイムズ等で絶賛され、三二の言語に翻訳。日本では、本書と同様、大田直子氏（神経内科医オリヴァー・サックスの数々の著書の訳者でもある）により二〇一二年に素晴らしい翻訳として上梓され、二〇一六年にはハヤカワNF文庫に収録された。

イーグルマンは、一九七一年に米国ニューメキシコで内科医の父と教師の母のもとに生まれ、テキサスにあるライス大学では英米文学を専攻。大学院はベイラー医科大学に進学し、神経科学の学位取得後に、サンディエゴにあるソーク研究所で博士研究員となった。ベイラー医科大学で研究室を主宰したのち、現在はスタンフォード大学の客員教授として教鞭を執《と》るかたわら、NeoSensoryというベンチャーのCEOを務める。ソーク研究所時代には*Nature*や*Science*等の〝ハインパクト〟な雑誌にも論文を掲載した。一人二人羽織というか、個人内文理融合で多才であることが、その経歴からもわかる。

イーグルマンの顔貌は二〇一七年に刊行された本書単行本の帯にも載せられているが、TEDの動画『人間に新たな感覚を作り出すことは可能か?』等でも見ることができる。本稿の筆者の第一印象は、BBCで放映された『SHERLOCK／シャーロック』(古典的探偵小説『シャーロック・ホームズ』シリーズの二一世紀版リメイク番組)の主人公を演じたベネディクト・カンバーバッチに似ているなぁ……というものだった。言葉は典型的なアメリカ英語なのでまったく違うのだが、俳優の訓練を受けたのだろうかと思うくらい、聴衆によどみなく語りかけるのはさすがだ。イタリアのファッション雑誌の表紙も飾っている。こういう研究者は滅多にいない。

二〇一五年にイーグルマンは自らが監修・出演する番組*The Brain with David Eagleman*の制作に関わった。この番組は米国PBSから放映され、二〇一六年のエミー賞にもノミネート。本書はこの六回シリーズのテレビ番組とタイアップで制作され、それぞれの章が一回ごとの番組に対応している。

番組の中でイーグルマンは自ら左右からの視覚入力が真逆になるゴーグルをかけて、実際に脳がどのように混乱してしまうのかをレポートする。このチャレンジ精神には、研究者魂も感じるが、本書が一般読者にとって、より楽しめるものになっている原動力ともいえる。そう、教科書的ではないのだ。

そもそもイーグルマンが神経科学に興味を持ったきっかけは、八歳のときに家の屋根から落ちた体験。このときの落下時間が、自分の感覚としてはとても長いように感じられ、物理的な時間はたった〇・八秒なのに、なぜそのように認識されるのか疑問を抱いたという。

たしかに、楽しい時間は速く過ぎ、退屈な会議は長く感じるというのは日常的にもあることだ。一方、病的な時間の感覚の違いに関して、前掲のサックスもパーキンソン病やトゥーレット症候群など、運動障害等を伴う患者では、無意識レベルでの時間の捉えられ方、つまり神経回路での処理のされ方が健常者と異なる可能性があると『意識の川をゆく――脳神経科医が探る「心」の起源』（大田直子訳、早川書房）の中で論じている。丁寧に患者を診察し洞察するというやり方でサックスは「時間の意識」あるいは「意識の時間」に迫ろうとしたが、イーグルマンは大胆な実験を自らも被験者となって行なっている。時間の流れが遅くなる主観的経験は、強い恐怖を感じるときに生じることが繰り返し報告されていることから、イーグルマンは四五メートルの上空から自由落下する際に、本当に「スローモーションで時間が見える」ようになるのかを体験してみたのだ。結果は……本書を読んでのお楽しみ♫にしておこう。

ところで、イーグルマンは博士研究員としてソーク研究所のテレンス・J・セジノウスキーの研究室に所属していた頃、非常勤フェローであったフランシス・クリックにも薫陶《くんとう》を受けた。クリックはもともと英国生まれの物理学者であったが、第二次世界大戦後に生物学に転向し、当時、ケンブリッジ大学に滞在していたジェームズ・ワトソンとともにDNAの構造を解き明かした。この功績によりワトソンとモーリス・ウィルキンスとともに一九六二年にノーベル賞を受賞したが、一九七六年以降、サバティカルを機にソーク研究所に移ってきたのだ。そしてクリックは、クリストフ・コッホとの共同研究により、「意識」の問題に取り組むようになった。「意識と相関する脳活動」を中心に据えた神経科学を追求することが重要であるという認識は、本書の随所にも見て取れる。

この二〇世紀最大の巨星が二〇〇四年に亡くなったとき、イーグルマンはクリックの「脳内にある情報をどうにかして保存できないのか？」と考えた。「その脳には、二〇世紀の生物学界のヘビー級チャンピオンが蓄えた知識、見識、知力がすべて入っている。

彼の人生の記録――彼の記憶、洞察力、ユーモアのセンス――すべてが、彼の脳の物理的構造に保存されていて、彼の心臓が止まったというだけの理由でそのハードディスクが捨てられるのを、誰もがおとなしく見ている。……もし脳が保存されたら、人の思考と認識と人間性を生き返らせることはできるのか？」（本書より）

実際、米国アリゾナ州には非営利団体として人体の冷凍保存の研究を行なう機関が存在する。彼らの方法では、最終的に血液を抜いて保存液に替え、マイナス一九六℃で人体そのものや脳を保存する。いつか、蘇生技術が開発されることを未来に託して……。このような「人工冬眠」技術は、ちょうど今年七月に出版された瀬名秀明博士の『小説ブラック・ジャック』(APeS Novels) のエピソードの一つにも登場するくらい、現在、人類が描く大きな夢の一つとなっている。実際に、内閣府が中心となって進めようとしている「ムーンショット型研究」として本年七月三一日時点で提示された二五のテーマのうちの一つが「人工冬眠」なのだ。

この大型研究は、人類の月面着陸をミッションとしたアポロ計画になぞらえ、「未来社会を展望し、困難だが実現すれば大きなインパクトが期待される社会課題等を対象として、人々を魅了する野心的な目標」として設定されるという。本書では他にも、ニューロンの接合すべてを明らかにする「コネクトーム」プロジェクトや、人体と器械とをつなぐ「ブレイン・マシン・インターフェース」などの開発途中の技術、近未来の技術が紹介されているが、これらもまたムーンショット型研究のミッション候補に掲げられた。ちょうど米国では Brain Initiative が、欧州では Human Brain Project が進められている。最終的に何が大型研究として取り上げられるかは別として、本書は脳科学の今と未来を知るのに実にタイムリーな一冊といえるだろう。

NeoSensory 社でイーグルマンが目標に掲げているのは、感覚障害者の助けとなるセンサーの開発だ。たとえば、音声を皮膚感覚に変換するベストは、聴覚障害者が身につけることにより、健常者とのコミュニケーション支援を目指す。視覚障害者のためには、視覚以外の感覚入力を与えることによって、目の前にある、だが見えない物体を認知させるようなシステムを開発中（前述のＴＥＤで動画をぜひご覧あれ）。このように異なる感覚モダリティを代替利用することが可能なのは、人間にとっては、感覚入力を脳がどのように処理するのかが重要だからである。

最後に、ルーマニアの孤児院のエピソードを本書より挙げておこう。一九六〇年代以降、人口急増策として避妊と中絶が禁止されたルーマニアでは、貧困のため家庭で育てられなかった子どもたちが国の施設に預けられた。だが、保育士一名が孤児一五名も担当する施設では栄養は与えられるものの、心のケアや認知的な刺激を受けることができない。そうやって育った人間の脳は正常に発達しないことが米国ボストン小児病院のチャールズ・ネルソンらの研究によってわかった。ネルソンらは、二歳未満で里親に引き取られた子どもたちであれば、おおむね順調に回復したことも見出している。発達期の脳には大きな可塑性《かそせい》、つまり「臨機応変な配線戦略」があるのだ。現在、筆者を含む神経発生分野の研究者は、このような発達障害の成り立ちを胎児期まで含めて明らかにすることによって、将来的な予防や治療に繋げたいと願って日夜努力している。

早川書房編集部からこの巻末解説のご依頼を頂いたとき、その締切りは奇しくも、我が国の偉大な神経科学者、塚原仲晃先生が三四年前の日航機墜落事故で亡くなられた日のちょうど翌日であった。そこで、塚原先生の『脳の可塑性と記憶』(一九八七年、紀伊國屋書店、二〇一〇年に岩波現代文庫に収録)を読み直したが、イーグルマンの書籍にはあまり含まれていない細胞レベルでのニューロンの営みが詳細に記されているだけでなく、この三〇年間の神経科学の進展により解決された問題と未解決の課題があることを認識できた。遺稿をまとめられた大阪大学名誉教授、村上富士夫先生らに改めて感謝したい。

宇宙の中に銀河があり、その中に数多の星々があり、その星の上で(もし存在すれば)生き物の営みがある。そういう入れ子状の構造は、脳についても然り。脳はまだまだ未開拓のミクロコスモスとして魅力的だ。

二〇一九年八月一七日 残暑の仙台にて

注

第1章　私は何ものか？

10代の脳と強まる自意識

Somerville, LH, Jones, RM, Ruberry, EJ, Dyke, JP, Glover, G & Casey, BJ (2013) "The medial prefrontal cortex and the emergence of self-conscious emotion in adolescence." *Psychological Science*, 24(8), 1554-62.

著者らは内側前頭前皮質と線条体と呼ばれる脳の別の領域との結びつきが強くなることも発見しているのに注意されたい。線条体とその接続ネットワークは、動機を行動へと変換することに関与する。著者らの主張によると、この結びつきによって、対人関係への配慮が10代の行動を強く突き動かす理由、そして仲間が周囲にいるときのほうが危険を冒す可能性が高い理由を、説明できるのだという。

Bjork, JM, Knutson, B, Fong, GW, Caggiano, DM, Bennett, SM & Hommer, DW (2004) "Incentive-elicited brain activation in adolescents: similarities and differences from young adults." *The Journal of Neuroscience*, 24(8), 1793-1802.

Spear, LP (2000) "The adolescent brain and age-related behavioral manifestations." *Neuroscience and Biobehavioral Reviews*, 24(4), 417-63.

Heatherton, TF (2011) "Neuroscience of self and self-regulation." *Annual Review of Psychology*, 62, 363-90.

タクシー運転手とナレッジ試験

Maguire, EA, Gadian, DG, Johnsrude, IS, Good, CD, Ashburner, J, Frackowiak, RS & Frith, CD (2000) "Navigation-related structural change in the hippocampi of taxi drivers." *Proceedings of the National Academy of Sciences of the United States of America*, 97(8), 4398-4403.

脳内の細胞の数

同じ数のニューロンとグリア細胞、つまりそれぞれ860億個が人間の脳全体にあることにも注意されたい。

Azevedo, FAC, Carvalho, LRB, Grinberg, LT, Farfel, JM, Ferretti, REL, Leite, REP., JacobFilho, J, Lent, R, & Herculano-Houzel, S (2009) "Equal numbers of neuronal and nonneuronal cells make the human brain an isometrically scaled-up primate brain." *The Journal of Comparative Neurology*, 513 (5), 532-41.

接合（シナプス）の数の推定値はばらつきが大きいが、1000億個のニューロンそれぞれに約1万の接合があるとすると、1000兆が妥当なおおよその推定値である。シナプスが少ないタイプのニューロンもあれば、（プルキンエ細胞のように）もっと多くて1個につき20万のシナプスがあるニューロンもある。

Eric Chudler の "Brain Facts and Figures": faculty.washington.edu/chudler/facts. html の百科事典的な数の情報も参照。

音楽家の優れた記憶力

Chan, AS, Ho, YC & Cheung, MC (1998) "Music training improves verbal memory." *Nature*, 396 (6707).

Jakobson, LS, Lewycky, ST, Kilgour, AR & Stoesz, BM (2008) "Memory for verbal and visual material in highly trained musicians." *Music Perception*, 26 (1), 41-55.

アインシュタインの脳とオメガサイン

Falk, D (2009) "New information about Albert Einstein's Brain." *Frontiers in Evolutionary Neuroscience*, 1.

Bangert, M & Schlaug, G (2006) "Specialization of the specialized in features of external human brain morphology." *The European Journal of Neuroscience*, 24 (6), 1832-4 も参照。

未来の記憶

Schacter, DL, Addis, DR & Buckner, RL (2007) "Remembering the past to

imagine the future: the prospective brain." *Nature Reviews Neuroscience*, 8 (9), 657-61.

Corkin, S (2013) *Permanent Present Tense: The Unforgettable Life Of The Amnesic Patient*. Basic Books.（『ぼくは物覚えが悪い――健忘症患者Ｈ・Ｍの生涯』鍛原多惠子訳、早川書房）

修道会研究

Wilson, RS et al "Participation in cognitively stimulating activities and risk of incident Alzheimer disease." *Jama* 287.6 (2002), 742-48.

Bennett, DA et al "Overview and findings from the religious orders study." *Current Alzheimer Research* 9.6 (2012): 628-45.

研究者は死後解剖のサンプルで、認知に問題がない人の半数は脳に病変の徴候があり、３分の１がアルツハイマー病の病理学的基準を満たしていることを発見した。言い換えれば、死者の脳内に広範な疾患の徴候が発見された――が、そのような病変では、個人の認知力が低下する可能性の約半分しか説明されない。修道会研究について詳細は www.rush.edu/services-treatments/alzheimers-disease-center/religious-orders-study を参照されたい。

心身問題

Descartes, R (2008) *Meditations on First Philosophy* (Michael Moriarty translation of 1641 ed.). Oxford University Press.（『省察』山田弘明訳、ちくま学芸文庫）

第２章　現実とは何か？

錯視

Eagleman, DM (2001) "Visual illusions and neurobiology." *Nature Reviews Neuroscience*, 2 (12), 920-6.

プリズム・ゴーグル

Brewer, AA, Barton, B & Lin, L (2012) "Functional plasticity in human

parietal visual field map clusters: adapting to reversed visual input." *Journal of Vision*, 12 (9), 1398.

実験が完了して被験者がゴーグルをはずしたあとも、脳がすべてを再構成するので、正常な能力にもどるのに1～2日かかることに注意されたい。

世界との相互作用による脳の配線

Held, R & Hein, A (1963) "Movement-produced stimulation in the development of visually guided behavior." *Journal of Comparative and Physiological Psychology*, 56 (5), 872-6.

信号の時間合わせ

Eagleman, DM (2008) "Human time perception and its illusions." *Current Opinion in Neurobiology*, 18 (2), 131-36.

Stetson C, Cui, X, Montague, PR & Eagleman, DM (2006) "Motor-sensory recalibration leads to an illusory reversal of action and sensation." *Neuron*. 51 (5), 651-9.

Parsons, B, Novich SD & Eagleman DM (2013) "Motor-sensory recalibration modulates perceived simultaneity of cross-modal events." *Frontiers in Psychology*. 4:46.

くぼんだ仮面の錯覚

Gregory, Richard (1970) *The Intelligent Eye*. London: Weidenfeld & Nicolson.（『インテリジェント・アイ――見ることの科学』金子隆芳訳、みすず書房）

Króliczak, G, Heard, P, Goodale, MA & Gregory, RL (2006) "Dissociation of perception and action unmasked by the hollow-face illusion." *Brain Res*. 1080 (1): 9-16.

ちなみに、統合失調症の人のほうがくぼんだ仮面の錯覚を起こさない傾向にある。

Keane, BP, Silverstein, SM, Wang, Y & Papathomas, TV (2013) "Reduced depth inversion illusions in schizophrenia are state-specific and occur for multiple object types and viewing conditions." *J Abnorm Psychol,* 122 (2): 506-12.

共感覚

Cytowic, R & Eagleman, DM (2009) *Wednesday is Indigo Blue: Discovering the Brain of Synesthesia*. Cambridge, MA: MIT Press.（『脳のなかの万華鏡——「共感覚」のめくるめく世界』山下篤子訳、河出書房新社）

Witthoft N, Winawer J, Eagleman DM (2015) "Prevalence of learned grapheme-color pairings in a large online sample of synesthetes." *PLoS ONE*, 10 (3), e0118996.

Tomson, SN, Narayan, M, Allen, GI & Eagleman DM (2013) "Neural networks of colored sequence synesthesia." *Journal of Neuroscience*, 33 (35), 14098-106.

Eagleman, DM, Kagan, AD, Nelson, SN, Sagaram, D & Sarma, AK (2007) "A standardized test battery for the study of Synesthesia." *Journal of Neuroscience Methods*, 159, 139-45.

時間のゆがみ

Stetson, C, Fiesta, M & Eagleman, DM (2007) "Does time really slow down during a frightening event?" *PloS One*, 2 (12), e1295.

第３章　主導権は誰にある？

無意識の脳の力

Eagleman, DM (2011) *Incognito: The Secret Lives of the Brain*. Pantheon.（『あなたの知らない脳——意識は傍観者である』大田直子訳、ハヤカワ・ノンフィクション文庫）

本書で取り上げようと選んだテーマのなかには、『あなたの知らない脳』の題材と重複しているものが少しある。ヤルブスの視線追跡実験や

トロッコのジレンマ、住宅バブルの崩壊、ユリシーズの契約だけでなく、マイク・メイ、チャールズ・ホイットマン、ケン・パークスの事例もそうである。このプロジェクトの枠組みを決めるにあたって、このような重複を許容したのは、論じ方が異なるし、目的もほとんど異なるからである。

瞳孔を広げられた目と魅力
Hess, EH (1975) "The role of pupil size in communication," *Scientific American*, 233 (5), 110-19.

フロー状態
Kotler, S (2014) *The Rise of Superman: Decoding the Science of Ultimate Human Performance*. Houghton Mifflin Harcourt.（『超人の秘密——エクストリームスポーツとフロー体験』熊谷玲美訳、早川書房）

意思決定に対する潜在意識の影響
Lobel, T (2014) *Sensation: The New Science of Physical Intelligence*. Simon & Schuster.（『赤を身につけるとなぜもてるのか？』池村千秋訳、文藝春秋）

Williams, LE & Bargh, JA (2008) "Experiencing physical warmth promotes interpersonal warmth." *Science*, 322(5901), 606-7.

Pelham, BW, Mirenberg, MC & Jones, JT (2002) "Why Susie sells seashells by the seashore: implicit egotism and major life decisions," *Journal of Personality and Social Psychology*, 82, 469-87.

第４章　私はどうやって決断するのか？

意思決定
Montague, R (2007) *Your Brain is (Almost) Perfect: How We Make Decisions*. Plume.

ニューロンの連合
Crick, F & Koch, C (2003) "A framework for consciousness." *Nature Neuroscience*, 6 (2), 119-26.

トロッコのジレンマ

Foot, P (1967) "The problem of abortion and the doctrine of the double effect." Reprinted in *Virtues and Vices and Other Essays in Moral Philosophy* (1978). Blackwell.

Greene, JD, Sommerville, RB, Nystrom, LE, Darley, JM & Cohen, JD (2001) "An fMRI investigation of emotional engagement in moral judgment." *Science*, 293 (5537), 2105-8.

感情とは、起こっている物事によって生じる測定可能な身体的反応であることに注意されたい。一方、気持とは、そのような身体的指標にともなうことのある主観的経験であり、人々がふつう幸福感、嫉妬、悲しみなどと考えるものである。

ドーパミンと予測されていなかった報酬

Zaghloul, KA, Blanco, JA, Weidemann, CT, McGill, K, Jaggi, JL, Baltuch, GH & Kahana, MJ (2009) "Human substantia nigra neurons encode unexpected financial rewards." *Science*, 323 (5920), 1496-9.

Schultz, W, Dayan, P & Montague, PR (1997) "A neural substrate of prediction and reward." *Science*, 275 (5306), 1593-9.

Eagleman, DM, Person, C & Montague, PR (1998) "A computational role for dopamine delivery in human decision-making." *Journal of Cognitive Neuroscience*, 10 (5), 623-30.

Rangel, A, Camerer, C & Montague, PR (2008) "A framework for studying the neurobiology of value-based decision making." *Nature Reviews Neuroscience*, 9 (7), 545-56.

判事と仮釈放の裁定

Danziger, S, Levav, J & Avnaim-Pesso, L (2011) "Extraneous factors in judicial decisions." *Proceedings of the National Academy of Sciences of the United States of America*, 108 (17), 6889-92.

意思決定における感情

Damasio, A (2008) *Descartes' Error: Emotion, Reason and the Human Brain*. Random House.（『デカルトの誤り——情動、理性、人間の脳』田中三彦訳、ちくま学芸文庫）

現在の力

Dixon, ML (2010) "Uncovering the neural basis of resisting immediate gratification while pursuing long-term goals." *The Journal of Neuroscience*, 30 (18), 6178-9.

Kable, JW & Glimcher, PW (2007) "The neural correlates of subjective value during intertemporal choice." *Nature Neuroscience*, 10 (12), 1625-33.

McClure, SM, Laibson, DI, Loewenstein, G & Cohen, JD (2004) "Separate neural systems value immediate and delayed monetary rewards." *Science*, 306 (5695), 503-7.

直近の力は「いま現在」のことだけでなく、「ここ」のことにも当てはまる。哲学者のピーター・シンガーが提案したこのシナリオを考えてみよう。あなたがサンドイッチをがつがつ食べようとしているとき、窓の外に目をやると、腹をすかせ、やせた頬に涙の伝わっている子どもが歩道に見える。あなたは自分のサンドイッチを子どもにやるか、それともそのまま自分で食べるだろうか？　ほとんどの人は喜んでサンドイッチを差し出す。しかしいま現在、街角にいる少年と同じように、アフリカで腹をすかせている子どもがいる。マウスをクリックするだけで、そのサンドイッチの代金と同じ５ドルを送ることができる。それでも、今日、あるいは最近のこととしても、あなたがサンドイッチの代金を送った可能性は低い。最初のシナリオでは気前が良かったのに。なぜ、あなたは彼を助ける行動を起こさなかったのか？　最初のシナリオではあなたの目の前に子どもがいるからだ。２番めのシナリオでは、あなたはその子のことを想像しなくてはならない。

意志の力

Muraven, M, Tice, DM & Baumeister, RF (1998) "Self-control as a limited resource: regulatory depletion patterns." *Journal of Personality and Social Psychology*, 74 (3), 774-89.

Baumeister, RF & Tierney, J (2011) *Willpower: Rediscovering the Greatest Human Strength*. Penguin.（『WILLPOWER 意志力の科学』渡会圭子訳、インターシフト）

政治観と嫌悪

Ahn, W-Y, Kishida, KT, Gu, X, Lohrenz, T, Harvey, A, Alford, JR, Smith, KB, Yaffe, G, Hibbing, JR, Dayan, P & Montague, PR (2014) "Nonpolitical images evoke neural predictors of political ideology." *Current Biology*, 24 (22), 2693-9.

オキシトシン

Scheele, D, Wille, A, Kendrick, KM, Stoffel-Wagner, B, Becker, B, Güntürkün, O, Maier, W & Hurlemann, R (2013) "Oxytocin enhances brain reward system responses in men viewing the face of their female partner." *Proceedings of the National Academy of Sciences*, 110 (50), 20308-313.

Zak, PJ (2012) *The Moral Molecule: The Source of Love and Prosperity*. Random House.（『経済は「競争」では繁栄しない――信頼ホルモン「オキシトシン」が解き明かす愛と共感の神経経済学』柴田裕之訳、ダイヤモンド社）

決断と社会

Levitt, SD (2004) "Understanding why crime fell in the 1990s: four factors that explain the decline and six that do not." *Journal of Economic Perspectives*, 163-90.

Eagleman, DM & Isgur Flores, S (2012). "Defining a neurocompatibility index for systems of law". In *Law of the Future*, Hague Institute for the Internationalisation of Law. 1 (2012), 161-172.

神経画像検査のリアルタイム・フィードバック

Eagleman, DM (2011) *Incognito: The Secret Lives of the Brain*. Pantheon.（『あなたの知らない脳』）

第５章　私にあなたは必要か？

他人の意図を読み取る
Heider, F & Simmel, M (1944) "An experimental study of apparent behavior." *The American Journal of Psychology*, 57, 243-59.

共感
Singer, T, Seymour, B, O'Doherty, J, Stephan, K, Dolan, R & Frith, C (2006) "Empathic neural responses are modulated by the perceived fairness of others." *Nature*, 439 (7075), 466-9.

Singer, T, Seymour, B, O'Doherty, J, Kaube, H, Dolan, R & Frith, C (2004) "Empathy for pain involves the affective but not sensory components of pain." *Science*, 303 (5661), 1157-62.

共感と外集団
Vaughn, DA, Eagleman, DM (2010) "Religious labels modulate empathetic response to another's pain." Society for Neuroscience abstract.

Harris, LT & Fiske, ST (2011). "Perceiving humanity." In A. Todorov, S. Fiske, & D. Prentice (eds.). *Social Neuroscience: Toward Understanding the Underpinnings of the Social Mind*, Oxford Press.

Harris, LT & Fiske, ST (2007) "Social groups that elicit disgust are differentially processed in mPFC." *Social Cognitive and Affective Neuroscience*, 2, 45-51.

ほかの脳に専念する脳の回路
Plitt, M, Savjani, RR & Eagleman, DM (2015) "Are corporations people too? The neural correlates of moral judgments about companies and individuals." *Social Neuroscience*, 10 (2), 113-25.

赤ん坊と信頼
Hamlin, JK, Wynn, K & Bloom, P (2007) "Social evaluation by preverbal infants." *Nature*, 450 (7169), 557-59.

Hamlin, JK, Wynn, K, Bloom, P & Mahajan, N (2011) "How infants and toddlers react to antisocial others." *Proceedings of the National Academy of Sciences*, 108 (50), 19931-36.

Hamlin, JK & Wynn, K (2011) "Young infants prefer prosocial to antisocial others." *Cognitive Development*. 2011, 26 (1):30-39. doi:10.1016/j.cogdev.2010.09.001.

Bloom, P (2013) *Just Babies: The Origins of Good and Evil*. Crown.（『ジャスト・ベイビー――赤ちゃんが教えてくれる善悪の起源』竹田円訳、NTT出版）

他人の顔をまねて感情を読み取る

Goldman, AI & Sripada, CS (2005) "Simulationist models of face-based emotion recognition." *Cognition*, 94 (3) 193-213.

Niedenthal, PM, Mermillod, M, Maringer, M & Hess, U (2010) "The simulation of smiles (SIMS) model: embodied simulation and the meaning of facial expression." *The Behavioral and Brain Sciences*, 33 (6), 417-33; discussion 433-80.

Zajonc, RB, Adelmann, PK, Murphy, ST & Niedenthal, PM (1987) "Convergence in the physical appearance of spouses." *Motivation and Emotion*, 11 (4), 335-46.

ジョン・ロビソンのTMS実験に関して、パスカル＝レオーネ教授は次のように報告している。「神経生物学的に何が起こったのか正確にはわからないが、［ジョンの症例から］どのような行動修正、どのような介入が学べるか、そしてほかの人たちに教えられるか、理解する機会を与えられているのだと思う」

ボトックスが顔を読み取る能力を低下させる

Neal, DT & Chartrand, TL (2011) "Embodied emotion perception amplifying and dampening facial feedback modulates emotion perception accuracy." *Social Psychological and Personality Science*, 2 (6), 673-8.

影響は小さいが有意である。ボトックスのユーザーは感情を特定する正確さが70パーセントだったが、対照グループの平均は77パーセントだった。

Baron-Cohen, S, Wheelwright, S, Hill, J, Raste, Y & Plumb, I (2001) "The 'Reading the Mind in the Eyes' test revised version: A study with normal adults, and adults with Asperger syndrome or high-functioning autism." *Journal of Child Psychology and Psychiatry*, 42 (2), 241-51.

ルーマニアの孤児

Nelson, CA (2007) "A neurobiological perspective on early human deprivation." *Child Development Perspectives*, 1 (1), 13-18.

社会的排斥の痛み

Eisenberger, NI, Lieberman, MD & Williams, KD (2003) "Does rejection hurt? An fMRI study of social exclusion." *Science*, 302 (5643), 290-92.

Eisenberger, NI & Lieberman, MD (2004) "Why rejection hurts: a common neural alarm system for physical and social pain." *Trends in Cognitive Sciences*, 8 (7), 294-300.

独房監禁

テレビシリーズのためのサラ・ショードへのインタビューのほか、

Pesta, A (2014) 'Like an Animal': Freed U.S. Hiker Recalls 410 Days in Iran Prison. NBC News も参照。

精神病質者と前頭前皮質

Koenigs, M (2012) "The role of prefrontal cortex in psychopathy." *Reviews in the Neurosciences*, 23 (3), 253-62.

精神病質者では異なる活性化をする領域は、前頭前皮質の正中線部分で隣接する2つの領域、腹側正中前頭前皮質と帯状回前部である。2つの領域はどちらも、社会的および感情的な意思決定の研究で一般的に見られるもので、精神病質で下方制御される。

青い目と茶色い目の実験
1985 年 3 月 26 日に放送された *A Class Divided* からの文字起こし。製作・演出はウィリアム・ピーターズ。脚本はウィリアム・ピーターズとチャーリー・コブ。

第６章　私たちは何ものになるのか？

人体内の細胞の数
Bianconi, E, Piovesan, A, Facchin, F, Beraudi, A, Casadei, R, Frabetti, F, Vitale, L, Pelleri, MC, Tassani, S, Piva, F, Perez-Amodio, S, Strippoli, P & Canaider, S (2013) "An estimation of the number of cells in the human body." *Annals of Human Biology*, 40 (6), 463-71.

脳の可塑性
Eagleman, DM (in press). *LiveWired: How the Brain Rewires Itself on the Fly*. Canongate.

Eagleman, DM (March 17th 2015). David Eagleman: "Can we create new senses for humans?" TED conference. [Video file]. http://www.ted.com/talks/david_eagleman_can_we_create_new_ senses_for_humans?

Novich, SD & Eagleman, DM (2015) "Using space and time to encode vibrotactile information: toward an estimate of the skin's achievable throughput." *Experimental Brain Research*, 233, 1-12.

人工内耳
Chorost, M (2005) *Rebuilt: How Becoming Part Computer Made Me More Human*. Houghton Mifflin Harcourt.（『サイボーグとして生きる』椿正晴訳、ソフトバンククリエイティブ）

感覚代行
Bach-y-Rita, P, Collins, C, Saunders, F, White, B & Scadden, L (1969) "Vision substitution by tactile image projection." *Nature*, 221 (5184), 963-4.

Danilov, Y & Tyler, M (2005) "Brainport: an alternative input to the brain."

Journal of Integrative Neuroscience, 4 (04), 537-50.

コネクトーム——脳内の接続すべてのマップ作製

Seung, S (2012) *Connectome: How the Brain's Wiring Makes Us Who We Are*. Houghton Mifflin Harcourt.（『コネクトーム——脳の配線はどのように「わたし」をつくり出すのか』青木薫訳、草思社）

Kasthuri, N et al (2015) "Saturated reconstruction of a volume of neocortex." *Cell*: in press.

マウスの脳の容量についての画像クレジット。Daniel R Berger, H Sebastian Seung & Jeff W. Lichtman.

ヒューマン・ブレイン・プロジェクト

ブルー・ブレイン・プロジェクト : http://bluebrain.epfl.ch. ブルー・ブレイン・チームはヒューマン・ブレイン・プロジェクト（HBP）を推進するために、およそ87の国際的なパートナーと手を組んでいる。

ほかの回路基板での計算

変わった回路基板をもとにした計算装置の構築には長い歴史があり、ウォーター・インテグレーターと呼ばれる初期のアナログ・コンピューターは、1936年にソ連で作製された。

最近のウォーター・コンピューターの例はマイクロ流体工学を利用している。

Katsikis, G, Cybulski, JS & Prakash, M (2015) "Synchronous universal droplet logic and control." *Nature Physics* 11(7), 588-96.

中国語の部屋問題

Searle, JR (1980) "Minds, brains, and programs." *Behavioral and Brain Sciences*, 3 (03), 417-24.

中国語の部屋についてのこの解釈に全員が賛成しているわけではない。オペレーターが中国語を理解していなくても、システム全体（オペレーターと本）はたしかに中国語を理解していると主張する人もいる。

ライプニッツの風車小屋

Leibniz, GW (1989) *The Monadology*. Springer.（『ライプニッツ——モナドロジー、形而上学叙説』清水富雄・竹田篤司・飯塚勝久訳、中公クラシックス）

ライプニッツ自身の言葉による主張は以下のとおり。

> さらに、知覚もそれに依存するものも、機械論的な根拠、つまり形と運動によってでは、説明がつかない。ものを考えたり、感じたり、知覚したりするようにつくられた機械があると仮定する。その全体を同じ比率で拡大して、風車小屋のなかに入るように、そのなかに入ることができるとする。そうなったとして内部を調べたとき、目に入るのは互いに作用し合うパーツだけであり、知覚を説明できるようなものは何ひとつ見つからないはずだ。したがって、知覚を探すべき場所は複合体や機械ではなく、単一実体である。もっと言えば、単一実体のなかには、それ（具体的には知覚とその変化）しか見つからない。そしてそれだけで、単一実体の内部作用すべてである。

アリ

Hölldobler, B & Wilson, EO (2010) *The Leafcutter Ants: Civilization by Instinct*. W.W.Norton & Company.（『ハキリアリ——農業を営む奇跡の生物』梶山あゆみ訳、飛鳥新社）

意識

Tononi, G (2012) *Phi: A Voyage from the Brain to the Soul*. Pantheon Books.

Koch, C (2004) *The Quest for Consciousness*. Roberts & Company Publishers.（『意識の探求——神経科学からのアプローチ』土谷尚嗣・金井良太訳、岩波書店）

Crick, F & Koch, C (2003) "A framework for consciousness." *Nature Neuroscience*, 6 (2), 119-26.

図版クレジット

特記なき場合、図版はすべて PBS television series, *The Brain with Dr. David Eagleman* (Blink Films, 2015) から。

Images on pages 30, 51, 60, 62, 85, 107, 119, 136, 154, 155, 168, 176, 220 (Brain illustration) © Dragonfly Media Group
Images on pages 44, 144, 150, 152, 153, 158, 218, 263, 264, 275 (garden) © Ciléin Kearns
Images on pages 27, 75, 93, 182, 203, 218, 219, 235, 240 © David Eagleman
Image on the following pages are in the public domain: 31, 33 (Albert Einstein), 50, 54, 105, 145, 217, 272, 279, 284, 285
Images on p. 19: Rhino © GlobalP; Baby © LenaSkor
Image on p. 21 © Corel, J. L.
Image on p. 24 © Michael Carroll
Image on p. 33 (Illustration of Einstein's brain) © Dean Falk
Image on p. 35 © Shel Hershorn/Contributor/Getty Images
Image on p. 57 © Akiyoshi Kitaoka
Image on p. 58 © Edward Adelson, 1995
Image on p. 60 © Sergey Nivens/Shutterstock
Image on p. 80 © Science Museum/Science & Society Picture Library
Image on p. 83 © Springer
Image on p. 92 © Arto Saari
Image on p. 95 © Steven Kotler
Images on p. 113: Man in EEG Cap © annedde/iStock; EEG chart © Otoomuch
Image on p. 116 © Fedorov Oleksiy/Shutterstock
Image on p. 124 © focalpoint/CanStockPhoto
Image on p. 126 © Eckhard Hess
Image on p. 128 © Chris Hondros/Contributor/Getty Images
Image on p. 133 © Frank Lennon/Contributor/Getty Images
Image on p. 148 © rolffimages/CanStockPhoto
Image on p. 191 © Fritz Heider and Marianne Simmel, 1944
Image on p. 196 © zurijeta/CanStockPhoto

Image on p. 201 © Simon Baron-Cohen et al.
Image on p. 206 © Shon Meckfessel
Image on p. 208 © Professor Kip Williams, Purdue University
Image on p. 209 © 5W Infographics
Image on p. 214 © Anonymous/AP Images
Image on p. 220 (Homeless man) © Eric Poutier
Image on p. 242 © Bret Hartman/TED
Images on p. 252 © cescassawin/CanStockPhoto
Image on p. 257 (Chunk of Brain) © Ashwin Vishwanathan/Sebastian Seung
Image on p. 260 © Ashwin Vishwanathan/Sebastian Seung
Image on p. 275 (Ants) © Gail Shumway/Contributor/Getty Images
Images on p. 276: Ant Bridge © Ciju Cherian; Neurons © vitstudio/Shutterstock
Image on p. 278 © Giulio Tononi/Thomas Porostocky/Marcello Massimini

本書は、二〇一七年九月に早川書房より単行本として刊行された作品を文庫化したものです。

訳者略歴　翻訳家　東京大学文学部社会心理学科卒　訳書にイーグルマン『あなたの知らない脳』，ドーキンス『魂に息づく科学』，サックス『意識の川をゆく』『道程―オリヴァー・サックス自伝―』（以上早川書房刊）ほか多数

HM=Hayakawa Mystery
SF=Science Fiction
JA=Japanese Author
NV=Novel
NF=Nonfiction
FT=Fantasy

あなたの脳《のう》のはなし
神経科学者が解き明かす意識の謎

〈NF545〉

二〇一九年九月　十　日　印刷
二〇一九年九月十五日　発行
（定価はカバーに表示してあります）

著者　デイヴィッド・イーグルマン
訳者　大《おお》田《た》直《なお》子《こ》
発行者　早川　浩
発行所　株式会社　早川書房
郵便番号　一〇一 - 〇〇四六
東京都千代田区神田多町二ノ二
電話　〇三 - 三二五二 - 三一一一
振替　〇〇一六〇 - 三 - 四七七九九
https://www.hayakawa-online.co.jp
乱丁・落丁本は小社制作部宛お送り下さい。
送料小社負担にてお取りかえいたします。

印刷・株式会社精興社　製本・株式会社明光社
Printed and bound in Japan
ISBN978-4-15-050545-5 C0145

本書は活字が大きく読みやすい〈トールサイズ〉です。